高等职业教育"互联网+"新形态一体化教材

机械设计基础项目化教程

主　编　程　萍　丁柏君
副主编　董德波　刘　江
参　编　徐雯雯　徐　皓

机 械 工 业 出 版 社

本书分为五个项目，主要内容包括内燃机的机构分析、压力机冲压机构的设计、凸轮上料机构的设计、机器人机座螺栓连接的设计、带式输送机传动装置的设计。每个项目下又有若干个任务，每个任务包含学习目标、任务描述、相关知识、任务实施、实践训练、习题与思考等环节。本书制作了丰富的微课视频和动画，以二维码形式置于相关知识点附近，便于学生扫码学习。

本书可作为高等职业院校机械类、自动化类专业的教学用书，也可以作为相关专业工程技术人员的参考用书。

本书配有电子课件，凡使用本书作为授课教材的教师可登录机械工业出版社教育服务网 www.cmpedu.com，注册后免费下载。咨询电话：010-88379375。

图书在版编目（CIP）数据

机械设计基础项目化教程／程萍，丁柏君主编.

北京：机械工业出版社，2025. 10. --（高等职业教育"互联网+"新形态一体化教材）. -- ISBN 978-7-111-78654-2

Ⅰ. TH122

中国国家版本馆 CIP 数据核字第 20256F3D08 号

机械工业出版社（北京市百万庄大街 22 号　邮政编码 100037）

策划编辑：刘良超　　　　　　　责任编辑：刘良超
责任校对：李　婷　李　杉　　　封面设计：王　旭
责任印制：李　昂

涿州市般润文化传播有限公司印刷

2025 年 10 月第 1 版第 1 次印刷

184mm×260mm · 14.75 印张 · 360 千字

标准书号：ISBN 978-7-111-78654-2

定价：48.80 元

电话服务　　　　　　　　　　网络服务

客服电话：010-88361066　　　机　工　官　网：www.cmpbook.com
　　　　　010-88379833　　　机　工　官　博：weibo.com/cmp1952
　　　　　010-68326294　　　金　书　网：www.golden-book.com
封底无防伪标均为盗版　　　机工教育服务网：www.cmpedu.com

随着科学技术的飞速发展和工业水平的不断提高，新工艺、新标准、新技术不断涌现，编者以现行国家标准、行业标准与技术规范为依据，将机械设计工程师岗位相关的知识与技能进行整合，分析常用机构和通用零部件的工作原理、设计计算及选用方法，并结合自身多年教学实践经验编写了本书。本书旨在培养学生分析和解决工程实际问题的能力，帮助学生树立正确的机械设计思想和严谨的工作作风，并为其后续专业课程的学习及职业发展奠定基础。

本书采用项目式编写模式，共分为五个项目，每个项目下又有若干个任务，每个任务包含学习目标、任务描述、相关知识、任务实施、实践训练、习题与思考等环节。本书整体内容编排上由易到难、循序渐进，从机构分析到零部件设计计算，有着完整的知识体系，并且以学生为中心，强化了关键零部件选型、结构设计与绘图等环节；设计实践有详细的设计与操作步骤可以借鉴，学生可按照学习→分析→设计→画图的步骤，边学边做；教师可按照"引→思→创→验→评"五个步骤开展教学。

本书坚持立德树人，践行社会主义核心价值观。在课堂教学活动中，教师可结合教学内容，从专业、行业、文化、历史等角度，适当融入素养教育，强化课程的知识性、人文性，将知识传授、能力培养与立德树人有机统一。本书可作为高等职业院校机械类、自动化类专业的教学用书，建议采用"线上+线下"混合式教学，其中线下课程建议 64 学时，参考学时分配如下：

项目	任务	素养教育	建议学时	
			理论	实践
项目一　内燃机的机构分析	任务一　分析内燃机的机构组成	爱国情怀、强国使命	2	
	任务二　绘制内燃机的机构运动简图	崇尚科学、职业规范	2	2
	任务三　计算内燃机的机构自由度	全局意识、团队协作	2	2
项目二　压力机冲压机构的设计	任务一　认识平面四杆机构	科技报国、责任担当	2	2
	任务二　分析平面四杆机构的特性	唯物辩证、自主思考	2	2
	任务三　设计平面四杆机构	技术改革、创新意识	2	2
项目三　凸轮上料机构的设计	任务一　认识凸轮机构	科技报国、责任担当	2	
	任务二　分析与设计凸轮机构	勇于探索、开拓创新	2	2
项目四　机器人机座螺栓连接的设计	任务一　认识常用连接件	国家标准、安全意识	2	
	任务二　分析与设计螺栓组连接	精益求精、责任担当	2	2

（续）

项目	任务	素养教育	建议学时	
			理论	实践
项目五　带式输送机传动装置的设计	任务一　传动装置的总体设计	全局意识、统筹兼顾	2	2
	任务二　分析与设计带传动	职业规范、实践探索	2	2
	任务三　分析与设计齿轮传动	团队合作、沟通交流	4	4
	任务四　分析与设计轴及轴系零件	技术改革、质量意识	4	4
	任务五　分析与设计箱体零件	环保意识、工艺质量	2	4

　　本书由绍兴职业技术学院程萍、丁柏君任主编，沈阳特种设备检测研究院董德波、重庆工程职业技术学院刘江任副主编，泰安市质量技术检验检测研究院徐雯雯、重庆工程职业技术学院徐皓参与编写。

　　本书制作了丰富的微课视频和动画，以二维码形式置于相关知识点附近，便于学生扫码学习。本书建设有在线课程，学生可以登录课程网站，注册后进行在线学习，网址为https://mooc1.chaoxing.com/course/249910797.html。

　　由于编者水平有限，书中错漏之处在所难免，恳请广大读者批评指正。

编　者

二维码列表

资源名称	二维码	资源名称	二维码	资源名称	二维码
1-1 内燃机		1-9 五杆机构		2-5 双曲柄机构	
1-2 加工机器人		1-10 复合铰链		2-6 汽车车门启闭机构	
1-3 凸轮机构		1-11 惯性筛		2-7 鹤式起重机	
1-4 齿轮机构		1-12 行星轮系		2-8 曲柄存在的条件	
1-5 连杆		2-1 压力机		2-9 曲柄滑块机构	
1-6 工件自动装卸装置		2-2 曲柄摇杆机构		2-10 偏心轮机构	
1-7 颚式破碎机		2-3 雷达天线机构		2-11 导杆机构	
1-8 摆缸式液压泵		2-4 缝纫机踏板机构		2-12 插床主机构	

（续）

资源名称	二维码	资源名称	二维码	资源名称	二维码
2-13　刨床机构		3-1　凸轮上料机构		4-3　双头螺柱连接	
2-14　曲柄摇块机构		3-2　凸轮机构运动		4-4　螺钉连接	
2-15　定块机构		3-3　盘形凸轮		4-5　紧定螺钉连接	
2-16　正弦机构		3-4　移动凸轮		5-1　带式输送机	
2-17　正切机构		3-5　圆柱凸轮		5-2　带传动	
2-18　十字槽联轴器		3-6　不同形状的从动件		5-3　链传动	
2-19　椭圆仪		3-7　摆动从动件		5-4　齿轮齿条传动	
2-20　急回特性应用		3-8　几何锁合		5-5　内啮合直齿圆柱齿轮传动	
2-21　夹紧机构		4-1　普通螺栓		5-6　外啮合直齿圆柱齿轮传动	
2-22　炉门启闭机构		4-2　铰制孔用螺栓连接		5-7　蜗杆传动	

（续）

资源名称	二维码	资源名称	二维码	资源名称	二维码
5-8　直齿锥齿轮传动		5-12　齿轮的啮合		5-16　行星轮系	
5-9　带轮结构		5-13　仿形法加工		5-17　差动轮系	
5-10　弹性滑动		5-14　展成法加工		5-18　一级圆柱齿轮减速器	
5-11　渐开线的形成		5-15　定轴轮系			

目　录

内燃机的机构分析

　　19 世纪 60 年代，人类发明了内燃机。内燃机是通过使燃料在机器内部燃烧，将其放出的热能转换为机械能的装置，以柴油为燃料的称为柴油机，以汽油为燃料的称为汽油机。内燃机出现以后，因其具有重量轻、体积小、热效率高和操作灵活等优点，在船舶和火车上逐渐取代了原来的蒸汽机，并促进了现代汽车、飞机和火箭等的发展，图 1-1 所示为汽车内燃机。

　　图 1-2 所示为单缸四冲程汽油机的结构组成，主要包括活塞、连杆、曲轴、齿轮、凸轮等。它完成一个工作循环需要四个工作行程，从而实现将燃气燃烧时的热能转化为机械能，其四个工作行程如图 1-3 所示。

图 1-1　汽车内燃机

1-1　内燃机

图 1-2　单缸四冲程汽油机的结构组成

　　（1）进气行程（图 1-3a）　活塞在曲轴的带动下由上止点移至下止点。此时排气门关闭，进气门打开，在活塞移动过程中，气缸容积逐渐增大，气缸内形成一定的真空度，空气和汽油的混合气通过进气门被吸入气缸，并在气缸内进一步混合，形成可燃混合气。

　　（2）压缩行程（图 1-3b）　进气行程结束后，曲轴继续带动活塞由下止点移至上止点。这时进气门和排气门均关闭，随着活塞的移动，气缸容积不断缩小，气缸内的可燃混合气被压缩，其压力和温度升高。

　　（3）做功行程（图 1-3c）　压缩行程结束时，气缸盖上的火花塞产生电火花，将气缸内的可燃混合气点燃，同时释放出大量热能。这时进气门和排气门依旧关闭，燃烧气体的体积急剧膨胀，在气体压力的作用下，活塞由上止点移至下止点，并通过连杆推动曲轴旋转做功。

　　（4）排气行程（图 1-3d）　进气门依然关闭，排气门开启，曲轴通过连杆带动活塞由下止点移至上止点，燃烧后的气体在活塞的推动下，经排气门排出气缸。当活塞到达上止点时，排气行程结束，排气门关闭。

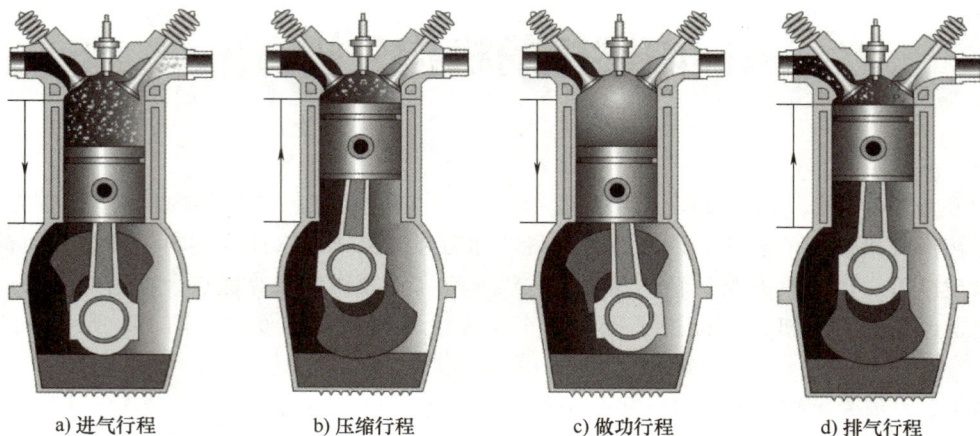

a) 进气行程　　　　b) 压缩行程　　　　c) 做功行程　　　　d) 排气行程

图 1-3　四个工作行程

柴油机的结构与汽油机的结构基本一致，在此不再详述。

本项目分为三个学习任务，通过对内燃机的机构分析，使学生了解机器，掌握机构的组成，具备平面机构运动简图的绘制能力、平面机构的问题分析能力；在素养方面，引导学生树立全局意识，增强爱国情怀及民族使命感。本项目知识导图如图 1-4 所示。

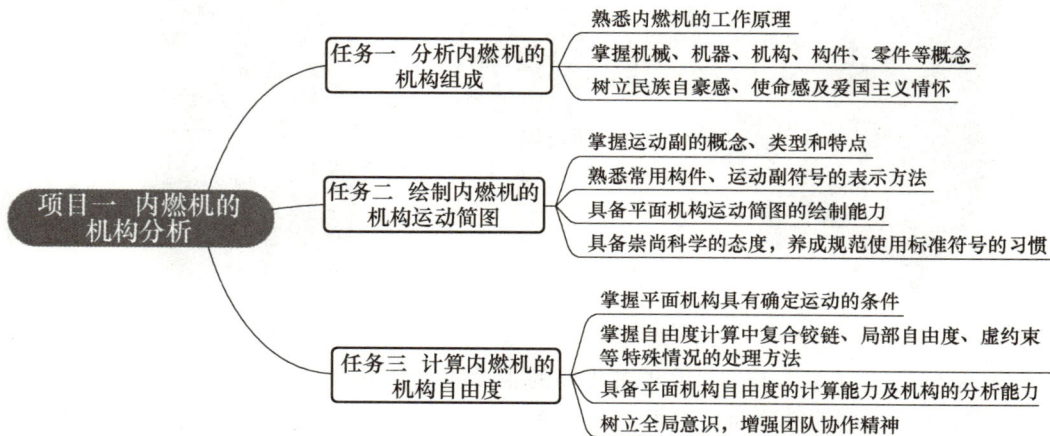

图 1-4　项目一知识导图

【时代楷模】

吴大观（1916—2009）是我国航空发动机事业的奠基人和创始人。吴大观 1942 年毕业于西南联大，后到美国莱康明发动机厂和普惠公司学习深造。1947 年 3 月，他拒绝了美国有关单位的高薪聘请，毅然回来报效祖国。1949 年 11 月，吴大观担任新中国重工业部航空筹备组组长，参与了我国航空工业的筹建。他的奋斗历程，与我国航空发动机事业的许多个"第一"紧密相连：组建了我国第一个航空发动机设计机构，领导研制了我国第一个喷气发动机型号，创建了我国航空史上第一个发动机试验基地，主持建立了航空发动机研制第一套有效的规章制度，建立起了我国第一支航空动力设计研制队伍，主持编制了我国第一部航空发动机研制通用规范，被誉为"中国航空发动机之父"。吴大观曾说："投身航空工业后，我一天都没有改变过自己努力的方向。"即使在最艰难的日子里，他的初心也从来不曾动摇，他用坚定的理想信念、高尚的品德情操、毕生的拼搏奋斗，忠诚践行了中国航发人"国为重、家为轻"的家国情怀和"择一事、终一生"的价值追求。

任务一　分析内燃机的机构组成

【学习目标】

1）熟悉内燃机的工作原理。

2）掌握机械、机器、机构、构件、零件等概念。

3）树立民族自豪感、使命感及爱国主义情怀。

【任务描述】

前面介绍了单缸四冲程内燃机的结构组成和工作原理，当燃气燃烧膨胀，推动活塞做往复运动时，带动连杆使曲轴做连续转动，从而将燃气的热能转换成机械能。试分析四冲程内燃机的机构、构件组成。

【相关知识】

一、机器

1. 机器的概念

在人们的日常生活和生产实践中，有各种各样的机器，如缝纫机、洗衣机、数控机床、机器人等。尽管它们的功能不同，结构差别也很大，但总的来说，机器有三个共同的特征：

1）由若干实物（构件）组合而成。

2）各实物（构件）之间具有确定的相对运动。

3）能代替或减轻人的劳动，完成有用的机械功或转换机械能，传递能量、物料、信息。

2. 机器的组成

机器一般由动力部分、传动部分、执行部分、控制部分组成。

（1）动力部分　动力部分为机器的运转提供动力，其作用是把其他形式的能量转换成机械能或驱动机械运动并做功，如电动机、内燃机等。

（2）传动部分　传动部分是将运动和动力传到执行部分的中间环节，其可以改变运动速度、转换运动形式，如齿轮传动、带传动等。

（3）执行部分　执行部分是直接完成任务的部分，如刀具、机械手末端执行器等。

（4）控制部分　控制部分是控制机器起动、停止和变更运动参数的部分，用来处理机器各组成部分之间，以及与外部其他机器之间的工作协调关系，通常由计算机和各种控制器组成。

以洗衣机为例，如图1-5所示，电动机为动力部分，带传动和减速器为传动部分，波轮为执行部分，控制器为控制部分。

3. 机器的类型

根据用途、性能等不同，机器可分为以下类型：

（1）动力机器　如电动机、内燃机、发电动机等，主要用来实现机械能与其他形式能量间的转换。

1-2　加工机器人

（2）加工机器　如数控机床、加工中心、纺织机械、工业机器人等，主要用来改变物料的结构形状、性质和状态。

（3）运输机器　如汽车、飞机、拖拉机、输送机等，主要用来改变人或物料的空间位置。

（4）信息处理机器　如计算机、摄像机、复印机等，主要用来获取或处理各种信息。

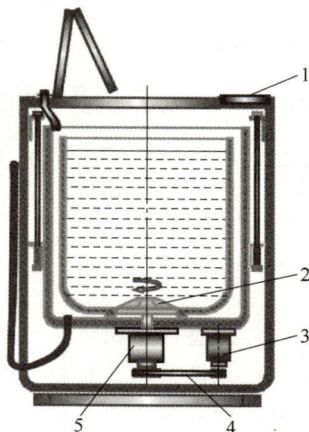
图 1-5　洗衣机
1—控制器　2—波轮　3—电动机
4—带传动　5—减速器

二、机构

机构是多个实物的组合，是实现运动和动力的传递与转换的系统，是机器的基本功能结构，分以下两种：

（1）刚性机构　组成机构的构件全部为刚性件，通过运动副连接实现运动和动力的传递、转换，如平面连杆机构、齿轮机构、凸轮机构等。

（2）挠性机构　组成机构的构件含有挠性件，如传动带、链条等，通过其拉力来传递运动和动力。常见的挠性机构有带传动机构、链传动机构等。

一台机器可能由一种机构组成，也可能由若干种机构组成，它们按一定的规律相互协调配合，通过有序的运动和动力的传递与转换来完成预期的功能。如图1-5所示的洗衣机，带传动机构和减速器中的齿轮机构通过一定的协调配合，将电动机的运动和动力输出、传递到波轮轴，从而保证洗衣机的有序工作。常见机构如图1-6所示。

1-3　凸轮机构

1-4　齿轮机构

a) 凸轮机构　　　　b) 齿轮机构
图 1-6　常见机构

因此，机构是机器的重要组成部分，是两个以上的构件通过可动连接形成的构件系统，各构件之间具有确定的相对运动。

机构具备了机器的前两个特征，而不具备第三个特征，仅从结构和运动的观点来看，机构和机器没有区别，工程上将机器和机构统称为"机械"。

三、零件与构件

1. 零件

零件是机械中不可拆的制造单元体。从机械制造加工的角度来看，机器是由若干个零件组装而成的。零件可以分为两类：一类是通用零件，指在各种机械中普遍使用的零件，如螺栓、螺母、轴、齿轮等，如图 1-7 所示，它们中大部分已经被国家、行业标准化；另一类是专用零件，指仅在某种特定类型的机器中使用的零件，如活塞、曲轴、叶片等，如图 1-8 所示。

图 1-7　通用零件

图 1-8　专用零件

通常所说的部件是指按工艺条件划分的装配单元，它由若干个零件装配组成，各零件间有确定的相对位置，如图 1-9 所示的轴承。

这些自由分散的零件和部件，按照一定的配合方式和规则组合到一台机器中，就成为机器中不可或缺的一部分，它们发挥着各自的作用，特别是一些关键零部件，决定着整台机器的性能。

图 1-9　轴承

2. 构件

构件可以是一个零件，如单缸四冲程内燃机中的凸轮、曲轴等；也可以是由几个零件组成的刚性组合，如单缸四冲程内燃机中的连杆，如图 1-10 所示，它是由连杆体、连杆大头盖、连杆小头衬套、连杆大头轴瓦和连杆螺栓等多个零件刚性组成的一个构件。因此，从机构运动学的角度来看，构件是机构的基本组成单元。

图 1-10　连杆

1-5　连杆

由上可知，构件是机械中运动的单元体，零件是机械中制造的单元体。

【任务实施】

由单缸四冲程内燃机的工作原理可知，活塞、连杆、曲轴、齿轮、凸轮、推杆等构件相互运动配合，一方面实现了热能转化为机械能，另一方面也保证了按一定的运动规律启闭气门，实现燃气输入和废气排放。单缸四冲程内燃机的机构组成分析见表1-1。

表 1-1　单缸四冲程内燃机的机构组成分析

任务名称	机构组成分析		
	机构名称	组成	作用
分析内燃机的机构组成	曲柄滑块机构	构件1:活塞 构件2:连杆 构件3:曲轴 构件4:机架	将活塞的往复运动转化为曲轴的连续转动,实现移动与转动之间的运动转换
	带传动机构	构件1:小带轮 构件2:大带轮 构件3:传动带(挠性件) 构件4:机架	改变转速的大小,并将运动从曲轴传递到凸轮轴
	凸轮机构	构件1:凸轮 构件2:推杆(排气门或进气门) 构件3:机架	将凸轮的连续转动转变为推杆的往复运动。这里有2个凸轮机构,分别控制进气门、排气门的启闭

【实践训练】

完成表1-2所列实践训练。

表 1-2　工件自动装卸装置的机构组成分析

实践任务	图1-11所示为工件自动装卸装置,当水平的滑杆左移到位时,夹持器将工件夹住,然后滑杆带着工件右移,到位后挡杆受挡块的压迫使夹持器动爪将工件松开,工件落入载送器,并被传送到下一道工序。分析该装置的机构、构件组成,并说明各个机构的作用,填写分析结果

1-6　工件自动装卸装置

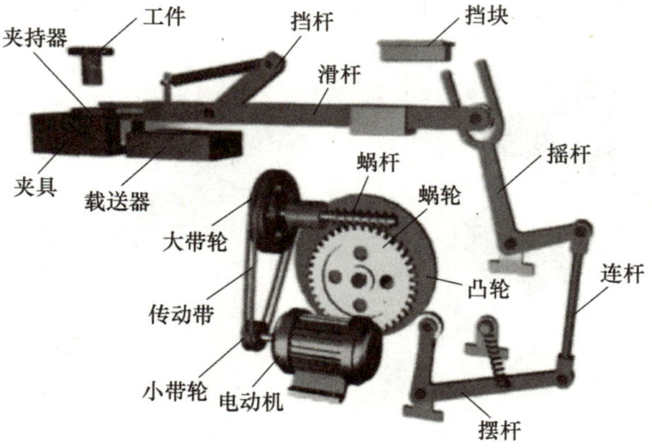

图 1-11　工件自动装卸装置

（续）

实践准备	观看工件自动装卸装置动画视频		
任务名称	机构组成分析		
	机构名称	组成	作用
工件自动装卸装置的机构组成分析			

【习题与思考】

一、判断题

1. 机器是构件之间具有确定的相对运动，并能完成有用的机械功或实现能量转换的构件的组合。　　　　　　　　　　　　　　　　　　　　　　　　　（　　　）

2. 构件都是可动的。　　　　　　　　　　　　　　　　　　　　　　（　　　）

3. 机构不具有机器的三个共同的特征，机构不能称为"机械"。　　　（　　　）

4. 构件就是零件。　　　　　　　　　　　　　　　　　　　　　　　（　　　）

5. 构件可以是一个零件，也可以是由几个零件组成的刚性结构。　　（　　　）

二、选择题

1. （　　　）是机械中运动的单元体。

A. 零件　　　　　　B. 构件　　　　　　C. 机构　　　　　　D. 机器

2. （　　　）是机械中制造的单元体。

A. 零件　　　　　　B. 构件　　　　　　C. 机构　　　　　　D. 机器

3. 能实现能量转换或完成有用机械功的是（　　　）。

A. 机构　　　　　　B. 机器　　　　　　C. 构件　　　　　　D. 零件

三、思考题

1. 举例说明机器、机构、机械、构件、零件、部件的概念及其区别。

2. 机器一般由哪四大部分组成？试联系实际举出几个实例。

3. 联系实际，说出几种常见的机构，并对其特点进行说明。

任务二　绘制内燃机的机构运动简图

【学习目标】

1）掌握运动副的概念、类型和特点。
2）熟悉常用构件、运动副符号的表示方法。
3）具备平面机构运动简图的绘制能力。
4）具备崇尚科学的态度，养成规范使用标准符号的习惯。

【任务描述】

在任务一中，我们知道了机构是由构件组成的，各构件之间具有确定的相对运动。任意拼凑的构件组合不一定能发生相对运动，即使能够运动也不一定具有确定的相对运动。因此，讨论构件按照什么条件进行组合才具有确定的相对运动，对于分析现有机构或设计新机构都是非常重要的。此外，实际机械的外形和结构都很复杂，为了便于分析研究，在工程设计中应当学会用简单的线条和符号来绘制机构的运动简图。

试分析图 1-2 所示单缸四冲程内燃机中构件之间的连接方式，并用规定的符号完成单缸四冲程内燃机机构运动简图的绘制。

【相关知识】

一、运动副及其分类

1. 运动副

由理论力学知识可知，做平面运动的构件有 3 个独立运动，即沿 X、Y 轴方向的移动和绕 Z 轴的转动；做空间运动的构件有 6 个独立运动，即 3 个沿坐标轴方向的移动和 3 个绕坐标轴的转动。构件具有的独立运动数目称为构件的自由度。因此，平面运动的构件有 3 个自由度，空间运动的构件有 6 个自由度。

在机构中，每个构件都以一定的方式与其他构件相互连接，这种使两构件直接接触并能产生一定相对运动的连接，称为运动副。如图 1-12 所示，轴承的滚动体与内外圈滚道、轮齿与轮齿、滑块与导槽等都构成运动副，而两构件直接接触构成运动副的部分，即构件上参

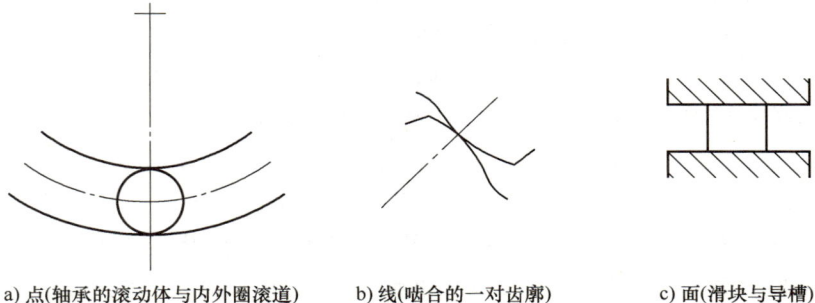

a) 点(轴承的滚动体与内外圈滚道)　　b) 线(啮合的一对齿廓)　　c) 面(滑块与导槽)

图 1-12　运动副元素

与接触的点、线、面，称为运动副元素。

当一个构件与另一个构件组成运动副后，构件的某些独立运动将受到限制，构件的自由度随之减少，这种对构件独立运动的限制称为约束。因此，做平面运动的构件，其约束不能超过 2 个，做空间运动的构件，其约束不能超过 5 个，否则构件就不能产生相对运动。

2. 运动副分类

不同的运动副对构件自由度的约束是不同的，按两构件的接触情况，运动副可分为高副和低副两大类。凡两构件以点或线接触构成的运动副称为高副，如图 1-13 中的凸轮副、齿轮副都为高副。

凡两构件以面接触构成的运动副称为低副，低副有转动副和移动副两种。如果组成低副的两构件只能在一个平面内相对转动，这种运动副称为转动副，又称为铰链，如图 1-14a 所示。如果组成低副的两构件只能沿某一轴线相对移动，这种运动副称为移动副，如图 1-14b 所示。

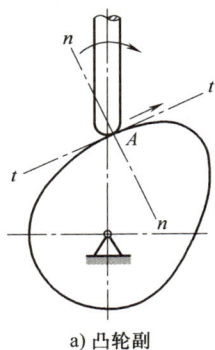
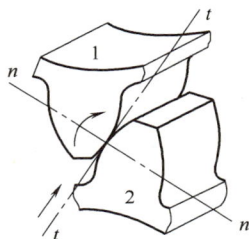
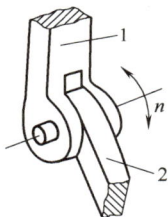
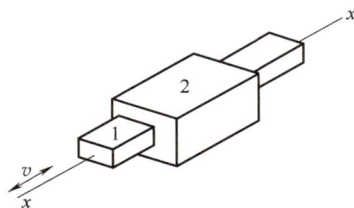

| a) 凸轮副 | b) 齿轮副 | a) 转动副 | b) 移动副 |

图 1-13　高副　　　　　　　　　　　　　　　　图 1-14　低副

运动副还可以根据两构件受到的约束度进行分类，约束度为 1 的运动副称为 I 级副，约束度为 2 的运动副为 II 级副，以此类推。图 1-14 中的转动副和移动副都为 V 级副。

二、机构运动简图

在分析现有机械和设计新机械时，为了便于研究机构运动，一般先不考虑那些与运动无关的因素，如构件的外形、断面尺寸、零件数目等，只考虑与运动有关的构件数目、运动副类型及相对位置等。用简单线条和规定的符号表示构件和运动副，并按一定的比例确定运动副的相对位置及与运动有关的尺寸，这种能够表达机构的组成以及各构件间相对运动关系的简单图形，称为机构运动简图。而如果只要求定性地表达各构件的相互关系，不需要借助机构运动简图进行机构的运动分析，则简图可以不按比例绘制，这种简图称为机构示意图。

1. 构件的分类

（1）机架（固定件）　机架是指机构中固定不动的、用来支承活动构件的构件。任何一个机构中必定有且只有一个构件为机架。

（2）原动件（主动件）　原动件是指机构中作用有驱动力或已知运动规律的构件，它的运动是由外界输入的，一般与机架相连。

（3）从动件　从动件是指机构中除原动件以外的所有活动构件。

2. 运动副和构件的表示

（1）**构件** 构件一般用直线、小方块、圆等来表示，也可以把两条线交接处涂黑、内部画斜线等方式来表示一个构件，特殊情况下还可用曲线等来表示，如果构件的一侧上画有斜线则表示机架，如图 1-15 所示。

（2）**转动副** 构件组成转动副时，如果视图方向与回转轴线方向一致，用图 1-16a 中的小圆圈表示，否则用图 1-16b 所示形式表示，表示转动副的圆圈，其圆心必须与回转轴线重合。

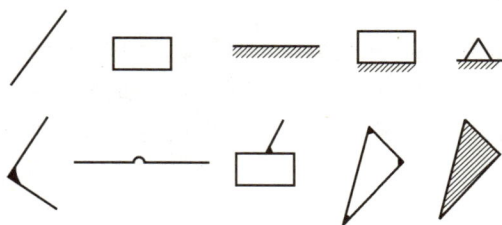

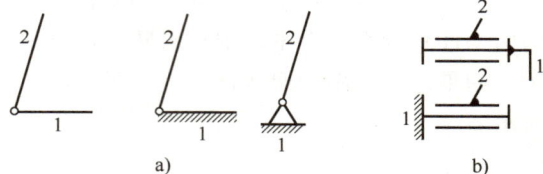

图 1-15　构件常用表示方法　　　　　　　　图 1-16　转动副

（3）**移动副** 两构件组成移动副，其导路必须与相对移动方向一致。常用的表示方法如图 1-17 所示。

（4）**高副** 两构件组成高副时，其运动简图中应画出两构件接触处的曲线轮廓。例如，对于凸轮、滚子，一般需要画出其全部轮廓；而对于齿轮，常用细点画线画出其节圆，如图 1-18 所示。

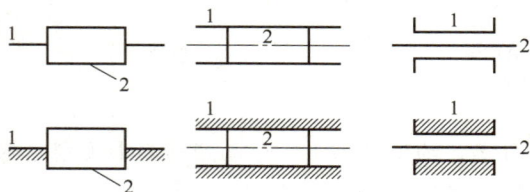

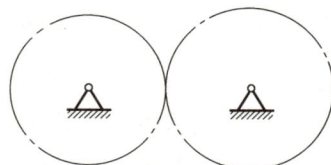

图 1-17　移动副　　　　　　　　　　图 1-18　齿轮副

常用运动副符号见表 1-3。

表 1-3　常用运动副符号

名称		符号
平面运动副	转动副	
	移动副	
	平面高副	

（续）

名称		符号
空间运动副	槽销副	
	球面副	
	球销副	
	螺旋副	

常用机构运动简图符号见表 1-4。

表 1-4　常用机构运动简图符号

名称	符号	名称	符号
带传动	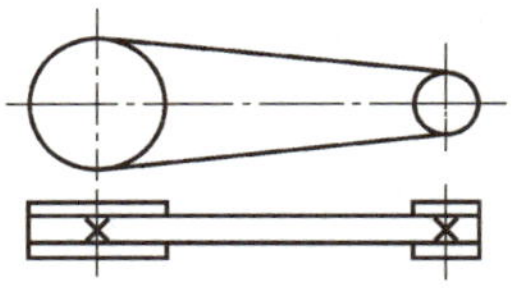	齿轮齿条传动	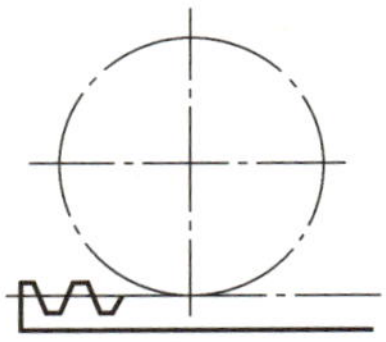
链传动	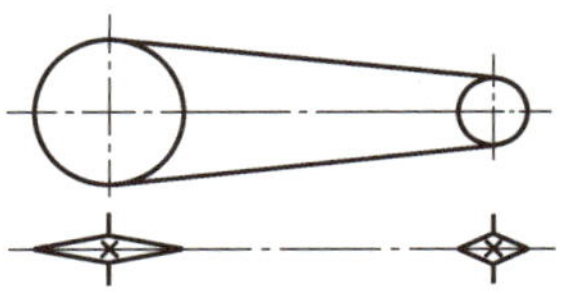	锥齿轮传动	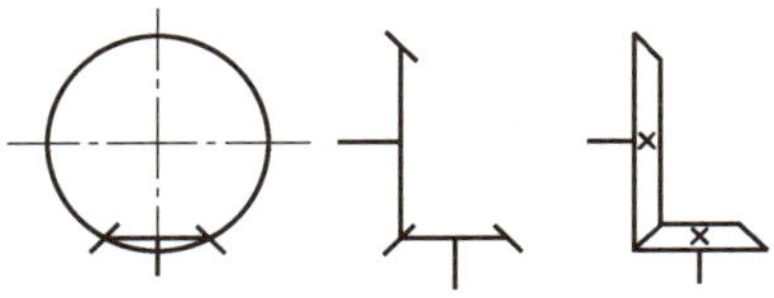
外啮合圆柱齿轮传动	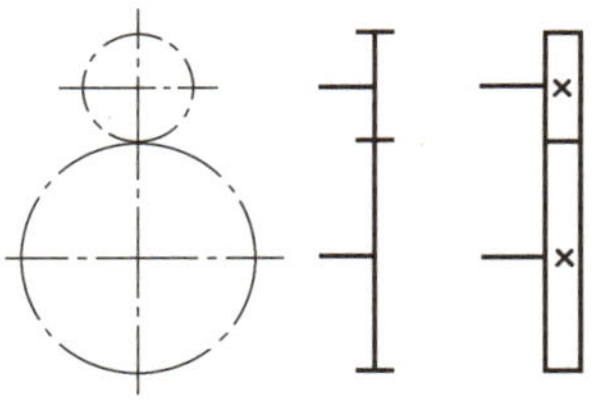	蜗杆传动	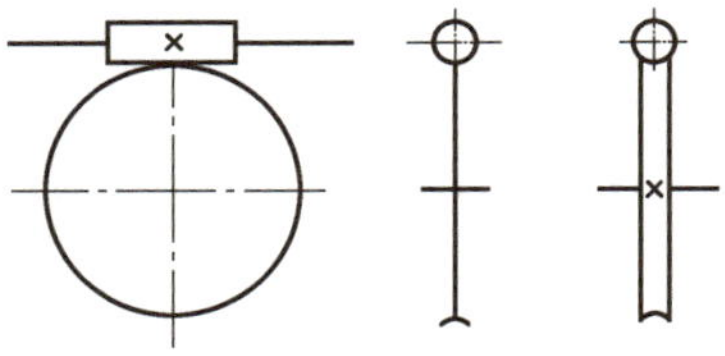
内啮合圆柱齿轮传动	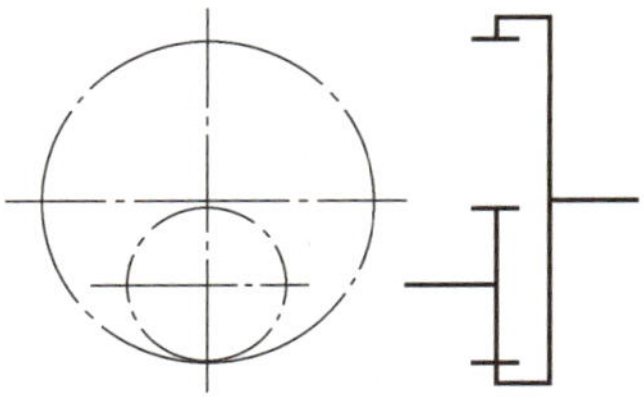	摩擦轮传动	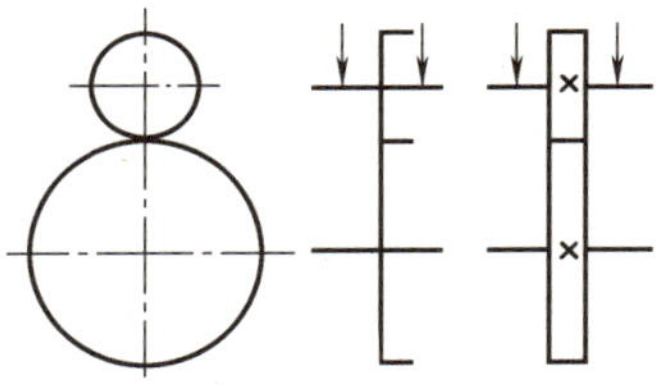

3. 机构运动简图的绘制

这里重点讨论刚性机构的机构运动简图，其绘制步骤如下：

1）分析研究机构的组成及运动原理，确定机架、原动件和从动件。

2）由原动件开始，分析机构的传动部分，确定构件数、运动副、类型和位置。

3）选择适当的视图平面，平面机构通常选择多数机构的运动平面作为绘制简图的投影面。

4）选择合适的比例尺，按照各运动副间的距离和相对位置，用构件和运动副的符号正确绘制出运动简图。

[例 1-1] 绘制颚式破碎机的机构运动简图。颚式破碎机是破碎硬物最有效的设备之一，主要用于对各种矿石与大块物料的中等粒度破碎，广泛应用于矿山、冶炼、建材、公路、铁路、水利和化工等行业。如图 1-19 所示，物料的破碎在两块颚板之间进行，破碎机的动颚板对静颚板做周期性地靠近和离开运动，当动颚板靠近静颚板时，位于两颚板间的物料受到挤压力作用而破碎，当动颚板离开静颚板时，已破碎的物料在重力作用下从排料口排出。

分析及绘制步骤：

1）确定原动件及构件的数目。由图 1-19 可知，颚式破碎机主要由带传动机构和平面连杆机构组成，其中平面连杆机构为刚性机构。平面连杆机构包括偏心轴、动颚板、推力板和机架四个构件。机构运动由安装在电动机轴上的小带轮输入，大带轮与偏心轴固连成一体（属同一构件），绕大带轮轮心转动，故偏心轴为原动件，动颚板和推力板为从动件。动颚板通过推力板与机架相连，并在偏心轴的带动下做平面运动，从而将大块物料轧碎。

图 1-19 颚式破碎机

1—静颚板 2—边护板 3—动颚板 4—带轮
5—偏心轴 6—电动机 7—调整块 8—推力板

1-7 颚式破碎机

2）确定运动副的类型和数目。从原动件开始分析，运动副包括偏心轴与机架构成的转动副、偏心轴与动颚板构成的转动副、动颚板与推力板构成的转动副、推力板与机架构成的转动副。

3）选择与构件运动平行的平面作为视图平面。

4）绘制机构运动简图。

① 测量每个构件上运动副之间的距离，确定每个运动副的相对位置，然后选定适当的比例尺，并用规定符号画出步骤 2）中的运动副，如图 1-20a 所示。

② 用规定符号画出构件，如图 1-20b 所示。

③ 按照运动传递路线，用阿拉伯数字标出构件，用大写英文字母标出运动副，并在原

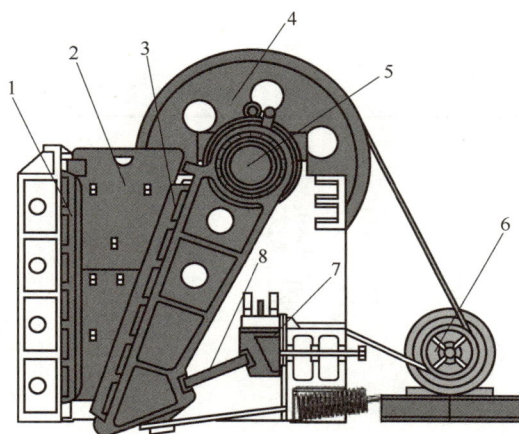

动件上标出运动方向的箭头，如图 1-20c 所示。

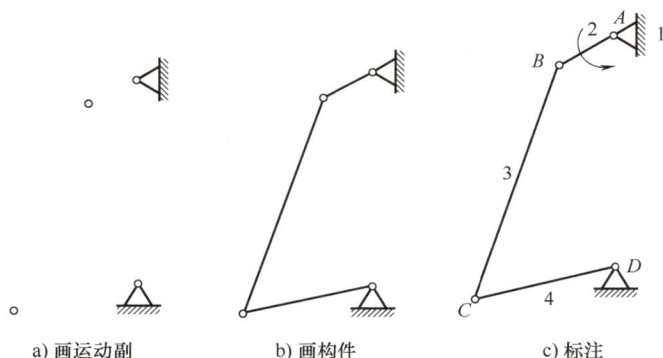

a) 画运动副   b) 画构件   c) 标注

图 1-20 颚式破碎机机构运动简图绘制

【任务实施】

单缸四冲程内燃机的机构运动简图绘制步骤如下：

1）分析机器工作原理，确定原动件及构件的数目。在任务一中，我们分析了单缸四冲程内燃机的机构组成，包括曲柄滑块机构、带传动机构以及 2 个凸轮机构，其中带传动机构为挠性机构，这里不作分析；曲柄滑块机构主要由活塞、连杆、曲轴和机架 4 个构件组成，活塞为原动件，它将活塞的往复运动转化为曲轴的连续转动，实现移动与转动之间的运动转换；凸轮机构主要由凸轮、推杆（排气门或进气门）和机架 3 个构件组成，凸轮为原动件，它将凸轮的连续转动转变为推杆的往复运动，从而启闭进气门或排气门。

2）确定运动副的类型和数目。曲柄滑块机构中的运动副包括活塞与机架构成的移动副、活塞与连杆构成的转动副、连杆与曲轴构成的转动副、曲轴与机架构成的转动副。凸轮机构中的运动副包括凸轮与机架构成的转动副、凸轮与推杆构成的平面高副、推杆与机架构成的移动副。

3）选择与构件运动平行的平面作为视图平面。

4）绘制机构运动简图。

① 测量每个构件上运动副之间的距离，确定每个运动副的相对位置，然后选定适当的比例尺，并用规定符号画出步骤 2）中的运动副，如图 1-21a、图 1-22a 所示。

② 用规定符号画出构件，如图 1-21b、图 1-22b 所示。

③ 按照运动传递路线，用阿拉伯数字标出构件，用大写英文字母标出运动副，并在原动件上标出运动方向的箭头，如图 1-21c、图 1-22c 所示。

④ 图 1-23 所示为完成后的单缸四冲程内燃机机构运动简图。

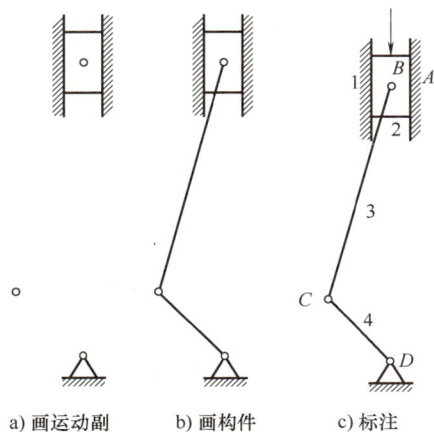

a) 画运动副   b) 画构件   c) 标注

图 1-21 内燃机曲柄滑块机构运动
简图绘制

a) 画运动副　　　　　b) 画构件　　　　　c) 标注

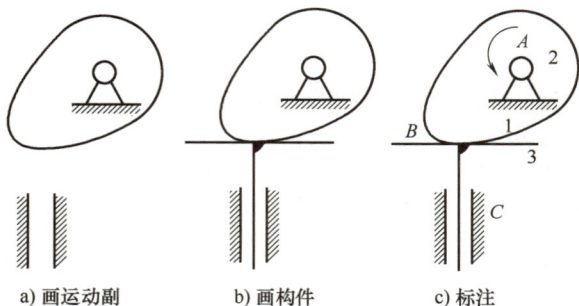

图 1-22　内燃机凸轮机构运动简图绘制

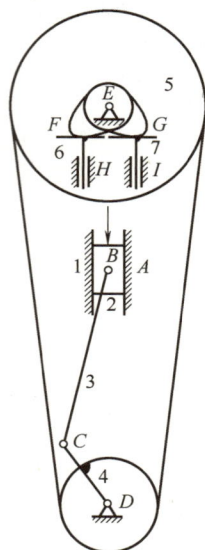

图 1-23　单缸四冲程内燃机机构运动简图

【实践训练】

完成表 1-5 所列实践训练。

表 1-5　摆缸式液压泵机构运动简图绘制与仿真

实践 任务	图 1-24 所示为摆缸式液压泵机构。绘制该机构的机构运动简图,并在 CAD 软件中进行运动仿真 图 1-24　摆缸式液压泵 1—曲柄　2—活塞杆　3—转块　4—泵体
实践 准备	绘图工具、SolidWorks 或其他 CAD 软件
液压泵机构 运动简图	

【习题与思考】

一、判断题

1. 机构中的主动件和从动件，都是构件。　　　　　　　　　　　（　　　）
2. 凡两构件直接接触，而又相互连接的都称为运动副。　　　　　（　　　）
3. 运动副是连接，连接也是运动副。　　　　　　　　　　　　　（　　　）
4. 运动副的作用是限制或约束构件的自由运动。　　　　　　　　（　　　）
5. 点或线接触的运动副称为低副。　　　　　　　　　　　　　　（　　　）

二、分析题

1. 绘出图 1-25 所示机构的机构运动简图。

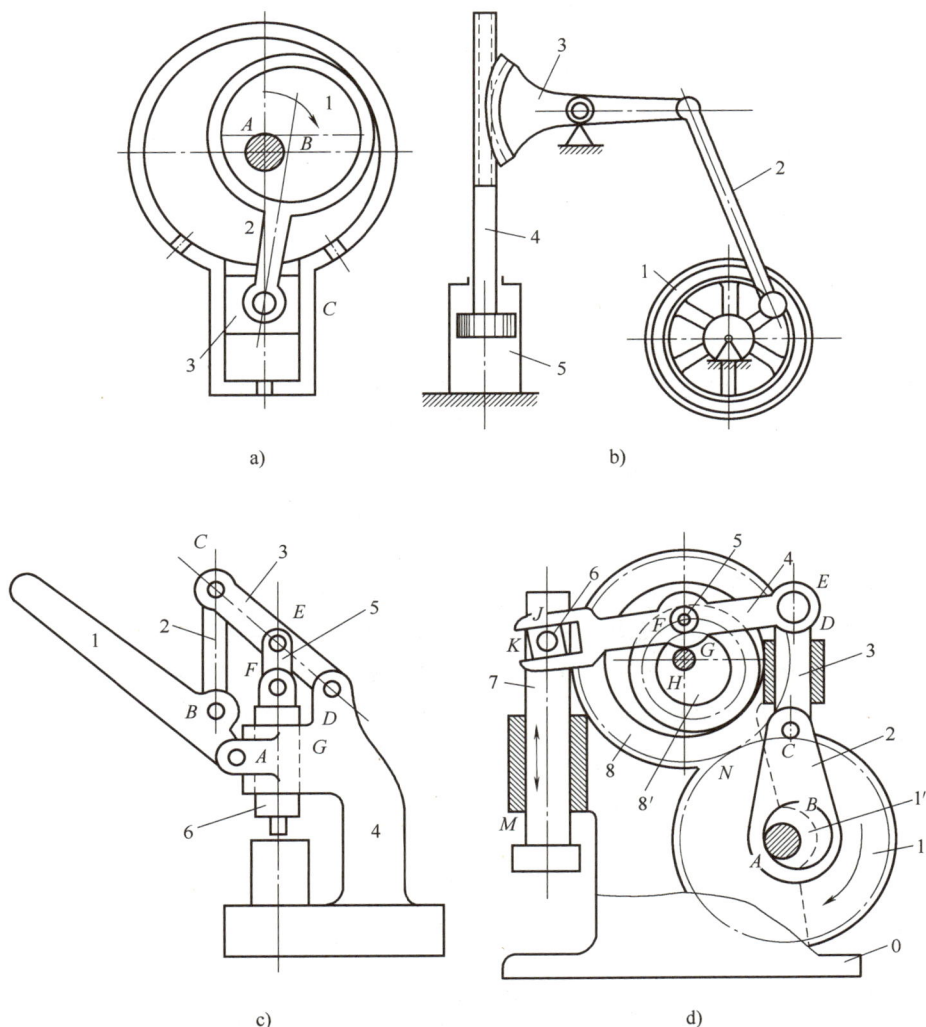

a)　　　　　　　　　　　b)

c)　　　　　　　　　　　d)

图 1-25　分析题 1

2. 绘制图 1-26 所示牛头刨床的机构运动简图。

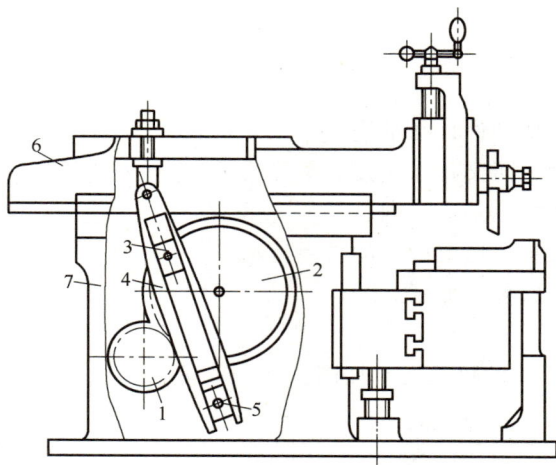

图 1-26　分析题 2

任务三　计算内燃机的机构自由度

【学习目标】

1）掌握平面机构具有确定运动的条件。
2）掌握自由度计算中复合铰链、局部自由度、虚约束等特殊情况的处理方法。
3）具备平面机构自由度的计算能力及机构的分析能力。
4）树立全局意识，增强团队协作精神。

【任务描述】

机构应具有确定运动，任意拼凑的构件组合不一定具有确定的相对运动。为了按一定要求进行运动的传递和转换，当机构的原动件按给定的运动规律运动时，该机构其余构件的运动也都应是完全确定的。为了使所设计机构中的构件能产生确定的相对运动，有必要研究机构的自由度和机构具有确定运动的条件。试分析图 1-2 所示单缸四冲程内燃机的机构自由度，讨论机构具有确定运动的条件。

【相关知识】

一、自由度和约束

1. 自由度

构件相对于参考系具有的独立运动参数的数目称为构件的自由度。一个做平面运动的自由构件具有 3 个独立运动，如图 1-27 所示，在 XOY 坐标系中，构件可随任一点 A 沿 X 轴、Y 轴方向移动和绕 A 点转动。

2. 约束

当两构件组成运动副后，它们之间的某些相对运动受到限制，这种对两构件的相对运动所施加的限制称为约束。

　　自由运动构件通过运动副组成机构时，由于运动副产生了约束，其自由度将随之减少。每加上1个约束，自由构件便失去1个自由度，约束的多少及特点取决于运动副的形式。在低副中，转动副约束了2个移动的自由度，只保留1个转动的自由度；移动副约束了沿一轴方向的移动和在平面内的转动2个自由度，只保留沿另一轴方向移动的自由度；高副只约束了沿接触处公法线方向移动的自由度，保留了沿公切线方向的移动和绕接触点的转动2个自由度。

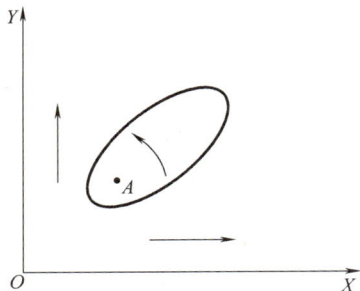

图 1-27　构件自由度

　　因此，平面低副引入2个约束，保留1个自由度；平面高副引入1个约束，保留2个自由度。

二、机构具有确定运动的条件

　　机构具有的独立运动数目称为机构的自由度。机构的从动件是不能独立运动的，只有原动件才能独立运动。通常原动件与机架相连，具有一个独立运动，由外界给定。图1-28a所示机构明显不能产生运动，其自由度为0；图1-28b所示铰链四杆机构，若给定其一个独立的运动参数，如构件2的角位移规律$\varphi(t)$，则构件3、4的运动便都完全确定了，说明该机构的自由度为1；图1-28c所示铰链五杆机构，若也只给定一个独立的运动参数，如构件2的角位移规律$\varphi(t)$，此时构件3、4、5的运动并不能确定，可以在$BCDE$位置，也可以在$BC'D'E$位置，或者其他位置，说明从动件的运动是不确定的，但若再给定另一个独立的运动参数，如构件5的角位移规律$\varphi(t)$，则机构各构件的运动便完全确定了，说明该机构的自由度为2。

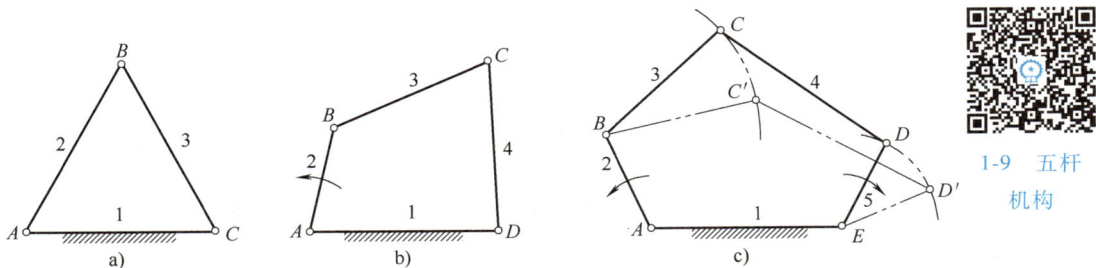

1-9　五杆机构

图 1-28　平面机构自由度分析

　　由上可知，无相对运动的构件组合或无规则乱动的构件组合都不能实现预期的运动变换，难以用来传递运动。机构要实现确定的相对运动，究竟取一个还是几个构件作原动件，取决于机构的自由度。

　　因此，机构具有确定运动的条件是机构原动件个数等于机构的自由度数目。若机构原动件个数小于机构的自由度数目，则机构的运动不完全确定。若机构原动件个数大于机构的自由度数目，则将导致机构在薄弱的环节损坏。

三、平面机构自由度的计算

　　假设在一个平面机构中有n个活动构件（机架不计入其内），则组成机构的构件在尚未用运动副连接时，共有 $3n$ 个自由度。当各构件用运动副连接后，由于每个平面低副提供 2 个约束，每个平面高副提供 1 个约束，设该机构共有 P_1 个低副和 P_h 个高副，则它们共提供了 $2P_1+P_h$ 个约束。因此，平面机构的自由度计算公式为

$$F = 3n - 2P_1 - P_h$$

图 1-28a 所示机构的活动构件数 $n=2$，低副数 $P_1=3$，高副数 $P_h=0$，则机构自由度 $F=3×2-2×3-0=0$，因此各构件之间不可能产生相对运动。

图 1-28b 所示机构的活动构件数 $n=3$，低副数 $P_1=4$，高副数 $P_h=0$，则机构自由度 $F=3×3-2×4-0=1$，该机构要有确定的运动需要 1 个原动件。

图 1-28c 所示机构的活动构件数 $n=4$，低副数 $P_1=5$，高副数 $P_h=0$，则机构自由度 $F=3×4-2×5-0=2$，该机构要有确定的运动需要 2 个原动件。

[例 1-2]　计算图 1-29 所示机构的自由度，并说明欲使机构有确定运动需要几个原动件。

分析步骤：

1）机构的活动构件数：$n=9$。

2）低副数：转动副数为 6，移动副数为 7，总的低副数 $P_1=6+7=13$。

3）高副数：$P_h=0$。

4）机构的自由度：$F=3×9-2×13-0=1$。

5）结论：欲使机构具有确定运动需要 1 个原动件。

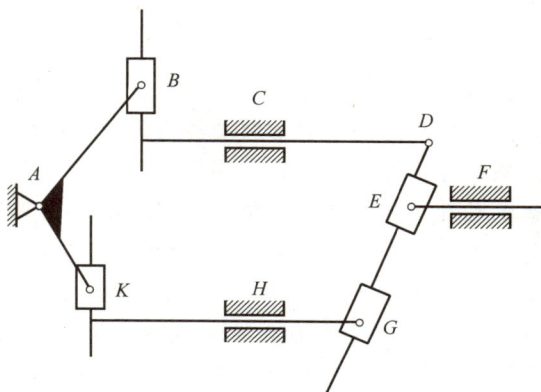

图 1-29　自由度计算

四、计算平面机构自由度的注意事项

1. 复合铰链

3 个或 3 个以上构件在同一处构成共轴线转动副的铰链，称为复合铰链。如图 1-30 所示，构件 1、2、3 在同一轴线处构成转动副，从图 1-30b、c 可以看出，它包含 2 个转动副。依此类推，若有 m 个构件组成复合铰链，则复合铰链处的转动副数应为 $m-1$ 个。在计算机构自由度时应注意识别复合铰链，不要把它当成一个转动副进行计算。

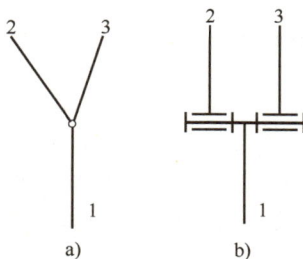

1-10　复合铰链

图 1-30　复合铰链

[例 1-3]　如图 1-31 所示的惯性筛机构，计算其自由度，并判断该机构是否有确定运动。

分析步骤：

1）分析机构，存在复合铰链 C，含 2 个转动副。

2）机构的活动构件数：$n=5$。

3）低副数：转动副数为6，移动副数为1，总的低副数$P_1=6+1=7$。

4）高副数：$P_h=0$。

5）机构的自由度：$F=3\times5-2\times7-0=1$。

1-11 惯性筛

图 1-31 惯性筛机构

6）结论：构件2为机构的原动件，原动件个数与自由度数相等，机构具有确定运动。

2. 局部自由度

机构中某些构件具有局部的、不影响其他构件运动的自由度，同时与输出运动无关的自由度，称为局部自由度。对于含有局部自由度的机构，在计算其自由度时，应设想把局部自由度固定，然后再进行计算。

如图1-32a所示的凸轮机构，主动件凸轮2逆时针方向转动，通过滚子3使从动件4在导路中往复移动。显然，滚子3绕其自身轴线的转动完全不会影响从动件4的运动，因此滚子的这一转动为局部自由度。如果计入局部自由度，则$n=3$，$P_1=3$，$P_h=1$，$F=3\times3-2\times3-1=2$，这与实际不符。正确的方法是，将滚子与从动件看成一个构件，如图1-32b所示，除去滚子产生的局部自由度。此时，该机构中$n=2$，$P_1=2$，$P_h=1$，则$F=3\times2-2\times2-1=1$。

局部自由度虽不影响机构的运动关系，但可以减少高副接触处的摩擦和磨损。因此，在机械中具有局部自由度的结构很常见，如滚动轴承、滚轮等。

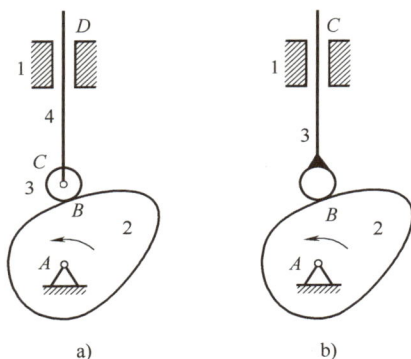

图 1-32 凸轮机构

1—机架 2—凸轮 3—滚子 4—从动件

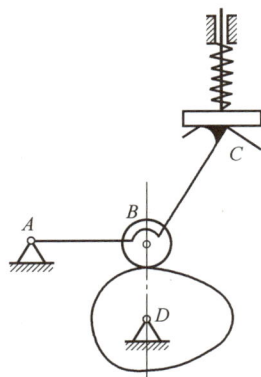

[例1-4] 计算图1-33所示机构的自由度，并说明欲使机构有确定运动需要几个原动件。

分析步骤：

1）分析机构，B处滚子存在局部自由度，计算时应将其与摆杆AC看作一个构件。

2）机构的活动构件数：$n=3$。

3）低副数：转动副数为2，移动副数为1，总的低副数$P_1=2+1=3$。

4）高副数：$P_h=2$。

5）机构的自由度：$F=3\times3-2\times3-2=1$。

6）结论：因为机构的自由度为1，所以欲使机构有确定运动需要1个原动件。

图 1-33 例 1-4

3. 虚约束

虚约束是指对机构运动不起独立限制作用的约束。在机械结构中，有时为了增加机构的

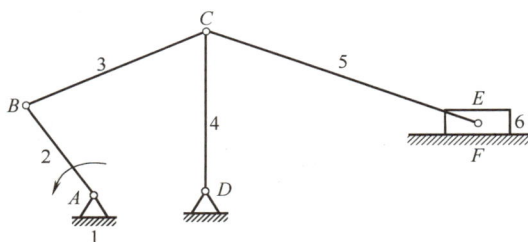

刚度、改善受力情况、保持传动的可靠性等，会加入一些虚约束，在计算机构自由度时应先去除虚约束。

虚约束常发生在下列情况：

1）两构件组成多个轴线重合的转动副。如图 1-34 所示的齿轮机构中，轮轴与机架在 A、B 两处组成了两个转动副，从运动关系看，只有一个转动副起约束作用，其余各处的引入约束均为虚约束，计算机构自由度时应按一个转动副计算。

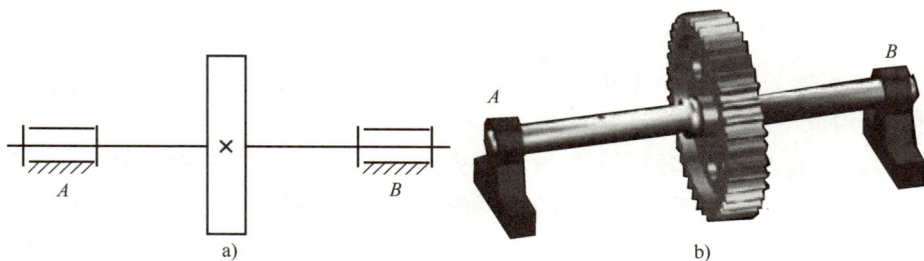

图 1-34　轴线重合引入的虚约束

2）两构件组成多个移动方向一致（重合或平行）的移动副，只有一个移动副起约束作用，其余为虚约束。如图 1-35 所示，导杆在两个导路中的移动副移动方向一致，计算机构自由度时应按一个移动副计算。

3）两构件组成多处接触点公法线重合的高副。如图 1-36 所示，同样应只考虑一处高副，其余为虚约束。

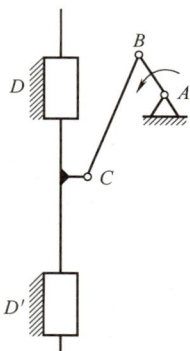

图 1-35　移动方向一致引入的虚约束

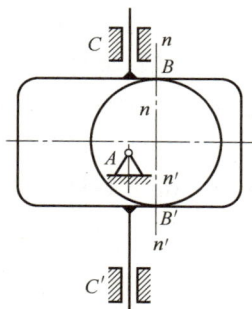

图 1-36　接触点公法线重合引入的虚约束

4）两构件上连接点的运动轨迹互相重合。如图 1-37a 所示的平行四边形机构，连杆 2 做平动，其线上各点的运动轨迹均为圆心在 AD 线上且半径等于构件 1 长度 l_1 的圆弧。为了提高机构的刚性，如果在机构中增加构件 5，如图 1-37b 所示，EF 平行且等于 AB、CD，则构件 5 上 E 点的轨迹与连杆 2 上 E 点的轨迹重合。因此，构件 5 对该机构的运动并不产生任何影响，其约束从运动角度看并无必要，为虚约束，在计算其自由度时应将其去除，简化为图 1-37a 所示形式再计算。如果不满足上述几何条件，则 EF 杆的约束为有效约束，如图 1-37c 所示，此时该机构的自由度 $F=0$，机构不能运动。

5）机构中对运动不起作用的对称部分引入的约束为虚约束。如图 1-38 所示的行星轮系，为了提高承载能力并使机构受力均匀，安装了 3 个相同的行星轮对称布置。从运动传递

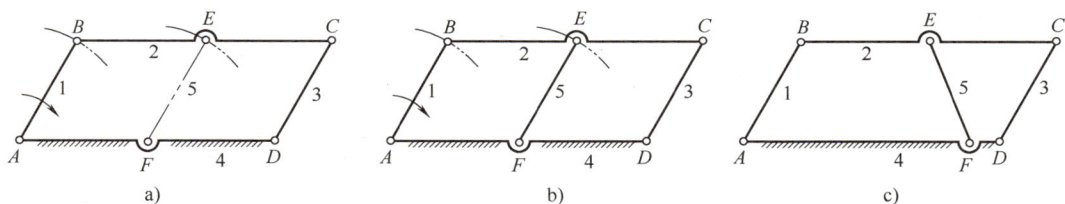

图 1-37 运动轨迹重合引入的虚约束

的角度看，只需一个行星轮就能满足运动要求，其余行星轮并不影响机构的运动传递，所以它们引入的运动副均为虚约束，应除去不计。

虚约束虽不影响机构的运动，但可以改善机构的刚性或受力情况，保证机器顺利运动，因而在机械结构设计中被广泛采用。但是，虚约束对机构的几何条件、制造、安装精度要求较高，因此，对机构的加工和装配精度提出了较高的要求。

[例 1-5] 计算图 1-39 所示机构的自由度，并说明欲使其有确定运动，需要有几个原动件。

1-12 行星轮系

图 1-38 对称结构引入的虚约束

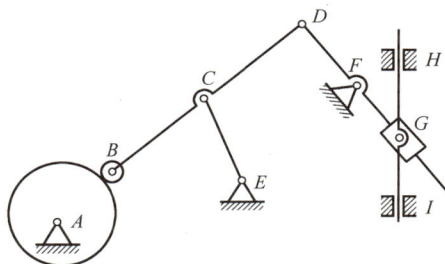

图 1-39 例 1-5

分析步骤：

1）分析机构，B 处滚子存在局部自由度，计算时应将其与构件 BD 看作一个构件；图中标注 H 和 I 的运动副，导杆与机架两构件组成了 2 个移动方向一致的移动副，只有其中之一起约束作用，另一个为虚约束，除去不计。

2）机构的活动构件数：$n=6$。

3）低副数：转动副数为 6，移动副数为 2，总的低副数 $P_1=6+2=8$。

4）高副数：$P_h=1$。

5）机构的自由度：$F=3\times6-2\times8-1=1$。

6）结论：由于 $F=1$，所以该机构要有确定的运动，需要 1 个原动件。

[例 1-6] 计算图 1-40 所示机构的自由度，并说明欲使其有确定运动，需要有几个原动件。

分析步骤：

1）分析机构，A 处为复合铰链；有 2 个相同的行星轮对称布置，其中一个引入了虚约束，除去不计。

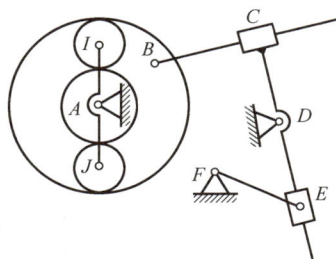

图 1-40 例 1-6

2）机构的活动构件数：$n=8$。

3）低副数：转动副数为8，移动副数为2，总的低副数$P_1=8+2=10$。

4）高副数：$P_h=2$。

5）机构的自由度：$F=3\times8-2\times10-2=2$。

6）结论：由于$F=2$，所以该机构要有确定的运动，需要2个原动件。

[例1-7]　图1-41所示为机构的初拟设计方案。

1）计算其自由度，分析其设计是否合理。

2）如果设计方案不合理，应该如何改进方案？

分析步骤：

1）计算机构自由度：$F=3\times4-2\times6-0=0$。

机构的自由度$F=0$，说明机构不能运动，所以该设计方案不合理。

2）观察图1-41所示的机构，构件5与机架形成移动副F，其运动轨迹线为直线，但是构件5与构件4形成的转动副D的轨迹线与此发生了冲突，改进方案是在D处增加一个滑块构件6，使构件5与构件6形成转动副，构件4与构件6形成移动副，如图1-42所示。此时，机构的自由度为$F=3\times5-2\times7-0=1$，机构自由度数与原动件数相等，机构具有确定运动。

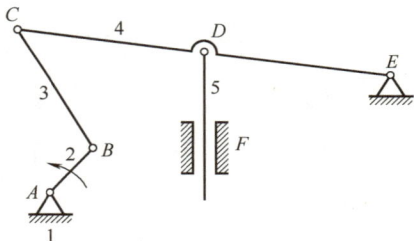

图1-41　例1-7

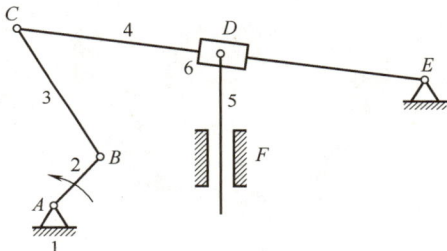

图1-42　改进方案

【任务实施】

单缸四冲程内燃机机构自由度计算见表1-6。

表1-6　单缸四冲程内燃机机构自由度计算

总体分析	单缸四冲程内燃机由曲柄滑块机构、带传动机构以及2个凸轮机构组成，其机构运动简图如图1-21～图1-23所示，其中带传动机构为挠性机构，这里不作分析
曲柄滑块机构的自由度	$F=3\times3-2\times4-0=1$ 需要1个原动件，图1-21中的活塞为原动件
凸轮机构的自由度	$F=3\times2-2\times2-1=1$ 需要1个原动件，图1-22中的凸轮为原动件
结论	凸轮机构的原动件运动是由曲柄滑块机构的从动件（曲柄）传递给带传动机构，接着再传递到凸轮轴来实现的。因此，不需要再另外单独给凸轮机构设置动力装置，图1-23中整体机构的自由度为1，只需要1个原动件

【任务拓展】

单缸四冲程内燃机除了采用带传动机构传递运动外，也可应用齿轮机构来传递运动，如图 1-43 所示，计算其自由度，分析该机构需要几个原动件。

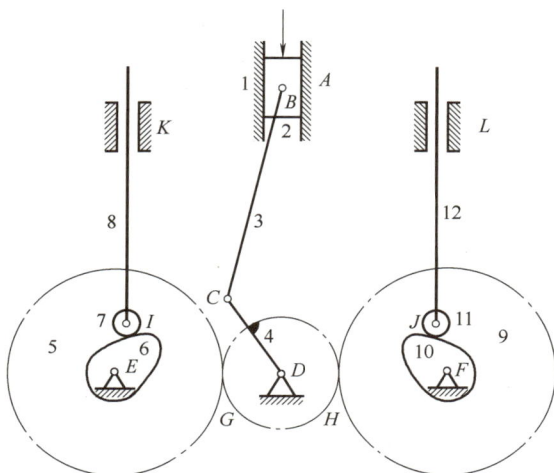

图 1-43 含齿轮机构的内燃机机构

1—机架 2—滑块 3—连杆 4—曲柄 5、9—齿轮
6、10—凸轮 7、11—滚子 8、12—顶杆

含齿轮机构的内燃机机构自由度计算见表 1-7。

表 1-7 含齿轮机构的内燃机机构自由度计算

总体分析	分析图 1-43 所示机构的工作原理可知，齿轮 5 与凸轮 6 是固定在同一轴上的两零件，它们同步转动，无相互运动，因此是一个构件；同理，齿轮 9 与凸轮 10 是一个构件。滚子 7 和滚子 11 的转动为局部自由度，因此，计算机构自由度时，就当将滚子 7 和顶杆 8 看作一个构件，将滚子 11 和顶杆 12 看作一个构件
机构自由度计算	1）机构的活动构件数：$n=7$ 2）低副数：转动副数为 5，移动副数为 3，总的低副数 $P_l=5+3=8$ 3）高副数：$P_h=4$，分别在 G、H、I、J 处 4）机构的自由度：$F=3×7-2×8-4=1$
结论	机构具有确定运动的条件是机构的原动件数目等于机构的自由度数。因为 $F=1$，所以该机构需要 1 个原动件

【实践训练】

完成表 1-8 所列实践训练。

表 1-8　牛头刨床机构分析与改进

实践任务	图 1-44 所示为牛头刨床主机构的运动简图。设计思路是曲柄 1 为原动件,做匀速角速度转动,通过滑块 2、导杆 3 带动刨刀 4 做水平往复移动,最终实现刨削运动。试分析该机构能否实现预期的运动;如果不能,画出改进方案 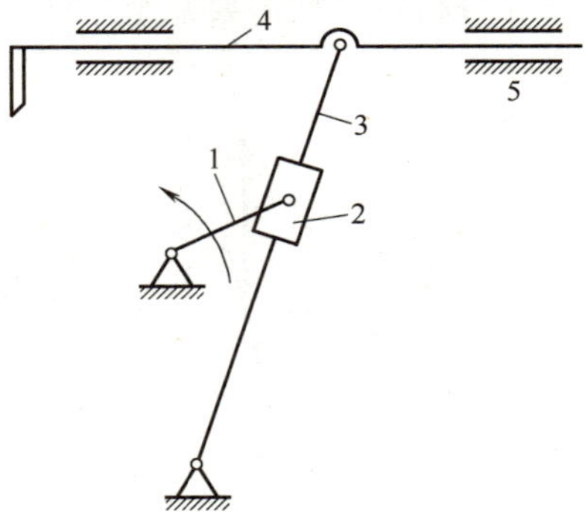 图 1-44　牛头刨床主机构的运动简图 1—曲柄　2—滑块　3—导杆　4—刨刀　5—机架
实践准备	绘图工具、SolidWorks 或其他 CAD 软件
机构分析与改进	

【习题与思考】

一、判断题

1. m 个构件组成的复合铰链,具有 $m+1$ 个转动副。　　　　　　　　　　（　　）

2. 对运动不起独立限制作用的约束称为虚约束,在计算自由度时应消除虚约束。

　　　　　　　　　　　　　　　　　　　　　　　　　　　　　　　　　（　　）

3. 机构具有确定运动的条件是机构的原动件数少于机构的自由度数。　　（　　）

4. 有两个平面机构的自由度都等于 1,现用一个带有两铰链的运动构件将它们串成一个平面机构,则其自由度还是等于 1。　　　　　　　　　　　　　　　　　　　（　　）

5. 两构件之间以线接触组成平面运动副,将产生 2 个约束。　　　　　　　（　　）

二、分析题

1. 指出图 1-45 所示机构运动简图中的复合铰链、局部自由度和虚约束,计算各机构的自由度,并判断机构的运动是否确定。

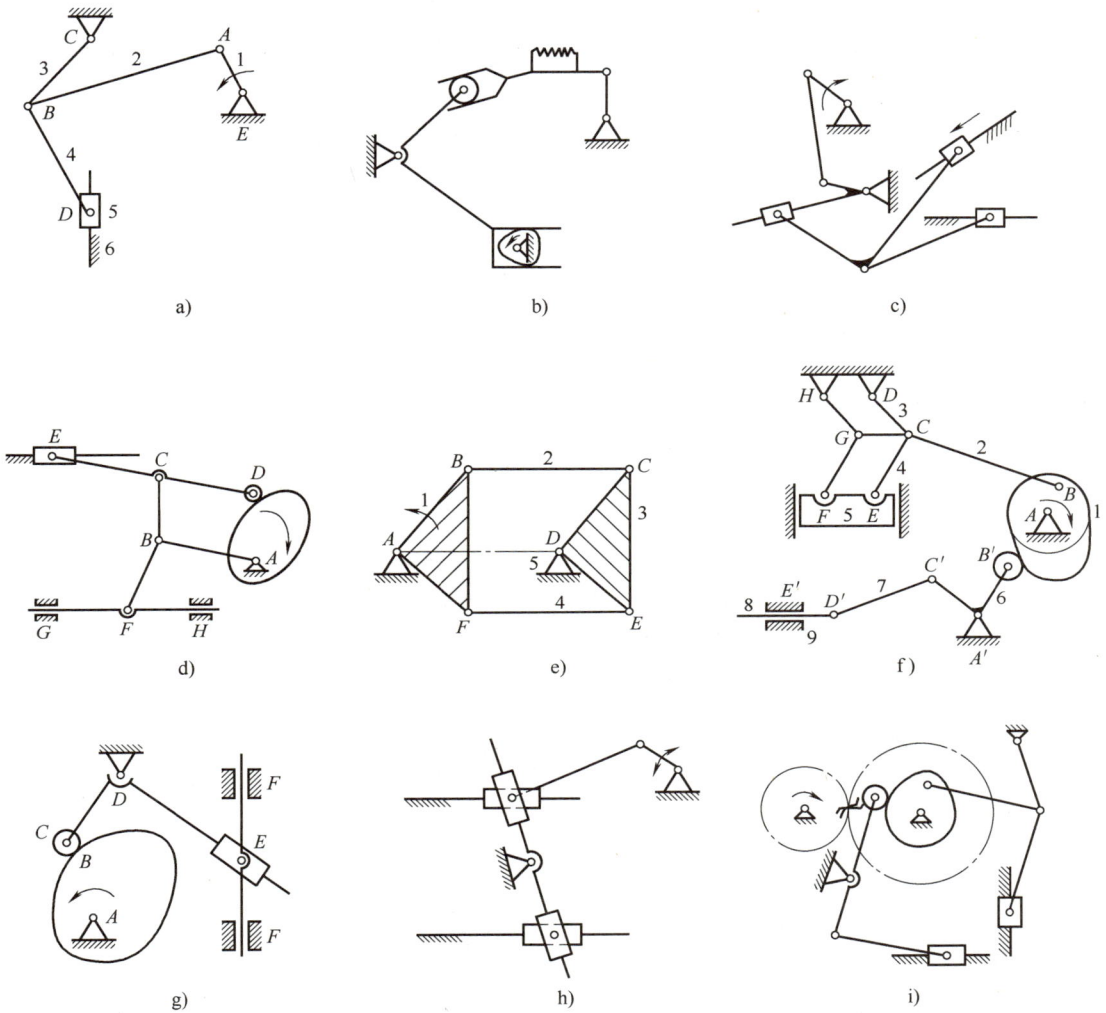

图 1-45　分析题 1

2. 计算图 1-46 所示机构的自由度，分析其设计是否合理。如果不合理，请提出修改方案。

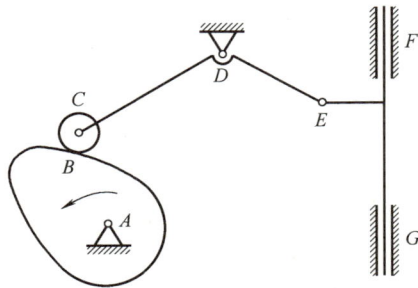

图 1-46　分析题 2

压力机冲压机构的设计

冲压是靠压力机和模具对板材、带材、管材和型材等施加外力，使之产生塑性变形或分离，从而获得所需形状和尺寸的工件的成形加工方法。冲压加工的生产效率高、质量稳定、操作方便，广泛应用于批量生产中。冲压加工中的压力机是用来为模具实现冲压加工提供运动和动力的设备，常见的冲压设备有机械压力机和液压机。图 2-1 所示的曲柄压力机是一种机械压力机，工作时，电动机通过带传动机构和齿轮传动机构将转动传递到曲柄轴上，通过冲压机构（曲柄滑块机构）将曲柄轴旋转运动转换为滑块的直线往复运动，从而实现对坯料进行成形加工，如图 2-2 所示。

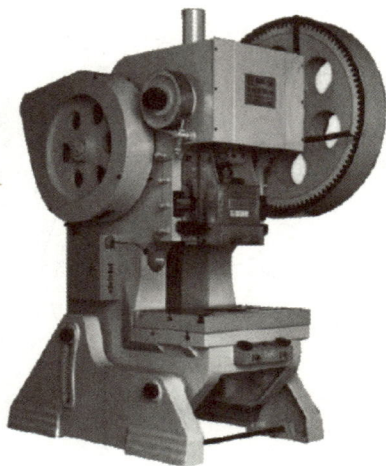

图 2-1　曲柄压力机

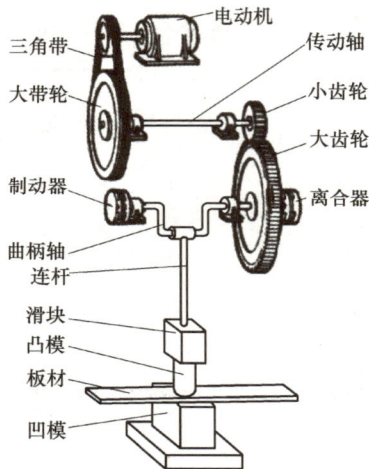

电动机　传动轴　小齿轮　大齿轮　离合器　三角带　大带轮　制动器　曲柄轴　连杆　滑块　凸模　板材　凹模

图 2-2　压力机结构

2-1　压力机

本项目分三个学习任务，分别为认识平面四杆机构、分析平面四杆机构的特性、设计平面四杆机构，最终完成压力机冲压机构的设计。本项目知识导图如图 2-3 所示。

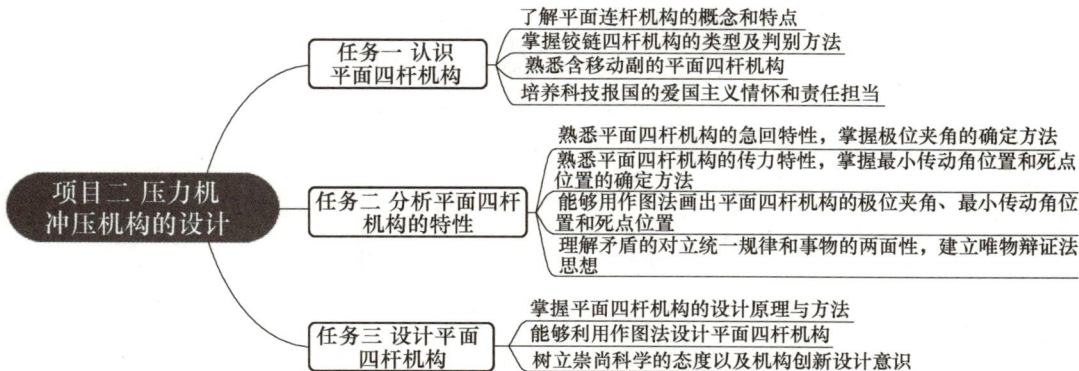

项目二 压力机冲压机构的设计	任务一 认识平面四杆机构	了解平面连杆机构的概念和特点 掌握铰链四杆机构的类型及判别方法 熟悉含移动副的平面四杆机构 培养科技报国的爱国主义情怀和责任担当
	任务二 分析平面四杆机构的特性	熟悉平面四杆机构的急回特性，掌握极位夹角的确定方法 熟悉平面四杆机构的传力特性，掌握最小传动角位置和死点位置的确定方法 能够用作图法画出平面四杆机构的极位夹角、最小传动角位置和死点位置 理解矛盾的对立统一规律和事物的两面性，建立唯物辩证法思想
	任务三 设计平面四杆机构	掌握平面四杆机构的设计原理与方法 能够利用作图法设计平面四杆机构 树立崇尚科学的态度以及机构创新设计意识

图 2-3　项目二知识导图

【功勋模范】

孙家栋，男，汉族，中共党员，1929年4月生，辽宁复县人，原航空航天工业部副部长、科技委主任，中国航天科技集团有限公司原高级技术顾问，中国科学院院士。他是我国人造卫星技术和深空探测技术的开创者之一，被称为"中国卫星之父"，中国航天的许多"第一"都与他有关，第一颗人造卫星、第一颗科学实验卫星、第一颗返回式遥感卫星、第一颗静止轨道气象卫星、第一颗资源探测卫星、第一颗北斗导航卫星、第一颗探月卫星等。荣获"两弹一星"功勋奖章、共和国勋章、国家最高科学技术奖等。

任务一　认识平面四杆机构

【学习目标】

1）了解平面连杆机构的概念和特点。

2）掌握铰链四杆机构的类型及判别方法。

3）熟悉含移动副的平面四杆机构。

4）培养科技报国的爱国主义情怀和责任担当。

【任务描述】

任务（1）：如图2-4所示的铰链四杆机构，已知杆 CD 为最短杆，若要构成曲柄摇杆机构，机架 AD 的长度取值范围是多少？

任务（2）：根据压力机冲压机构的运动特点，选择合适的平面四杆机构，并画出该机构的示意图。

【相关知识】

生活中，平面连杆机构应用广泛，如内燃机、牛头刨床、颚式破碎机等，包含连杆构件，且构件多呈杆状。平面连杆机构是由若干个构件通过低副连接而构成的平面机构，又称为平面低副机构。

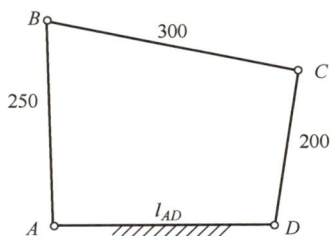

图2-4　铰链四杆机构

平面连杆机构的优点：

1）构件之间是低副连接，为面接触，所以承受压强小，便于润滑，磨损较轻，可承受较大载荷。

2）结构简单，加工方便，构件之间的接触是由构件本身的几何约束来保持的，所以构件工作可靠。

3）运动形式多样，能够实现多种运动规律和运动轨迹。

平面连杆机构的缺点：

1）根据从动件所需要的运动规律或轨迹来进行设计，不易精确实现复杂的运动规律。

2）运动时产生的惯性难以平衡，不适用于高速场合。

由四个构件连接而成的平面连杆机构称为平面四杆机构，它是最简单的平面连杆机构。

由五个构件连接而成的平面连杆机构称为五杆机构，由五个以上构件连接而成的平面连杆机构称为多杆机构。平面四杆机构是构成和研究多杆机构的基础，应用也最广泛，这里重点介绍平面四杆机构。

一、铰链四杆机构的基本类型

在平面四杆机构中，若构件之间都是用转动副连接，则该平面四杆机构称为铰链四杆机构。如图 2-5 所示，构件 1 为机架，固定不动；与机架用转动副直接相连的构件 2、4 为连架杆；与机架相对的构件 3 为连杆，它连接连架杆 2、4。机构工作时，连架杆做定轴转动，连杆做平面复杂运动。铰链四杆机构是平面连杆机构最简单的形式，其他形式的平面四杆机构都可以看成是在它的基础上演化而来的。

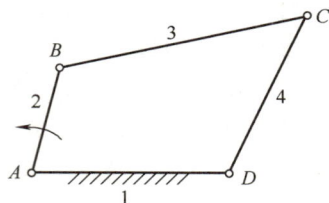

图 2-5　铰链四杆机构
1—机架　2、4—连架杆　3—连杆

铰链四杆机构中，能绕机架上的转动副中心做 360° 整周转动的连架杆称为曲柄，只能在一定角度内摆动的连架杆称为摇杆。根据两连架杆运动形式的不同，铰链四杆机构可分为曲柄摇杆机构、双曲柄机构以及双摇杆机构三种基本类型。

2-2　曲柄摇杆机构

（1）曲柄摇杆机构　在铰链四杆机构中，如果两连架杆中一个为曲柄，另一个为摇杆，称为曲柄摇杆机构，它可以实现曲柄转动与摇杆摆动的相互转换。一般情况下曲柄主动，也可以摇杆主动。当曲柄为主动件时，可将曲柄的连续转动转变为摇杆的往复摆动，如图 2-6 所示的雷达天线机构；当摇杆为主动件时，可将摇杆的往复摆动转变为曲柄的整周转动，如图 2-7 所示的缝纫机踏板机构。

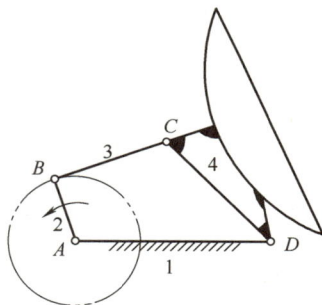

图 2-6　雷达天线机构

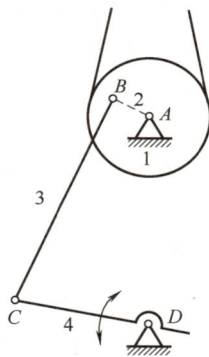

图 2-7　缝纫机踏板机构

2-3　雷达天线机构

2-4　缝纫机踏板机构

（2）双曲柄机构　两连架杆均为曲柄的铰链四杆机构称为双曲柄机构，它可将原动曲柄的等速转动转换成从动曲柄的等速或变速转动。如图 2-8 所示的惯性筛机构，主动曲柄 AB 等速回转一周时，从动曲柄 CD 变速回转一周，使筛子获得加速度，从而将被筛选的材料分离，

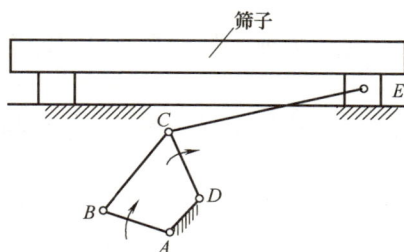

筛子

图 2-8　惯性筛机构

2-5　双曲柄机构

达到筛选的目的。

当双曲柄机构的两个曲柄长度相等时，则成为平行双曲柄机构或平行四边形机构，它有正平行双曲柄机构（图 2-9a）和反平行双曲柄机构（图 2-9b）两种形式。

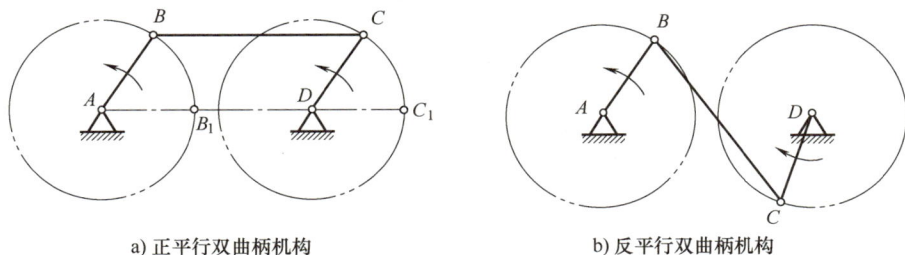

a) 正平行双曲柄机构　　　　　　　　　b) 反平行双曲柄机构

图 2-9　平行双曲柄机构

正平行双曲柄机构的运动特点是两曲柄 *AB* 和 *CD* 的转向相同且角速度相等，连杆做平动，应用较为广泛，例如图 2-10 所示的机车驱动轮联动机构和图 2-11 所示的摄影车座斗机构。反平行双曲柄机构的运动特点是两曲柄 *AB* 和 *CD* 的转向相反且角速度不等，例如图 2-12 所示的汽车车门启闭机构，它是利用反平行双曲柄机构运动时，两曲柄转向相反的特性，使两扇车门朝相反的方向转动，达到两扇门同时开启或关闭的目的。

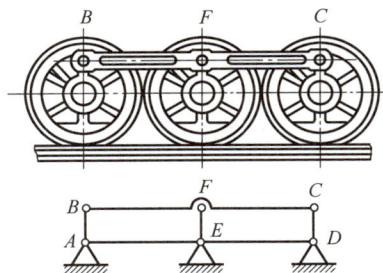

图 2-10　机车驱动轮联动机构

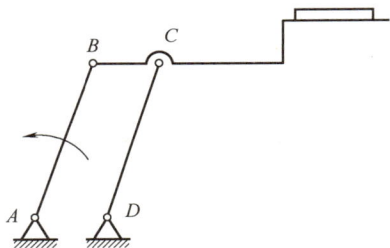

图 2-11　摄影车座斗机构

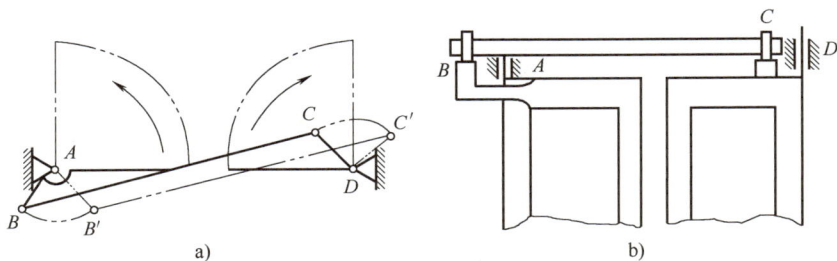

a)

图 2-12　汽车车门启闭机构

b)

2-6　汽车车门
启闭机构

（3）双摇杆机构　两连架杆均为摇杆的铰链四杆机构称为双摇杆机构。一般情况下，两摇杆的摆角不等，常用于操纵机构、仪表机构等。图 2-13 所示的鹤式起重机为双摇杆机构，当 *CD* 杆摆动时，连杆 *BC* 上悬挂重物的点 *E* 在近似水平的直线上移动。

图 2-14 所示为汽车前轮转向机构，两摇杆长度相等，四杆件构成等腰梯形，当汽车转弯时，按图中箭头方向牵动摇杆 *AB* 的延伸端 *E*，可使与前轮轴固定的两摇杆 *AB*、*CD* 同向摆动并带动两轮同时转动。

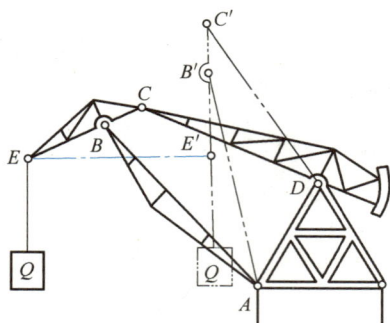

图 2-13　鹤式起重机

2-7　鹤式
起重机

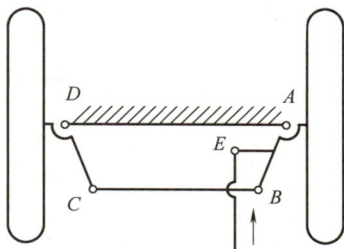

图 2-14　汽车前轮转向机构

二、铰链四杆机构基本类型的判别

如图 2-15 所示，在铰链四杆机构 $ABCD$ 中，假设构件 AB 为曲柄，AB 杆能绕轴 A 相对于 AD 杆做整周转动，则 AB 杆必须要能转过与 AD 杆共线的两个位置，即 AB' 和 AB''。假设 AB 长度为 a，BC 长度为 b，CD 长度为 c，AD 长度为 d，由 $\triangle B'C'D$ 以及 $\triangle B''C''D$ 的三边关系可得

$$a+d \leqslant b+c$$
$$b \leqslant (d-a)+c，即 \ a+b \leqslant d+c$$
$$c \leqslant (d-a)+b，即 \ a+c \leqslant d+b$$

将上面的三个计算式两两相加，得到 $a \leqslant b$，$a \leqslant c$，$a \leqslant d$，即 a 为最小值，AB 杆是铰链四杆机构的最短杆。

铰链四杆机构若有曲柄，其四个杆的长度应该要同时满足上面的三个计算式，只需要找到 b、c、d 三杆中的最长杆，当最短杆和最长杆的长度之和小于等于其余两杆的长度之和时，则可能有曲柄；否则，该机构为双摇杆机构。

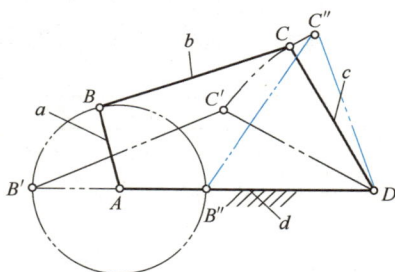

图 2-15　曲柄存在的条件

继续分析铰链四杆机构，如图 2-16 所示，假设构件 1 为最短杆，构件 1 的长度与最长杆的长度之和小于或等于其余两杆长度之和，当选取铰链四杆机构中不同的构件作为机架，可以发现，图 2-16a、d 中构件 1 为曲柄，图 2-16b 中构件 2 和构件 4 都是曲柄，图 2-16c 中没有曲柄。

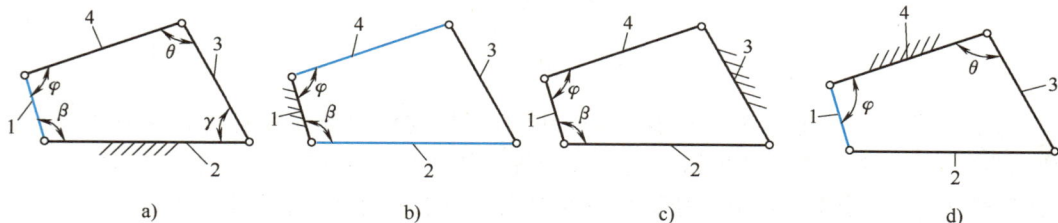

a)　　　　　　　　b)　　　　　　　　c)　　　　　　　　d)

图 2-16　取不同构件为机架

综上所述，可推导出铰链四杆机构曲柄存在的条件：

1）最短杆与最长杆长度之和小于或等于其余两杆长度之和。

2）最短杆或最短杆的邻边为机架。

进而推导出，铰链四杆机构基本类型的判别方法如下：

1）若铰链四杆机构中最短杆与最长杆长度之和大于其余两杆长度之和，则该机构不可能有曲柄存在，机构成为双摇杆机构。

2）若铰链四杆机构中最短杆与最长杆长度之和小于或等于其余两杆长度之和，则当以最短杆的邻边为机架时，该机构为曲柄摇杆机构；当以最短杆为机架时，该机构为双曲柄机构；当以最短杆的对边为机架时，该机构为双摇杆机构。

2-8 曲柄存在的条件

三、平面四杆机构的演化

平面四杆机构的各种类型之间存在着一定的内在联系，它们可以通过机架置换、尺寸改变和运动副的转换等方式相互演变。演化的平面四杆机构中有含一个移动副的，也有含两个移动副的，常见形式有曲柄滑块机构、导杆机构、正弦机构等。

1. 含一个移动副的平面四杆机构

（1）曲柄滑块机构 图 2-17a 所示为曲柄摇杆机构，构件 1 为曲柄，构件 3 为摇杆，如果把构件 4 改为环形槽，槽的中心在 D 点，把构件 3 改为弧形滑块，与环形槽相配合，则机构如图 2-17b 所示。当构件 4 的环形槽半径趋于无穷大时，成为一个平面，C 点的运动轨迹从圆弧演变为直线，构件 3 转化为沿直线导路 $\beta-\beta$ 移动的滑块，如图 2-17c 所示，这个机构即为曲柄滑块机构。曲柄滑块机构是利用曲柄和滑块来实现转动和移动相互转换的平面连杆机构，与机架构成移动副的构件为滑块，通过转动副连接曲柄和滑块的构件为连杆。

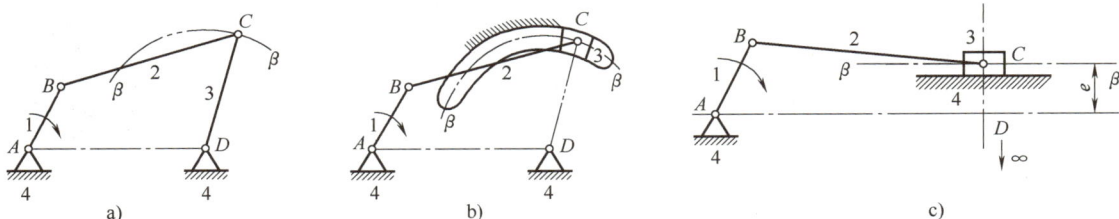

图 2-17 曲柄摇杆机构的演化

曲柄滑块机构中曲柄转动中心至滑块导路的垂直距离，称为偏距，用 e 表示。若 $e=0$，如图 2-18a 所示，则为对心曲柄滑块机构；若 $e \neq 0$，如图 2-18b 所示，则为偏置曲柄滑块机构。

2-9 曲柄滑块机构

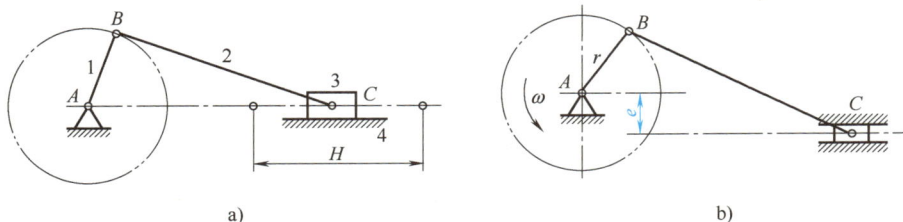

图 2-18 曲柄滑块机构

曲柄滑块机构广泛应用于内燃机、空压机和自动送料机等机械中，图 2-19 所示为内燃机活塞-连杆机构中曲柄滑块机构的应用。

（2）偏心轮机构　图 2-18a 所示的对心曲柄滑块机构中，当曲柄较短时，曲柄结构形式较难实现，常采用图 2-20 所示的偏心轮结构形式，其偏心圆盘的偏心距 AB 即等于原曲柄长度。

偏心轮的特点是转动中心 A 和几何中心 B 不重合。当偏心轮绕转动中心 A 转动时，其几何中心 B 绕转动中心 A 做圆周运动，从而带动套装在偏心轮上的连杆运动，进而使滑块在机架滑槽内往复移动。这种结构由于增大了转动副的尺寸，提高了偏心轴的强度和刚度，结构简单，安装方便，多用于承受较大冲击载荷的机械中，如剪床、压力机和破碎机等。

2-10　偏心轮机构

图 2-19　内燃机活塞-连杆机构

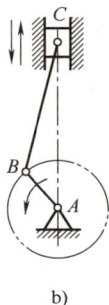

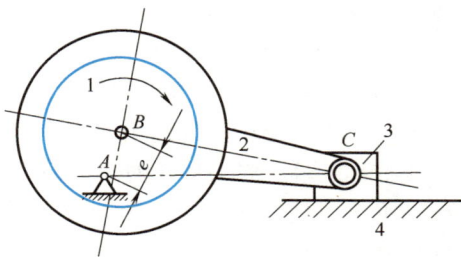

图 2-20　偏心轮机构

（3）导杆机构　如果将图 2-18a 所示的对心曲柄滑块机构的构件 1 作为机架，则曲柄滑块机构将演化为导杆机构。通常取构件 2 作为原动件，构件 4 对滑块 3 的运动起导向作用，称为导杆，滑块 3 相对导杆滑动并一起绕 A 点转动。

导杆机构有两种形式：

1）如图 2-21a 所示，当 $l_1 < l_2$ 时，杆 2 和导杆 4 均能绕机架做整周转动，称为转动导杆机构。

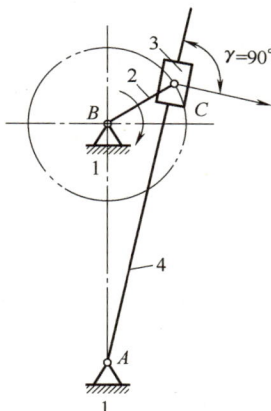

2-11　导杆机构

a) 转动导杆机构　　b) 摆动导杆机构

图 2-21　导杆机构

2）如图 2-21b 所示，当 $l_1 > l_2$ 时，杆 2 能整周转动，导杆 4 只能在某一角度内摆动，称为摆动导杆机构。

导杆机构的传力性能很好，常用于插床、牛头刨床和送料装置等机器中。图 2-22 所示为插床主机构，ABC 部分为转动导杆机构；图 2-23 所示为刨床主运动机构，ABC 部分为摆动导杆机构。

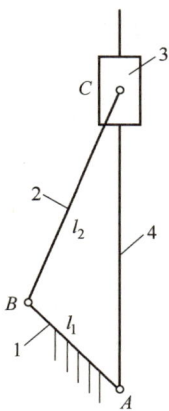

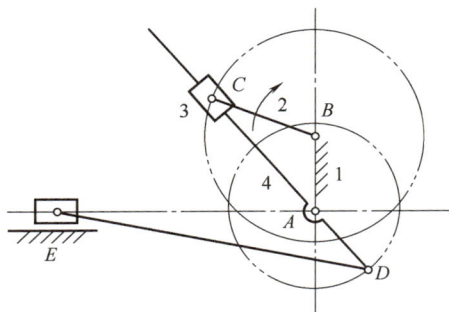

图 2-22 插床主机构

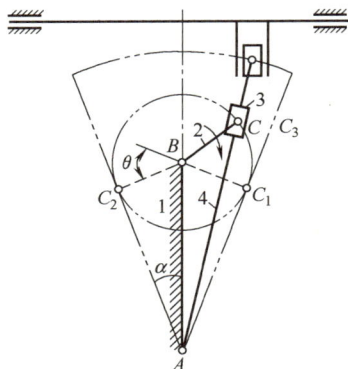

图 2-23 刨床机构

（4）曲柄摇块机构 如果将图 2-18a 所示的对心曲柄滑块机构的构件 2 作为机架，则曲柄滑块机构将演化为曲柄摇块机构，如图 2-24 所示。一般构件 1 曲柄为主动件，当 $l_1 < l_2$ 时，滑块 3 只在一定角度范围内摆动；当 $l_1 > l_2$ 时，滑块 3 可做整周转动，也称为曲柄转块机构。

曲柄摇块机构常用于摆缸式原动机和气、液压驱动装置中，如货车自动翻斗机构（图 2-25）、摆缸式液压泵（图 1-24）等。

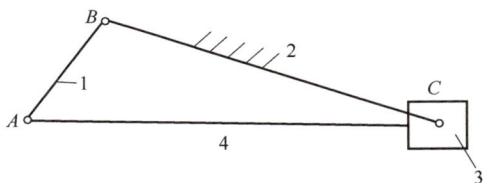

图 2-24 曲柄摇块机构

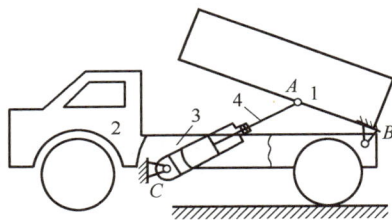

图 2-25 货车自动翻斗机构

（5）定块机构 如果将图 2-18a 所示对心曲柄滑块机构的滑块 3 作为机架，则曲柄滑块机构将演化为定块机构，如图 2-26 所示，也称为移动导杆机构或直动导杆机构。定块机构常用于抽油泵、手摇抽水器（图 2-27）等。

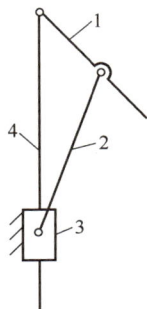

图 2-26 定块机构

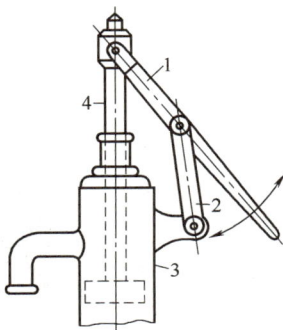

图 2-27 手摇抽水器

2. 含两个移动副的平面四杆机构

按照同样的演化方法，若将铰链四杆机构中的两个转动副用移动副代替，并分别改取不同的构件为机架，还可得到四种不同形式的平面四杆机构。

（1）正弦机构　图 2-28 所示为正弦机构，曲柄 1 做等速转动时，从动杆 3 会做往复移动，且其速度会按照正弦规律变化，也称为曲柄移动导杆机构，常用于往复式水泵、缝纫机等。

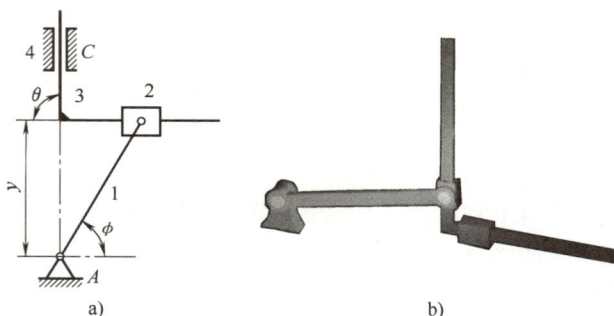

2-16　正弦机构

图 2-28　正弦机构

（2）正切机构　图 2-29 所示为正切机构，它可以将导杆 1 的摆动通过滑块转换成滑杆 3 的移动，也可以把滑杆 3 的移动转换成导杆 1 的摆动，其特点是滑杆的位移始终与导杆摆角的正切函数成比例，常用于数字解算装置和操纵装置。

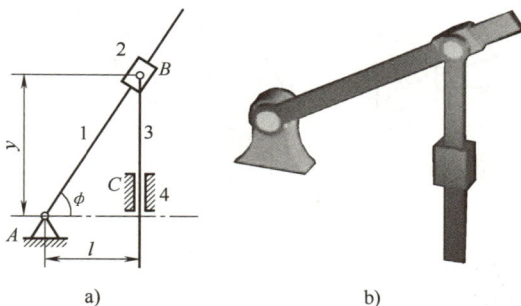

2-17　正切机构

图 2-29　正切机构

（3）双转块机构　图 2-30 所示为双转块机构，它含有两个摆动的转块，可用作十字槽联轴器等。

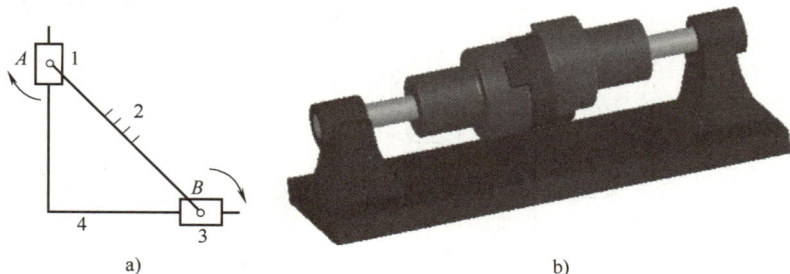

2-18　十字
槽联轴器

图 2-30　双转块机构

（4）双滑块机构 图 2-31 所示为双滑块机构，当滑块的形状和安装位置不同时，能够产生不同的运动轨迹，因此，通过两个互动的滑块能够实现直线或曲线运动，如直线、椭圆线、圆弧等，可用作椭圆仪等。

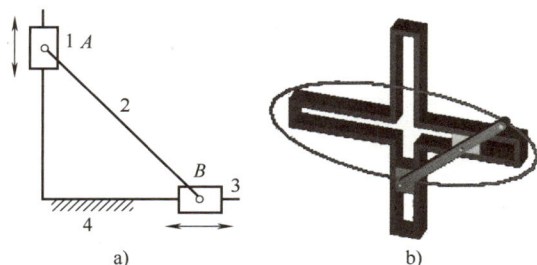

2-19 椭圆仪

图 2-31 双滑块机构

【任务实施】

任务（1）：图 2-4 所示铰链四杆机构中的机架 AD 的长度取值范围分析见表 2-1。

表 2-1 机架 AD 取值分析

已知条件	①杆 CD 为最短杆 ②机构为曲柄摇杆机构
分析过程	因为：机架 AD 为最短杆 CD 的邻边 所以：该机构只要满足铰链四杆机构曲柄存在的条件（1），即为曲柄摇杆机构 情况一：当 BC 杆为最长杆时，得 $$\begin{cases} 200 \leqslant l_{AD} \leqslant 300 \\ \\ l_{CD}+l_{BC} \leqslant l_{AB}+l_{AD} \end{cases}$$ $$\Rightarrow \begin{cases} 200 \leqslant l_{AD} \leqslant 300 \\ \\ 200+300 \leqslant 250+l_{AD} \end{cases} \Rightarrow 250 \leqslant l_{AD} \leqslant 300$$ 情况二：当 AD 杆为最长杆时，得 $$\begin{cases} l_{AD} \geqslant 300 \\ \\ l_{CD}+l_{AD} \leqslant l_{AB}+l_{BC} \end{cases}$$ $$\Rightarrow \begin{cases} l_{AD} \geqslant 300 \\ \\ 200+l_{AD} \leqslant 250+300 \end{cases} \Rightarrow 300 \leqslant l_{AD} \leqslant 350$$ 综合上述两种情况，得到机架 AD 的长度取值范围为 $250 \leqslant l_{AD} \leqslant 350$

任务（2）：结合图 2-2，根据压力机冲压机构的运动特点，该机构为曲柄滑块机构，该机构的示意图如图 2-32 所示。

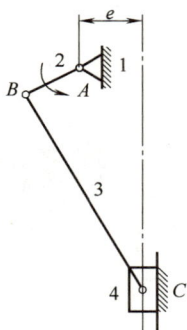

图 2-32　压力机冲压机构示意图

【实践训练】

完成表 2-2 所列实践训练。

表 2-2　铰链四杆机构类型差别与仿真验证

实践任务	利用铰链四杆机构基本类型的判别方法，根据图 2-33 中注明的尺寸，判断机构类型，并在软件中进行仿真
	 图 2-33　铰链四杆机构
实践准备	SolidWorks 或其他 CAD 软件
分析过程	

【习题与思考】

一、判断题

1. 已知铰链四杆机构各杆的长度，即可判断其类型。　　　　　　　　（　　）

2. 铰链四杆机构的曲柄存在条件是：连架杆或机架中必有一个是最短杆；最短杆与最长杆的长度之和小于或等于其余两杆的长度之和。　　　　　　　　（　　）

3. 在平面连杆机构中，只要以最短杆作固定机架，就能得到双曲柄机构。　（　　）

4 利用选择不同构件作固定机架的方法，可以把曲柄摇杆机构改变成双摇杆机构。

　　　　　　　　　　　　　　　　　　　　　　　　　　　　　　　　（　　）

二、分析题

1. 试根据图 2-34 中注明的尺寸判断下列各铰链四杆机构属于哪一种基本形式。

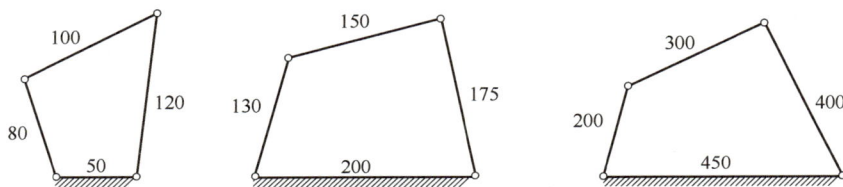

图 2-34　分析题 1

2. 根据图 2-35 中各杆所注尺寸，判断各铰链四杆机构的类型，图中 AD 杆为机架。

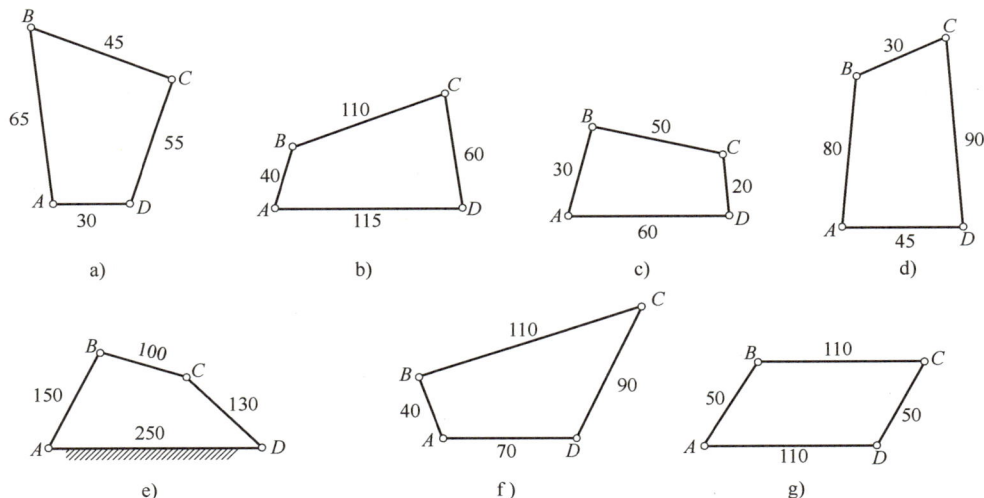

图 2-35　分析题 2

任务二　分析平面四杆机构的特性

【学习目标】

1）熟悉平面四杆机构的急回特性，掌握极位夹角的确定方法。

2）熟悉平面四杆机构的传力特性，掌握最小传动角位置和死点位置的确定方法。

3）能够用作图法画出平面四杆机构的极位夹角、最小传动角位置和死点位置。

4）理解矛盾的对立统一规律和事物的两面性，建立唯物辩证法思想。

【任务描述】

如图 2-36 所示的铰链四杆机构，各杆长度 $l_{AB} = 20\text{mm}$，$l_{BC} = 60\text{mm}$，$l_{CD} = 85\text{mm}$，$l_{AD} = 50\text{mm}$。

任务（1）：若以构件 AB 为主动件，判断机构是否存在急回特性。若存在，找出极位夹角，并估算行程速比系数。

任务（2）：若以构件 AB 为主动件，找出该机构的最小传动角位置，并测量其角度值。

任务（3）：指出机构在什么情况下存在死点位置。

【相关知识】

一、急回特性

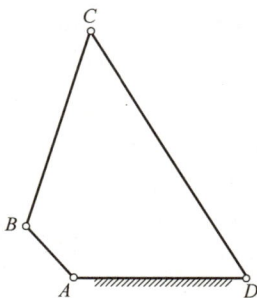

图 2-36　铰链四杆机构

图 2-37 所示为一曲柄摇杆机构，假设曲柄 AB 为主动件，顺时针方向匀角速度转动，在其转动一周的过程中，有两次与连杆 BC 共线。当曲柄 AB 与连杆 BC 重叠共线时（AB_1C_1 位置），摇杆 CD 摆到最左边的极限位置 C_1D；当曲柄 AB 与连杆 BC 拉直共线时（AB_2C_2 位置），摇杆 CD 摆到最右边的极限位置 C_2D。摇杆 CD 在两个极限位置 C_1D 和 C_2D 间做往复摆动，摆角为 φ。这里，机构的从动件在两个极限位置时，原动件所在两个位置所夹的锐角称为极位夹角，即图 2-37 中的 $\angle B_2AC_1$，用 θ 表示。

曲柄顺时针方向从 AB_1 转到 AB_2，转过的角度 $\alpha_1 = 180° + \theta$，摇杆从 C_1D 摆到 C_2D，所需时间为 t_1，C 点的平均速度为 v_1；曲柄继续顺时针方向从 AB_2 转到 AB_1，转过的角度 $\alpha_2 = 180° - \theta$，摇杆从 C_2D 摆到 C_1D，所需时间为 t_2，C 点的平均速度为 v_2。由于 $\alpha_1 > \alpha_2$，则所对应时间 $t_1 > t_2$，因而 $v_1 < v_2$，即曲柄匀角速度转动时，摇杆来回摆动的速度不同，返回的速度比较大。机构返回行程的平均速度大于工作行程的平均速度，这一特性称为急回特性。

急回特性的程度可用行程速度变化系数 K 表示，即

$$K = \frac{v_2}{v_1} = \frac{\dfrac{C_1C_2}{t_2}}{\dfrac{C_1C_2}{t_1}} = \frac{t_1}{t_2} = \frac{\alpha_1}{\alpha_2} = \frac{180° + \theta}{180° - \theta}$$

变换上面的公式，当给定 K 时，可求得极位夹角为

$$\theta = 180° \frac{K-1}{K+1}$$

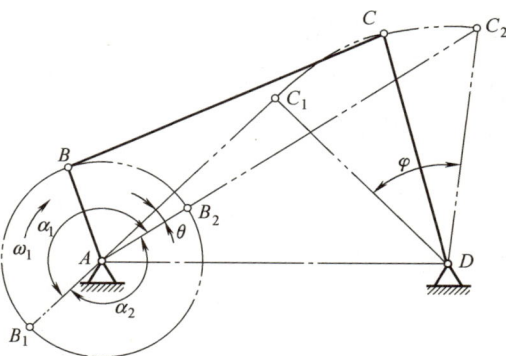

图 2-37　曲柄摇杆机构的急回特性

上式表明，急回特性的程度取决于极位夹角 θ 的大小。当极位夹角 $\theta = 0°$ 时，机构没有急回特性；当极位夹角 $\theta \neq 0°$ 时，机构具有急回特性。θ 越大，K 值越大，机构的急回特性也越显著。

图 2-38 所示为偏置曲柄滑块机构，偏距为 e，曲柄为原动件时，其极位夹角 $\theta \neq 0°$，行程速度变化系数 $K > 1$，机构有急回特性。但是对于对心式曲柄滑块机构（$e = 0$），$\theta = 0°$，则 $K = 1$，机构无急回特性。

图 2-39 所示为摆动导杆机构，φ 为从动件摆角，极位夹角 $\theta = \varphi \neq 0$，所以具有急回特性。

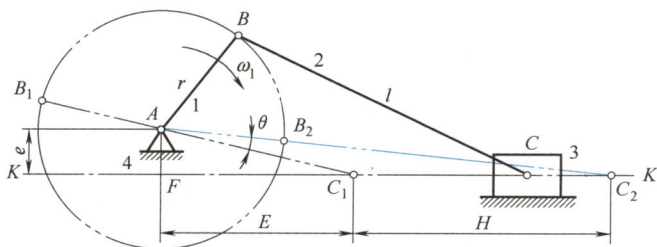

图 2-38　偏置曲柄滑块机构

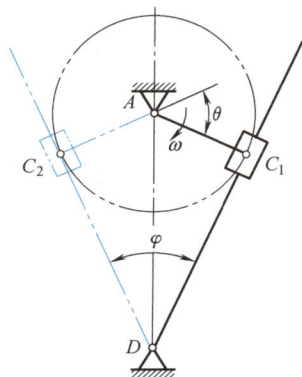

图 2-39　摆动导杆机构

急回特性能节省空回行程时间，提高生产率，满足某些机械的工作要求，如牛头刨床、插床等，工作行程要求速度慢而均匀以提高加工质量，空回行程要求速度快以缩短非工作时间，提高工作效率。如果机械设备的正、反行程均为工作行程，则无急回要求，如收割机中刀片的运动等，如图 2-40 所示。

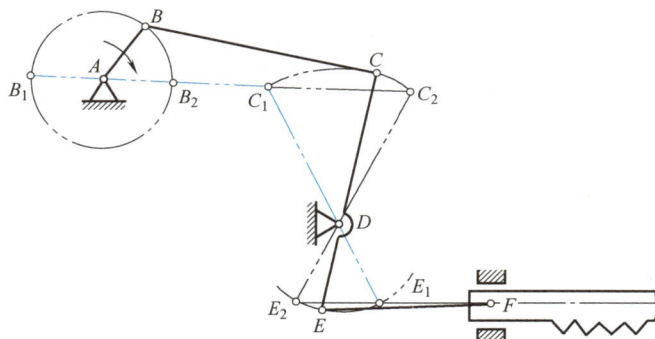

图 2-40　收割机刀片机构

2-20　急回特性应用

二、传力特性

在生产实际中，不仅要求连杆机构能实现预定的运动规律，满足机器的运动要求，而且希望运转轻便、效率较高，即具有良好的传力性能。

1. 压力角

如图 2-41 所示的铰链四杆机构中，以曲柄 AB 为原动件，摇杆 CD 为从动件，如果不计摩擦力、重力和惯性力，则通过二力杆 BC 作用于 CD 杆上的力 F 沿 BC 方向，力 F 可分解为沿 C 点速度 v_C 方向的分力 F_t 和垂直于 v_C 方向的分力 F_n，则

$$F_t = F\cos\alpha$$
$$F_n = F\sin\alpha$$

F_t 是使从动件转动的有效分力，F_n 是对转动副 C 产生附加径向压力的有害分力，F_t、F_n 的大小和角度 α 有关。α 角越小，有效分力 F_t 越大，而有害分力 F_n 越小，对机构传动越有利。因此，α 是衡量机构传力性能的重要指标，称为压力角。

机构压力角是指从动件上受力方向与力作用点的速度方向之间所夹的锐角，用 α 表示。为保证机构传力良好，设计时须规定最大压力角 α_{max}。

图 2-41　铰链四杆机构压力角和传动角

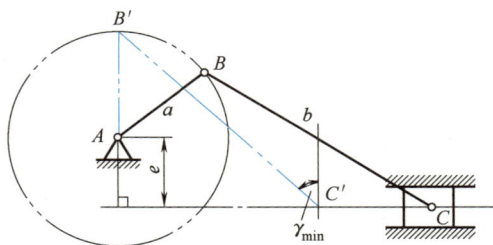

2. 传动角

在实际应用中，为度量方便，通常用连杆和摇杆（从动件）所夹的锐角 γ 来判断机构的传力性能，γ 称为传动角，传动角 γ 为压力角 α 的余角，即 $\gamma = 90° - \alpha$。压力角 α 越小，传动角 γ 越大，机构的传力性能越好；反之，α 越大，γ 越小，机构的传力性能越差，传动效率越低。

在机构运动过程中，压力角和传动角的大小是随机构位置而变化的。图 2-41 所示曲柄摇杆机构的最小传动角 γ_{min} 出现在曲柄 AB 与机架 AD 两次共线的位置之一。如果 δ_{max} 为锐角，则 $\gamma_{min} = \delta_{min}$；如果 δ_{max} 为钝角，则 γ_{min} 为 δ_{min} 和（$180° - \delta_{max}$）两者中的较小值。为保证机构传力良好，设计时须规定最小传动角 γ_{min}。对于一般机械，设计时应使 $\gamma_{min} \geqslant 40°$，对于高速大功率机械，应使 $\gamma_{min} \geqslant 50°$。

如图 2-42 所示的曲柄滑块机构，曲柄为主动件时，最小传动角出现在曲柄与机架垂直的位置。如图 2-43 所示的摆动导杆机构，在任意位置时，主动曲柄通过滑块传给从动杆的力的方向，与从动杆上受力点的速度方向始终一致，所以传动角等于 90°。

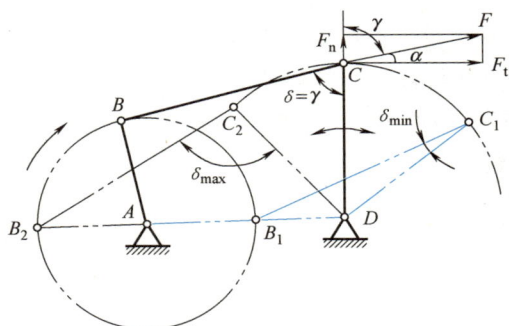

图 2-42　曲柄滑块机构压力角和传动角

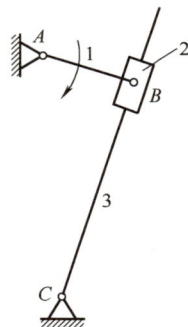

图 2-43　摆动导杆机构压力角和传动角

三、死点位置

如图 2-44 所示的曲柄摇杆机构中，摇杆 CD 为主动件，则当机构的连杆与曲柄共线时，即图示的两个位置，压力角 $\alpha = 90°$，传动角 $\gamma = 0°$，这时主动件 CD 通过连杆作用于从动件 AB 上的力恰好通过 AB 杆的回转中心，有效分力 F_t 为零，所以 AB 杆将不能转动，机构的这种位置称为死点位置。

对于传动机构而言，死点的存在会使机构不能运动，是不利的，如果因冲击振动等原因使机构离开死点继续运动，则机构的运动方向是不确定的，既有可能正转也有可能反转。为了使机构能够顺利通过死点而正常运转，必须采用适当的措施，如发动机上安装飞轮加大惯性力、机车车轮的联动装置利用机构的组合错开死点位置等。

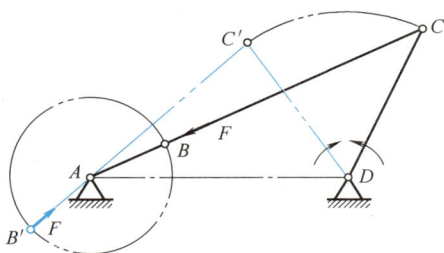

图 2-44　连杆机构的死点位置

工程上，有时也利用死点位置来实现特定的工作要求，例如飞机起落架、折叠椅、夹紧机构等。图 2-45 所示为飞机起落架机构，机轮（CD 杆）放下至图示位置时，AB 杆和 BC 杆成一条直线，此时传动角 $\gamma = 0°$，AB 杆无法转动，机构处于死点位置，因而飞机能平稳着陆。图 2-46 所示为夹紧机构，用于工件的快速夹紧，图示为夹紧位置，此时的 BC 杆和 CD 杆成一条直线，即使工件反力很大也不能使机构转动，因此使工件被牢固可靠地夹紧。

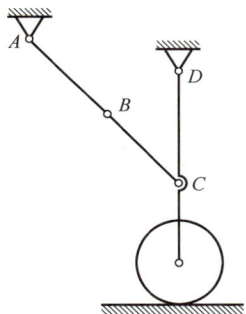

图 2-45　飞机起落架机构

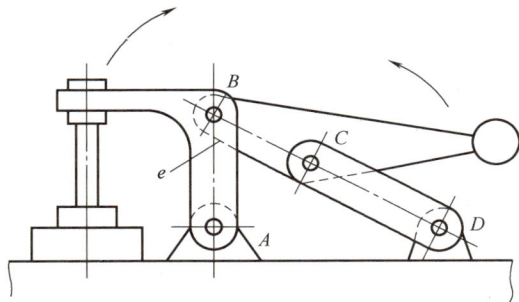

图 2-46　夹紧机构

比较图 2-37 和图 2-44 所示的曲柄摇杆机构，机构的极限位置和死点位置实际上是机构的同一位置，不同的是机构的原动件。若曲柄为原动件，曲柄与连杆共线时，机构处于极限位置；若摇杆为原动件，曲柄与连杆共线时，机构处于死点位置。

2-21　夹紧机构

【任务实施】

任务（1）：若以构件 AB 为主动件，机构的急回特性分析见表 2-3。

表 2-3　机构急回特性分析

已知条件	①构件 AB 为主动件 ②各杆长度 $l_{AB} = 20\text{mm}, l_{BC} = 60\text{mm}, l_{CD} = 85\text{mm}, l_{AD} = 50\text{mm}$
分析过程	①判断铰链四杆机构的类型及是否存在急回特性 因为 $l_{AB} + l_{CD} < l_{BC} + l_{AD}$，且最短杆的邻边 AD 为机架。所以根据铰链四杆机构基本类型的判别方法，得出该机构为曲柄摇杆机构，AB 为曲柄。若以构件 AB 为主动件，存在急回特性 ②用作图法找出极位夹角，并测量其角度 由极位夹角的定义可知，画出摇杆 CD 的两个极限位置，即图 2-47 中的 C_1D 和 C_2D，此时曲柄与连杆共线，$AC_1 = AB_1 + B_1C_1 = 80\text{mm}, AC_2 = B_2C_2 - AB_2 = 40\text{mm}$，图中细双点画线为 B 点、C 点的运动轨迹线，极位夹角 θ 为 $\angle B_1AC_2$，测量该角度，得到 $\theta = 63°$

（续）

分析过程	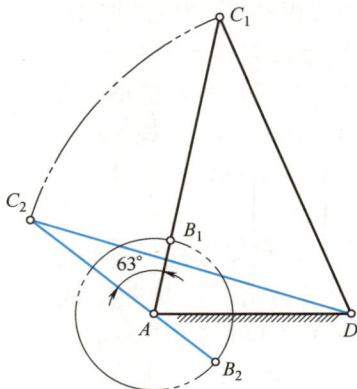 图 2-47 极位夹角
③估算行程速比系数	$$K = \frac{180° + \theta}{180° - \theta} = \frac{180° + 63°}{180° - 63°} \approx 2.08$$

任务（2）：若以构件 AB 为主动件，机构的最小传动角分析见表 2-4。

表 2-4 机构最小传动角分析

已知条件	①曲柄摇杆机构中，构件 AB 为主动件 ②各杆长度 $l_{AB} = 20\text{mm}, l_{BC} = 60\text{mm}, l_{CD} = 85\text{mm}, l_{AD} = 50\text{mm}$
分析过程	用作图法画出曲柄与机架共线的两个位置，如图 2-48 所示，连杆与摇杆的夹角分别为 $\delta_{\min} = 13°, \delta_{\max} = 54°$，则最小传动角 $\gamma_{\min} = 13°$ 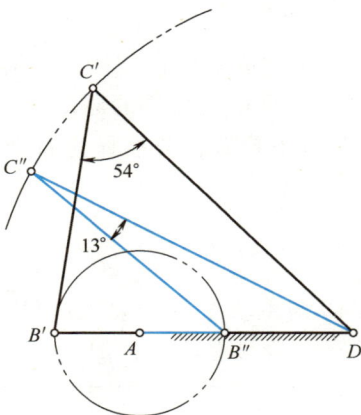 图 2-48 最小传动角

任务（3）：机构的死点位置分析。

当摇杆为主动件时，图 2-47 中的 AB_1C_1D 和 AB_2C_2D 即为机构的死点位置。

【实践训练】

完成表 2-5 所列实践训练。

表 2-5　曲柄滑块机构的特性分析

实践任务	图 2-49 所示为偏置曲柄滑块机构,已知偏距 $e = 12\text{mm}$,曲柄 $AB = 18\text{mm}$,连杆 $BC = 50\text{mm}$。试用作图法分析:

（1）滑块的行程 s

（2）极位夹角 θ 和行程速度变化系数 K

（3）校验最小传动角 $\gamma_{\min}$（要求 $\gamma_{\min} > 40°$）

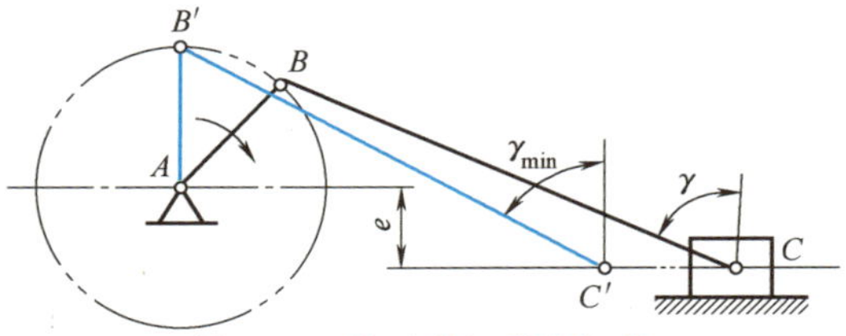

图 2-49　偏置曲柄滑块机构

实践准备	绘图工具、SolidWorks 或其他 CAD 软件
分析过程	

【习题与思考】

一、判断题

1. 极位夹角就是从动件在两个极限位置的夹角。　　　　　　　　　　　　　　　　（　　）

2. 极位夹角越大,机构的急回特性越显著。　　　　　　　　　　　　　　　　　　（　　）

3. 铰链四杆机构中,传动角越小,机构的传力性能越好。　　　　　　　　　　　　（　　）

4. 机构是否存在死点位置与机构取哪个构件为原动件无关。　　　　　　　　　　　（　　）

5. 当曲柄摇杆机构把往复摆动运动转变成旋转运动时,曲柄与连杆共线的位置,就是曲柄的"死点"位置。　　　　　　　　　　　　　　　　　　　　　　　　　　　　（　　）

6. 在实际生产中,机构的"死点"位置对工作都是不利的,处处都要考虑克服。

（　　）

二、分析题

1. 以曲柄摇杆机构为例,说明什么是机构的急回特性,该机构是否一定具有急回特性。

2. 以曲柄滑块机构为例,说明什么是机构的死点位置,并举例说明克服机构死点位置的方法。

3. 摆动导杆机构中,已知曲柄 BC 为原动件,其长度为 50mm,机架 AB 长度为 80mm,试用作图法画出极位夹角,并测量其角度。

4. 已知铰链四杆机构各构件的长度,如图 2-50 所示,试问:

（1）这是铰链四杆机构基本形式中的何种机构？

（2）若以 AB 为原动件，此机构有无急回特性？为什么？

（3）当以 AB 为原动件时，此机构的最小传动角出现在机构何位置（在图上标出）？

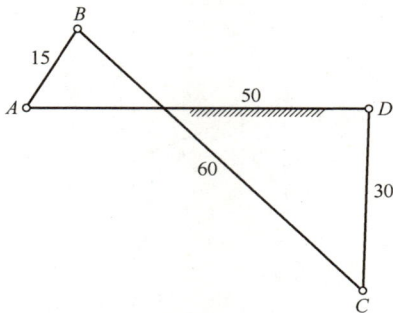

图 2-50 分析题 4

任务三 设计平面四杆机构

【学习目标】

1）掌握平面四杆机构的设计原理与方法。

2）能够利用作图法设计平面四杆机构。

3）树立崇尚科学的态度以及机构创新设计意识。

【任务描述】

压力机冲压机构采用曲柄滑块机构，按连接曲柄和滑块的连杆数可分为单点压力机、双点压力机和四点压力机等，如图 2-51 所示。

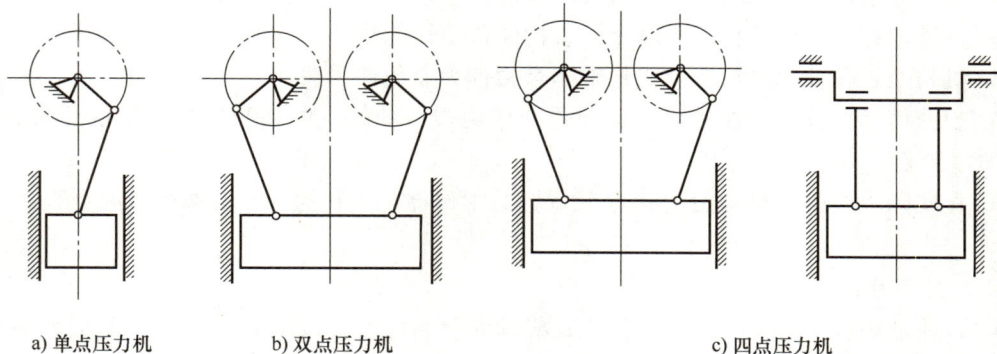

a) 单点压力机   b) 双点压力机   c) 四点压力机

图 2-51 压力机按点数分类示意图

试用作图法完成一冲压机构的设计，已知其行程速度变化系数 $K=1.5$，滑块行程 $H=200\text{mm}$，偏距 $e=100\text{mm}$，机构示意图如图 2-32 所示。

【相关知识】

平面四杆机构的设计首先要根据使用要求选定机构的类型，其次确定机构中各构件的尺寸。为了使机构设计合理且可靠，通常还应满足一些相应的附加条件，如结构条件、最小传动角条件等。

根据机器的不同用途和性能要求，对机构的设计可能提出许多不同的设计要求，将其归纳，主要分为两大类问题：

（1）实现给定的位置要求或者运动规律要求　如要求满足给定的行程速度变化系数从而实现预期的急回特性，或实现连杆的几个预期的位置要求等。

（2）实现预期的运动轨迹要求　如要求连杆上的某点具有特定的运动轨迹，例如起重机中吊钩的轨迹要求为一水平直线等。

平面四杆机构的设计方法有作图法、实验法及解析法。图解法简明易懂，但设计精确性低；解析法精度高，但计算复杂；实验法比较形象直观，但过程复杂。应根据实际条件和要求来确定合适的设计方法。这里主要讨论三种情况下的图解法设计。

一、按给定连杆预定位置设计四杆机构

在生产实践中，经常要求所设计的四杆机构在运动过程中，连杆能达到某些特殊位置，这类机构的设计属于实现构件预定位置的设计问题。

设计条件：铰链四杆机构中连杆的长度 l_{BC} 及三个预定位置 B_1C_1、B_2C_2、B_3C_3。

设计分析：该机构的设计实质上就是确定两固定铰 A、D 的位置。

由于连杆在依次通过预定位置的过程中，B、C 点的轨迹为圆弧，此圆弧的圆心即为两固定铰 A、D 的位置。因此，设计的实质就是已知圆弧上三点，找出其圆心，如图 2-52 所示。

设计步骤：

1）选择适当的比例尺 μ_1，绘出连杆三个预定位置 B_1C_1、B_2C_2、B_3C_3。

2）连接 B_1B_2 和 B_2B_3，分别作 B_1B_2 和 B_2B_3 的中垂线，交点即为转动副中心 A。

3）同理可得 D。

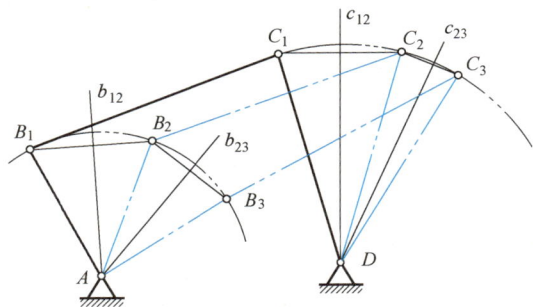

图 2-52　按连杆的三个预定位置设计四杆机构

4）连接 AB_1、C_1D，则 AB_1C_1D 即为所求的铰链四杆机构。各构件的实际长度分别为：$l_{AB}=\mu_1AB_1$，$l_{CD}=\mu_1C_1D$，$l_{AD}=\mu_1AD$。

二、按给定连架杆对应位置设计四杆机构

设计条件：已知机架 AD 的长度以及连架杆 AB、CD 的三个对应位置，如图 2-53 所示。

设计分析：这类问题的关键是求铰链 C 的位置，需要利用机构刚化反转法，即把两连架杆假想为连杆和机架。如图 2-54 所示，将 AB_2C_2D 刚化后，再绕 D 点反转（$\varphi_1-\varphi_2$）角，使 C_2D 与 C_1D 重合、AB_2 转到 $A'B_2'$，此时，可将该机构看成是以 CD 为机架、以 AB 为连杆的四杆机构，这样问题就转化为按给定连杆预定位置设计四杆机构。

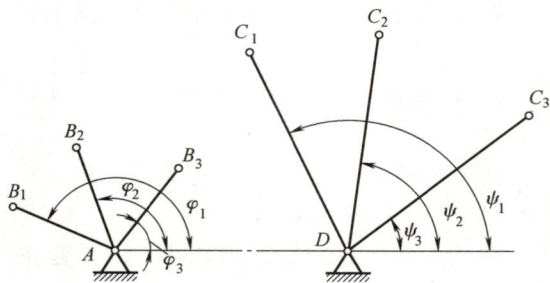

图 2-53 给定连架杆的三个特定位置

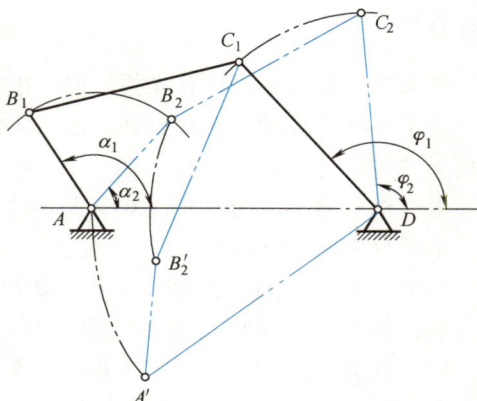

图 2-54 刚化反转法

设计步骤：

1）选择适当的比例尺 μ_2，按已知条件画出机架以及两连架杆的三个对应位置，并连接 DB_2 和 DB_3，如图 2-55 所示。

2）将连架杆 CD 的第一位置 DE_1 当作机架，利用刚化反转法，将 DB_2 和 DB_3 分别绕 D 点反转（$\psi_1-\psi_2$）、（$\psi_1-\psi_3$），得到 DB_2' 和 DB_3'。

3）分别作 B_1B_2'、$B_2'B_3'$ 的中垂线 b_{12} 和 b_{23}，其交点为 C_1，连接 B_1C_1 和 C_1D，图 2-55 中的 AB_1C_1D 即为该铰链四杆机构。

4）构件 BC 和 CD 的实际长度为 $l_{BC}=\mu_2B_1C_1$，$l_{CD}=\mu_2C_1D$。

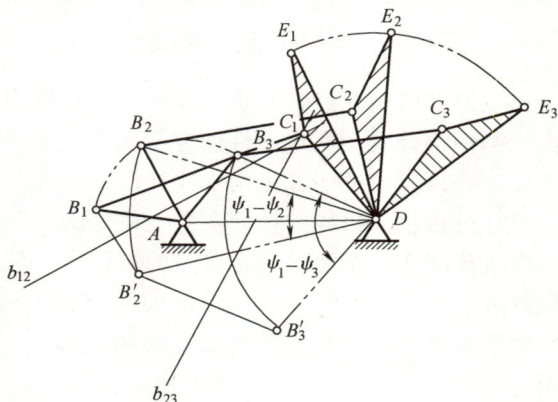

图 2-55 按连架杆的三个特定位置设计四杆机构

三、按给定行程速比系数 K 设计四杆机构

对于有急回特性的四杆机构，设计时应满足行程速比系数 K 的要求。

设计条件：已知曲柄摇杆机构的行程速比系数 K，机架 AD 的长度，摇杆 CD 的长度和摆角 φ。

设计分析：可以利用机构的极限位置的几何关系，再结合其他辅助条件进行设计，从而得出构件 AB、BC 的长度，如图 2-56 所示。

设计步骤：

1）选择适当的比例尺 μ_3，选定固定铰 D 的位置，根据摇杆 CD 的长度和摆角 φ，作出摇杆两极限位置 C_1D 和 C_2D。

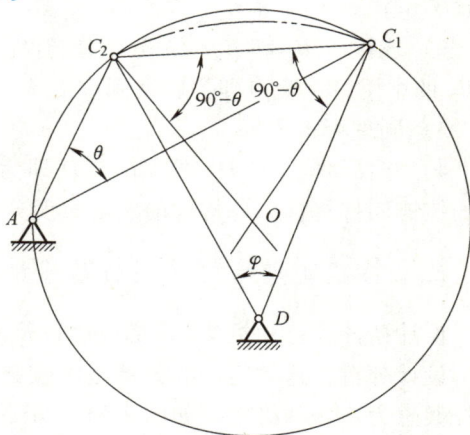

图 2-56 按给定行程速比系数 K 设计曲柄摇杆机构

2）由 $\theta=180°×\dfrac{K-1}{K+1}$，求出极位夹角 θ。

3）连接 C_1C_2，作射线 C_1O 和 C_2O 相交于点 O，使 $\angle C_1C_2O=\angle C_2C_1O=90°-\theta$，然后以 O 为圆心、以 OC_1 为半径作圆。此时，在该圆上任取一点 A_0，必能得到 $\angle C_1A_0C_2=\dfrac{1}{2}\angle C_1OC_2=\theta$。

4）根据机架 AD 的长度，在圆 O 上找到固定铰 A，则 $\angle C_1AC_2=\dfrac{1}{2}\angle C_1OC_2=\theta$。连接 AC_1、AC_2，则 AC_1、AC_2 分别为曲柄与连杆拉直、重叠共线位置，即

$$l_{AB}+l_{BC}=AC_1 , l_{BC}-l_{AB}=AC_2$$

可以求得 $l_{AB}=\mu_3\cdot\dfrac{AC_1-AC_2}{2}$，$l_{BC}=\mu_3\cdot\dfrac{AC_1+AC_2}{2}$。

5）方法一（计算法）：分别测量出 AC_1、AC_2 的长度，并通过上面的计算公式计算出构件 AB、BC 的长度。

方法二（作图法）：如图 2-57 所示，以 A 点为圆心，以 AC_2 为半径，画出圆 A；延长 C_1A，与圆 A 交于点 E；作 C_1E 的中垂线 MN 交于点 B_1，则图中 $B_1C_1=\dfrac{AC_1+AC_2}{2}$，即 AB_1 为曲柄，B_1C_1 为连杆，AB_1C_1D 为机构的一个极限位置。接着，以 A 点为圆心，以 AB_1 为半径，画出 B 点的运动轨迹线圆；延长 C_2A 至 B_2 点，则 AB_2C_2D 为机构的另一个极限位置。

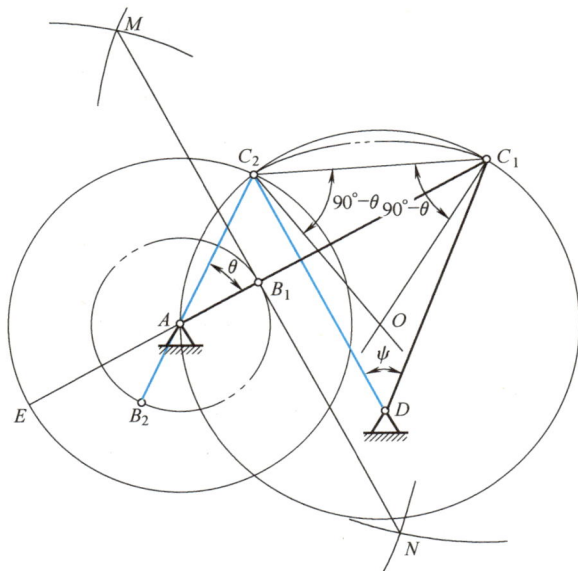

图 2-57 作图法找 B 点

【任务实施】

用作图法完成冲压机构的设计，见表 2-6。

表 2-6 冲压机构的设计

已知条件	①行程速度变化系数 $K=1.5$ ②滑块行程 $H=200mm$ ③偏距 $e=100mm$ ④机构示意图见图 2-32
分析过程	①求出极位夹角：$\theta=180°\dfrac{K-1}{K+1}=180°\times\dfrac{1.5-1}{1.5+1}=36°$ ②选取比例尺 μ_L，画出线段 C_1C_2，使 $C_1C_2=H=200mm$，如图 2-58 所示 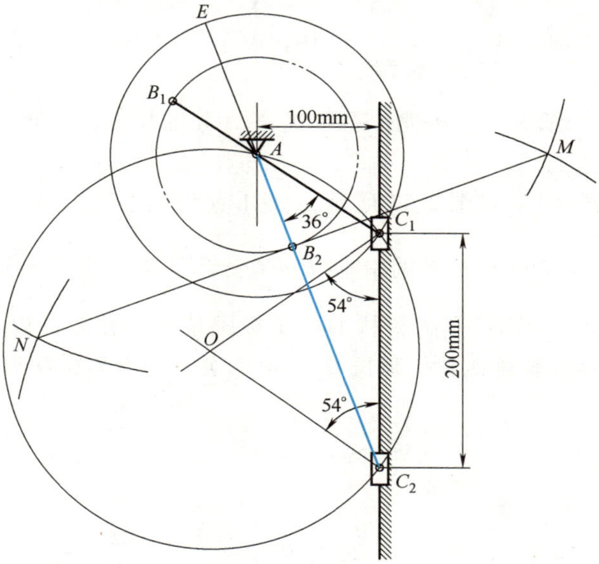 图 2-58 冲压机构的设计 ③分别过 C_1、C_2 点作射线交于点 O，使 $\angle C_1C_2O=\angle C_2C_1O=90°-\theta=54°$ ④以 O 为圆心、以 OC_1 为半径作圆，固定铰链 A 点即在此圆上 ⑤作 C_1C_2 平行线，使该直线到 C_1C_2 线的距离为偏距 e，则此直线与圆的交点即为固定铰链 A 的位置，连接 AC_1、AC_2 ⑥以 A 点为圆心，以 AC_1 为半径，画出圆 A；延长 C_2A，与圆 A 交于点 E；作 C_2E 的中垂线 MN 交于点 B_2，则图 2-58 中的 AB_2 为曲柄，B_2C_2 为连杆，AB_2C_2 为机构的一个极限位置 ⑦以 A 点为圆心，以 AB_2 为半径，画出 B 点的运动轨迹线圆（图 2-58 中的细双点画线圆）；延长 C_1A 至 B_1 点，则 AB_1C_1 为机构的另一个极限位置 ⑧曲柄 $l_{AB}=\mu_L\cdot AB_1$，连杆 $l_{BC}=\mu_L\cdot B_1C_1$

【实践训练】

完成表 2-7 所列实践训练。

表 2-7 摆动导杆机构的设计

实践任务	按给定行程速度变化系数设计摆动导杆机构,如图 2-59 所示。已知条件:机架长度为 150mm,行程速度变化系数为 1.4 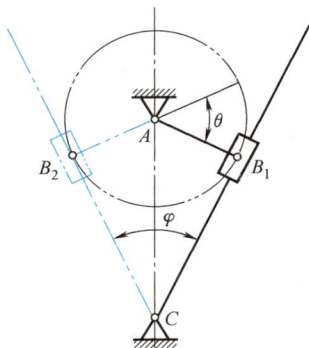 图 2-59 用作图法设计摆动导杆机构
实践准备	绘图工具、SolidWorks 或其他 CAD 软件
分析过程	

【习题与思考】

1. 设计一曲柄摇杆机构。已知摇杆长度 $l_3 = 100$mm,摆角 $\varphi = 40°$,摇杆的行程速度变化系数 $K = 1.5$,且要求摇杆的一个极限位置与机架间的夹角 $\angle CDA = 120°$,试用作图法确定其余三杆的长度。

2. 如图 2-60 所示的颚式破碎机,已知行程速度变化系数 $K = 1.25$,颚板(摇杆)CD 的长度 $l_{CD} = 260$mm,颚板摆角 $\varphi = 30°$。若机架 AD 的长度 $l_{AD} = 230$mm,试确定曲柄 AB、连杆 BC 的长度 l_{AB} 和 l_{BC},并检验它们的最小传动角 γ_{min}(要求 $\gamma_{min} > 40°$)。

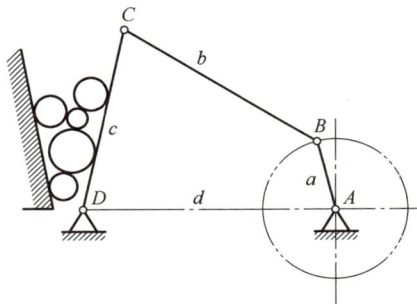

图 2-60 题 2

3. 设计一台采用四杆机构控制的加热炉炉门启闭机构，尺寸（单位为 cm）如图 2-61 所示。关闭时炉门有一个自动压向炉体的趋势；开启时炉门应向外开启，炉门与炉体不得发生干涉。B、C 为两活动铰链所在位置。

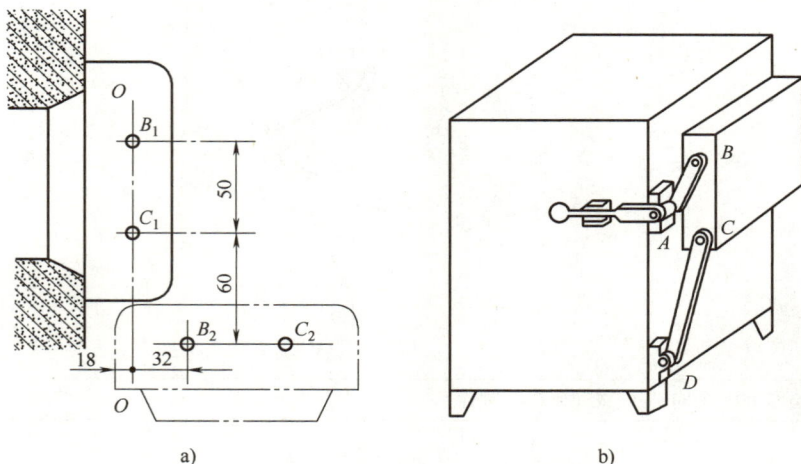

a)   b)   2-22 炉门
                                                              启闭机构

图 2-61 题 3

4. 如图 2-62 所示，已知铰链四杆机构机架长 $l_{AD} = 600\mathrm{mm}$，要求两连架杆的三组对应位置为：$\varphi_1 = 130°$ 和 $\psi_1 = 110°$、$\varphi_2 = 80°$ 和 $\psi_2 = 70°$、$\varphi_3 = 45°$ 和 $\psi_3 = 30°$，连架杆 AB 的长度 $l_{AB} = 200\mathrm{mm}$，连架杆 CD 上的标线 DE 的长度可取为 $l_{DE} = 400\mathrm{mm}$，试设计此四杆机构。

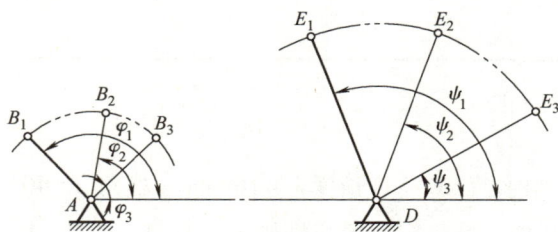

图 2-62 题 4

凸轮上料机构的设计

上料装置是自动化生产机器的重要组成部分，常用的上料方法有手动上料、气动上料、电动上料、机械手上料、振动输送上料、气压脉冲上料等，可以根据不同的应用场景和需求选择合适的上料方法，以提高生产效率和降低劳动强度。

1. 手动上料

手动上料通常使用手动推车、手动叉车或手动起重工具等进行物料搬运，由人力驱动，以实现物料从一处到另一处的转移。

2. 气动上料

气动上料是一种以空气压力作为动力的上料方式，通常使用气泵、气缸、气动吸盘或气动夹具等进行物料搬运。气动上料具有结构简单、成本低、效率高等特点。

3. 电动上料

电动上料是一种利用电力驱动的上料方式，通常使用电动机、电动吸盘、电动夹具、螺旋轴等进行物料搬运，电动上料具有运行精度高等特点。

4. 机械手上料

机械手上料是一种自动化程度较高的上料方式，通常使用机械手进行物料搬运，它可以在复杂的环境中准确地抓取和移动物料，在数控机床、冲压机床、注塑机等设备中广泛应用。

5. 振动输送上料

振动输送上料是一种利用振动原理进行物料输送的上料方式，通常使用振动器或振动输送带等，适用于小零件的上料，如连杆装配线上的盖板、卡环自动上料等。

6. 气压脉冲上料

气压脉冲上料是一种利用气压脉冲技术进行物料输送的上料方法，通常使用气压脉冲管道将物料从一个地方转移到另一个地方。气压脉冲上料可以降低噪声和振动等不良影响。

凸轮上料机构是利用凸轮进行传动控制的一种机构，其结构简单，使用方便。图3-1所示为采用水平滑板的凸轮上料机构，输送杆2被固定在水平滑板5上，水平滑板5安装在垂直运动板11上，所以，垂直运动板11的上下运动就成为输送杆2的上下运动，从而控制输送杆2输送零件或脱开零件。根据水平运动和垂直运动的动作顺序要求，可以用一个凸轮完成所需的运动控制，也可以采用两个凸轮分别驱动。这种机构可用于自动装配机的夹具输送，包装机上硬纸箱的输送，板料、棒料的输送等。

本项目分两个学习任务，分别为认识凸轮机构、分析与设计凸轮机构，最终完成凸轮上料机构的设计，其知识导图如图3-2所示。

图 3-1　采用水平滑板的凸轮上料机构

1—支架导轨　2—输送杆　3—被输送件　4—输送杆运动轨迹　5—水平滑板　6—滑板拔销
7—驱动水平运动杆　8—双作用凸轮　9—驱动上下运动杆　10—连接杆　11—垂直运动板

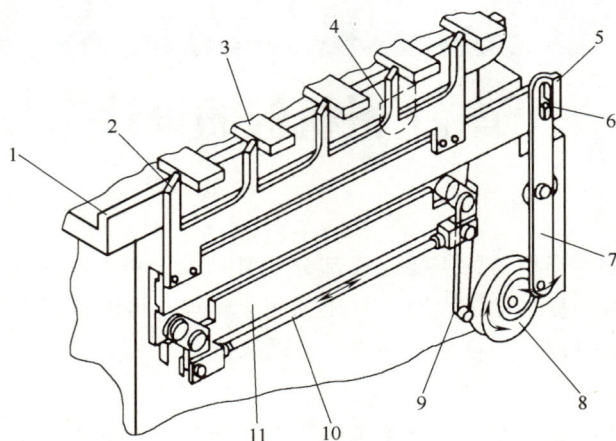

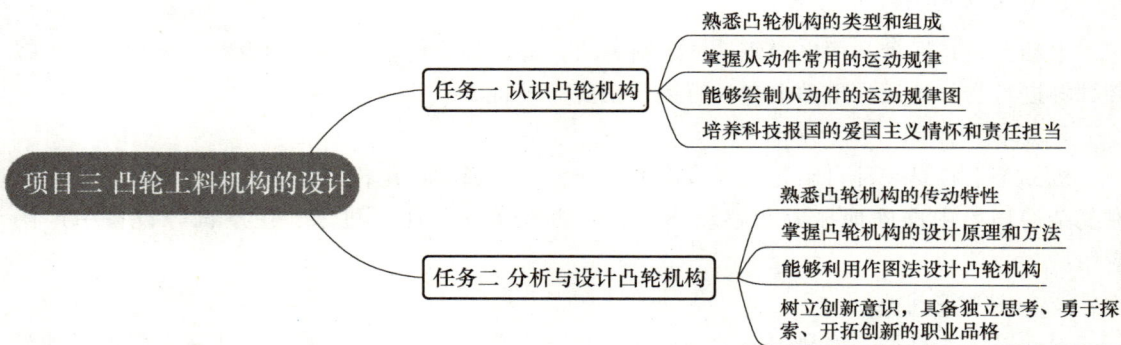

3-1　凸轮
上料机构

图 3-2　项目三知识导图

【功勋模范】

　　黄旭华（1926—2025），男，汉族，中共党员，广东揭阳人，中船重工第七一九研究所名誉所长、中国工程院院士。黄旭华是我国第一代核潜艇总设计师，他主持了第一代核潜艇的研制，先后突破了核潜艇最关键、最重大的七项技术，是我国核潜艇研制工程的先驱者，领导实现了我国核潜艇装备从无到有的历史性壮举，被称为"中国核潜艇之父"，荣获共和国勋章、国家最高科学技术奖等。

　　黄旭华院士的人生，曾一度"赫赫而无名"，但却始终"壮心未与年俱老"，他为我国新一代核潜艇的跨越发展、未来核潜艇的探索赶超奉献了毕生精力，他以身许国，誓干惊天动地事，潜心科研，甘做隐姓埋名人。黄旭华的"深潜人生"，正是中国科学家们科研报国、无私无我的生动体现。

任务一　认识凸轮机构

【学习目标】

1）熟悉凸轮机构的类型和组成。

2）掌握从动件常用的运动规律。

3）能够绘制从动件的运动规律图。

4）培养科技报国的爱国主义情怀和责任担当。

【任务描述】

在图 3-1 所示凸轮上料机构中，双作用凸轮的凹槽轮廓实现了水平运动，外轮廓实现了垂直运动，通过两个运动的合成，最终实现输送杆的动作。已知从动件的行程 $h = 100 \text{mm}$，运动规律见表 3-1，试绘制垂直运动从动件的位移曲线图。

表 3-1　从动件运动规律

凸轮转角	0°~90°	90°~180°	180°~270°	270°~360°
从动件位移	等加速等减速上升	远休	余弦加速度下降	近休

【相关知识】

一、凸轮机构的组成及特点

凸轮机构由凸轮、从动件、机架三个构件组成，如图 3-3 所示，其中主动件一般是凸轮，它是一个具有曲线轮廓的构件，通常做连续的等速转动、摆动或移动，与从动件高副接触，在运动时可以使从动件获得往复移动或摆动等预定的运动规律。

如图 3-4 所示，当凸轮转动时，图 3-4a 中的从动件始终静止不动，位移为 0；图 3-4b、

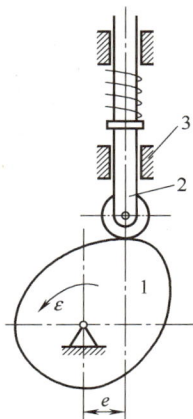

图 3-3　凸轮机构的组成

1—凸轮　2—从动件　3—机架

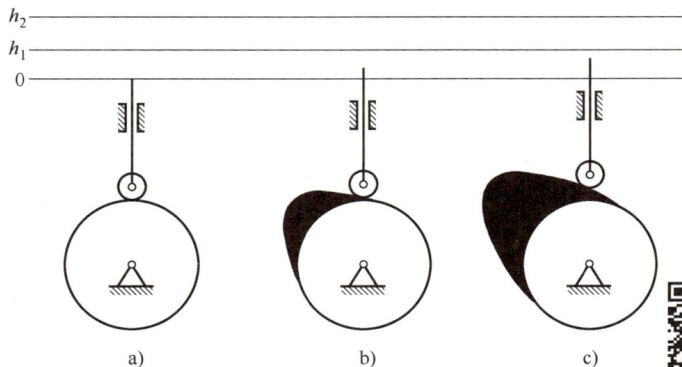

图 3-4　凸轮机构运动

3-2　凸轮机构运动

c 中的从动件都做间歇运动，但图 3-4b 中的从动件位移最高达到 h_1，而图 3-4c 中的从动件位移最高能达到 h_2；此外，图 3-4b、c 中的从动件运动规律也不相同，这说明，从动件的位移及运动规律是由凸轮轮廓曲线决定的，只要凸轮轮廓设计得当，就可以使从动件实现任意给定的运动规律。

综上所述，凸轮机构的主要优点是机构简单、结构紧凑、运动可靠、设计方便，当选择适当的凸轮轮廓时，即能使从动件获得预定的运动规律。其主要缺点是凸轮与从动件是高副连接，接触应力较大，易磨损，因此多用于传力不大的场合。

二、凸轮机构的分类

1. 按凸轮的形状分类

（1）盘形凸轮　如图 3-5 所示的内燃机配气机构，其凸轮是一个具有变化向径的盘形构件，当它绕固定轴转动时，其曲线轮廓通过与气门弹簧上座圈 2 接触，推动从动件在垂直于凸轮轴的平面内运动，使气阀有规律地开启和闭合，以控制可燃物质进入气缸或排出废气。

（2）移动凸轮　如图 3-6 所示，当盘状凸轮的径向尺寸为无穷大时，则凸轮相当于做直线移动，称为移动凸轮。当移动凸轮做直线往复运动时，将推动推杆在同一平面内做上下往复运动。也可以将凸轮固定，使推杆相对于凸轮移动，如仿形车削等。

（3）圆柱凸轮　图 3-7 所示的凸轮是在圆柱面上开出曲线凹槽，可以看成是移动凸轮卷绕在圆柱上形成的，当其转动时，可使从动件在与圆柱凸轮轴线平行的平面内运动，其运动规律完全取决于凸轮凹槽曲线形状，是一种空间凸轮机构。

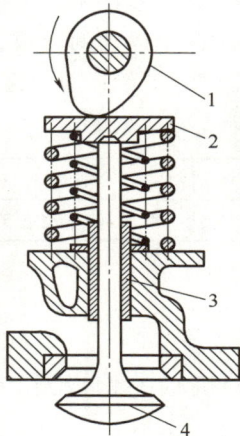

3-3　盘形凸轮

图 3-5　内燃机配气机构

1—凸轮　2—气门弹簧上座圈
3—气门导管　4—气门

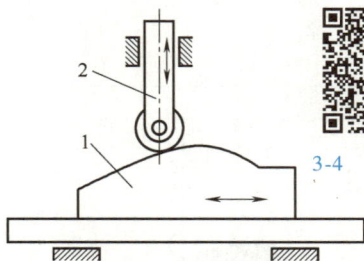

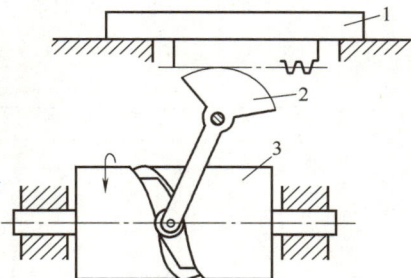

3-4　移动凸轮

3-5　圆柱凸轮

图 3-6　移动凸轮

1—移动凸轮　2—推杆

图 3-7　自动车床中的凸轮机构

1—刀架　2—扇形齿轮　3—圆柱凸轮

2. 按从动件的形状分类

根据从动件与凸轮接触处结构形式的不同，从动件可分为三类，如图 3-8 所示。

（1）尖顶从动件　尖顶能与任意复杂的凸轮轮廓保持接触，灵敏性好，因而能实现任意预期的运动规律。但尖顶因接触应力高，易于磨损，故只适用于传力不大的低速凸轮机构中。

a) 尖顶从动件   b) 滚子从动件   c) 平底从动件

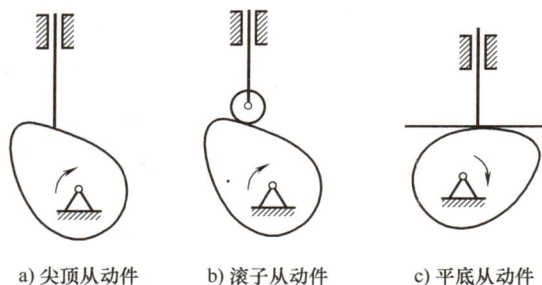

图 3-8　按从动件形状分类

3-6　不同形状的从动件

（2）滚子从动件　滚子与凸轮间为滚动摩擦，克服了尖顶从动件易磨损的缺点，不易磨损，可以实现较大动力的传递，应用最为广泛。其缺点是凸轮上凹陷的轮廓未必能很好地与滚子接触，从而影响预期运动规律的实现。

（3）平底从动件　从动件与凸轮轮廓表面接触的端面为一平面，当不考虑摩擦时，凸轮与从动件之间的作用力始终与从动件的平底相垂直，受力平稳，传动效率较高，且凸轮与平底间易形成油膜，利于润滑，从而减小摩擦与磨损，故可用于高速场合。其缺点是不能与具有内凹轮廓的凸轮、移动凸轮、圆柱凸轮等配对使用。

3. 按从动件的运动形式分类

（1）直动从动件　做往复直线移动的从动件称为直动从动件。如图 3-9 所示，若直动从动件的导路轴线通过凸轮的回转轴线，则称为对心直动从动件；否则称为偏置直动从动件，导路轴线与凸轮轴线间的距离 e，称为偏距。

（2）摆动从动件　做往复摆动的从动件称为摆动从动件，其从动件与机架组成转动副，如图 3-10 所示。

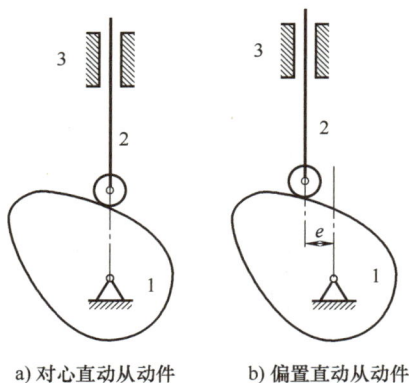

a) 对心直动从动件　b) 偏置直动从动件

图 3-9　直动从动件

1—凸轮　2—从动件　3—机架

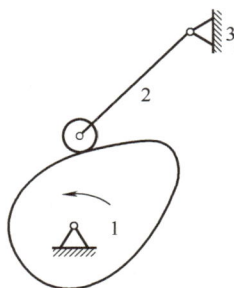

3-7　摆动从动件

图 3-10　摆动从动件

1—凸轮　2—从动件　3—机架

4. 按凸轮与从动件保持接触（锁合）的方式分类

凸轮机构运动时，从动件和凸轮应始终保持接触，才能随凸轮转动完成预定的运动规律。常用的锁合方法有下面两种。

（1）力锁合　主要利用重力、弹簧力或其他外力使从动件与凸轮始终保持接触，图 3-5 所示的内燃机配气机构就是利用了弹簧力来保持锁合。

（2）几何锁合　也称为形锁合，是依靠凸轮和从动件的特殊几何形状来保持两者的接触的，如图 3-11 所示的凹槽凸轮，其凹槽两侧面间的距离等于滚子的直径，从而保证滚子与凸轮始终接触，这种凸轮只能采用滚子从动件。此外利用几何锁合的还有等径凸轮、等宽凸轮、共轭凸轮等。

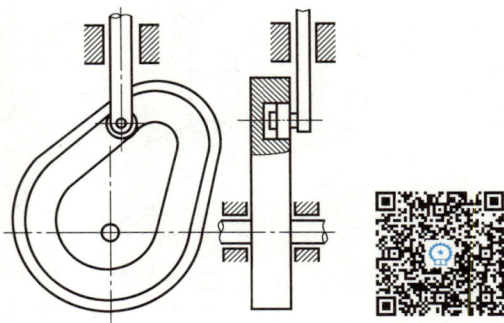

图 3-11　几何锁合凸轮机构

3-8　几何锁合

三、从动件常用的运动规律

1. 凸轮机构的工作过程

如图 3-12 所示的尖顶对心直动推杆盘形凸轮机构，凸轮做等角速度转动，其轴心为 O。以凸轮最小向径 r_0 为半径，以凸轮的轴心 O 为圆心所作的圆称为凸轮的基圆，r_0 为基圆半径。

图 3-12 中凸轮轮廓由 AB、BC、CD 及 DA 四段曲线所组成，其中 BC、DA 是以凸轮轴心为圆心的圆弧，当推杆与凸轮轮廓在 A 点接触时，推杆处于最低位置，假设凸轮以等角速度 ω 逆时针方向转动，凸轮转一周，推杆的运动可分为四个阶段：

（1）推程　推杆与凸轮廓线接触点从 A 到 B 的过程中，由于凸轮向径不断增大，推杆将由最低位置被推到最高位置，这个过程称为推程，凸轮相应的转角 δ_0 称为推程运动角。

图 3-12　尖顶对心直动推杆盘形凸轮机构和位移曲线

（2）远休　凸轮继续转动，当推杆与凸轮廓线的 BC 段接触时，由于凸轮 BC 段向径不变，所以推杆处于最高位置静止不动，这个过程称为远休，凸轮相应的转角 δ_{01} 称为远休止角。

（3）回程　当凸轮转到推杆与凸轮廓线 CD 段接触时，由于凸轮向径不断减小，推杆由最高位置回到最低位置，这个过程称为回程，凸轮相应的转角 δ_0' 称为回程运动角。推杆在推程或回程中移动的距离 h 即为推杆的行程。

（4）近休　当凸轮转到推杆与凸轮廓线 DA 段接触时，此时推杆在最低位置静止不动，这个过程称为近休，凸轮相应的转角 δ_{02} 称为近休止角。

因此，当凸轮转动一周时，推杆的运动将经历上升、静止、下降、静止四个阶段，这是凸轮机构中最常见、最典型的运动形式。当然，凸轮机构运动过程的组合应依据实际工作的需要，而不是必须经历四个阶段，可以没有静止阶段，也可以只有一个静止阶段。

上述过程可以用从动件的位移曲线来描述。以从动件的位移 s 为纵坐标，对应的凸轮转角（或时间）为横坐标，将凸轮转角（或时间）与对应的从动件位移之间的函数关系用曲线表达出来的图形称为从动件的位移曲线图，如图 3-12b 所示。

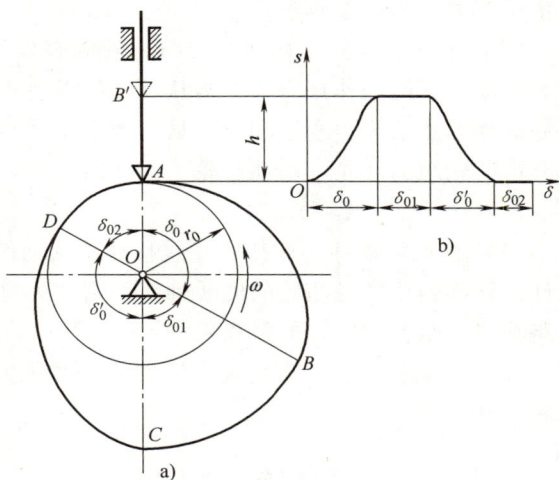

2. 从动件常用的运动规律

从动件随主动件的运动变化规律称为从动件的运动规律，对凸轮机构来讲，从动件的运动规律主要研究推杆在推程或回程中，从动件的位移 s、速度 v 和加速度 a 随时间 t 变化的规律。由于凸轮一般做等角速转动，其转角 δ 与时间 t 成正比，所以从动件的运动规律通常表示成凸轮转角 δ 的函数，即 $s=f(\delta)$，$v=f'(\delta)$，$a=f''(\delta)$。

凸轮机构常见的从动件运动规律有等速运动、等加速等减速运动、余弦加速度运动、正弦加速度运动等。

（1）等速运动规律　等速运动规律指从动件上升或下降的速度为常数的运动规律。推程运动时，凸轮以等角速度 ω 转动，当转过推程运动角 δ_0 时所用时间 $t_0=\dfrac{\delta_0}{\omega}$，同时从动件等速完成推程 h，从动件的速度为 $v=\dfrac{h}{t_0}$，是一常数。因此，推程运动时，在某一时间 t 内，凸轮转过 δ 角，从动件的运动方程为

$$\begin{cases} s=\dfrac{h}{\delta_0}\delta \\[2mm] v=\dfrac{h}{\delta_0}\omega \\[2mm] a=0 \end{cases}$$

同理，从动件做回程运动时，其运动方程为

$$\begin{cases} s=h\left(1-\dfrac{\delta}{\delta_0'}\right) \\[2mm] v=-h\,\dfrac{\omega}{\delta_0'} \\[2mm] a=0 \end{cases}$$

式中　δ_0'——回程运动角。

图 3-13 所示为等速运动规律图，位置图为一斜线，速度图为一水平直线，加速度为零，但在从动件运动的开始位置和终点位置，瞬时速度会突然改变，其瞬时加速度趋于无穷大，因此，理论上该瞬时作用在凸轮上的惯性力也趋于无穷大，致使机构产生强烈的冲击，这种冲击称为刚性冲击。因此，等速运动规律只适用于低速场合。

（2）等加速等减速运动规律　从动件在推程或回程过程中，前半程做等加速运动，后半程做等减速运动，这种运动规律称为等加速等减速运动

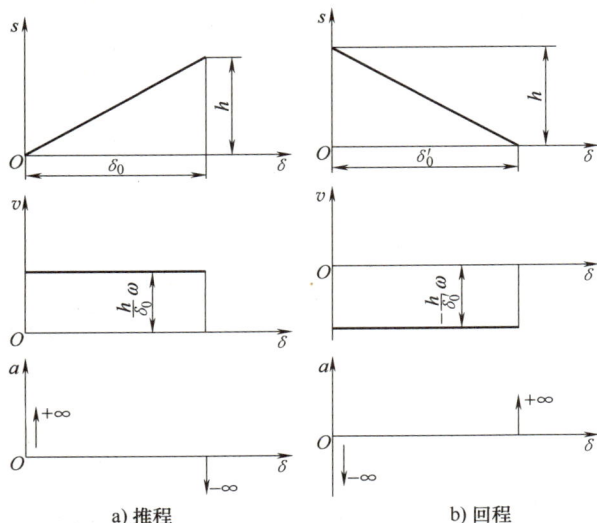

a) 推程　　　　b) 回程

图 3-13　等速运动规律图

规律，通常加速度和减速度的绝对值相等，但有时也会不相等。

下面以推程运动为例进行分析，在推程前半程，从动件以等加速度 a 运动，速度从 0 到 v_{max}；在后半程，从动件以等减速度 $(-a)$ 运动，速度从 v_{max} 到 0。

等加速段，即 $0 \le \delta \le \dfrac{\delta_0}{2}$ 中，推杆的位移方程为

$$s = \frac{1}{2}at^2$$

将位移 $\dfrac{h}{2}$、时间 $\dfrac{t_0}{2}$ 代入上式，得到加速段结束时有

$$\frac{h}{2} = \frac{1}{2}a\left(\frac{t_0}{2}\right)^2$$

将 $t_0 = \dfrac{\delta_0}{\omega}$ 代入上式，得到等加速运动时的加速度为

$$a = \frac{4h}{\delta_0^2}\omega^2$$

等加速运动时的速度为

$$v = at = \frac{4h\omega^2}{\delta_0^2}\frac{\delta}{\omega} = \frac{4h\omega}{\delta_0^2}\delta$$

整理以上各式，得到推程运动时，从动件等加速段的运动方程为

$$
\begin{cases}
s = \dfrac{2h}{\delta_0^2}\delta^2 \\[2mm]
v = \dfrac{4h\omega}{\delta_0^2}\delta \\[2mm]
a = \dfrac{4h\omega^2}{\delta_0^2}
\end{cases}
$$

推程运动的等加速段结束时，$\delta = \dfrac{\delta_0}{2}$，所以 $v_{max} = \dfrac{4h\omega}{\delta_0^2}\dfrac{\delta_0}{2} = \dfrac{2h\omega}{\delta_0}$。

同理，可以得到等减速段 $\left(\dfrac{\delta_0}{2} \le \delta \le \delta_0\right)$ 推杆的运动方程为

$$
\begin{cases}
s = h - \dfrac{2h}{\delta_0^2}(\delta_0 - \delta)^2 \\[2mm]
v = \dfrac{4h\omega}{\delta_0^2}(\delta_0 - \delta) \\[2mm]
a = -\dfrac{4h\omega^2}{\delta_0^2}
\end{cases}
$$

等加速等减速运动规律图如图 3-14 所示，位移曲线是两段光滑相连的抛物线，所以这种运动规律又称为抛物线运动规律；速度曲线是两段斜直线；加速度曲线是两段水平直线，且从动件在起始点 A、中点 B、终点 C 三点，其加速度有突变，从动件产生的惯性力将对凸轮产生冲击。由

于这里加速度的突变是有限的，所造成的冲击也是有限的，与等速运动规律相比，其冲击程度大为减小，故称为柔性冲击。因此，等加速等减速运动规律适用于中低速、轻载的场合。

（3）余弦加速度运动规律　余弦加速度运动又称为简谐运动，因其加速度运动曲线为余弦曲线，故称余弦运动规律，运动方程为

推程：
$$\begin{cases} s = \dfrac{h}{2}\left[1 - \cos\left(\dfrac{\pi}{\delta_0}\delta\right)\right] \\[2mm] v = \dfrac{\pi}{2}\dfrac{h}{\delta_0}\omega\sin\left(\dfrac{\pi}{\delta_0}\delta\right) \\[2mm] a = \dfrac{\pi^2 h}{2\delta_0^2}\omega^2\cos\left(\dfrac{\pi}{\delta_0}\delta\right) \end{cases}$$
回程：
$$\begin{cases} s = \dfrac{h}{2}\left[1 + \cos\left(\dfrac{\pi}{\delta_0'}\delta\right)\right] \\[2mm] v = -\dfrac{\pi}{2}\dfrac{h}{\delta_0'}\omega\sin\left(\dfrac{\pi}{\delta_0'}\delta\right) \\[2mm] a = -\dfrac{\pi^2 h}{2\delta_0'^2}\omega^2\cos\left(\dfrac{\pi}{\delta_0'}\delta\right) \end{cases}$$

从图 3-15 中可以看出，其速度曲线是一条正弦曲线，而位移曲线是简谐运动曲线，加速度曲线在起点、终点两个位置有突变，也有柔性冲击，故适用于中速场合。但当从动件做升 – 降 – 升连续往复运动时，则得到连续的余弦曲线，柔性冲击被消除，这种情况下可用于高速场合。

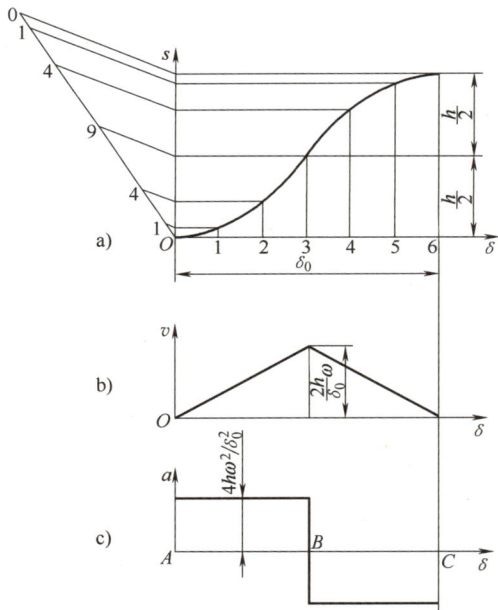

图 3-14　等加速等减速运动规律图　　　　图 3-15　余弦加速度运动规律图

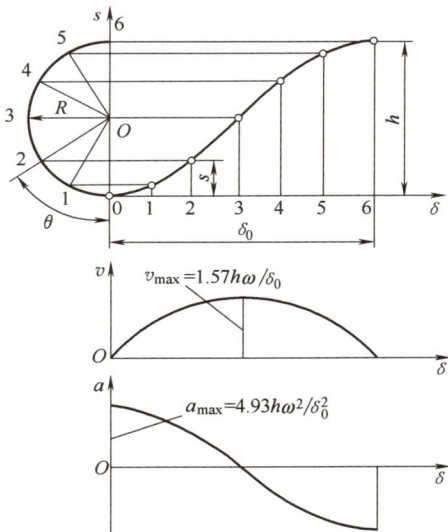

（4）正弦加速度运动规律　正弦加速度运动规律又称摆线运动规律，其加速度运动曲线为正弦曲线。运动方程为

推程：
$$\begin{cases} s = h\left[\dfrac{\delta}{\delta_0} - \dfrac{1}{2\pi}\sin\left(\dfrac{2\pi}{\delta_0}\delta\right)\right] \\[2mm] v = \dfrac{h\omega}{\delta_0}\left[1 - \cos\left(\dfrac{2\pi}{\delta_0}\delta\right)\right] \\[2mm] a = \dfrac{2\pi h}{\delta_0^2}\omega^2\sin\left(\dfrac{2\pi}{\delta_0}\delta\right) \end{cases}$$
回程：
$$\begin{cases} s = h\left[1 - \dfrac{\delta}{\delta_0'} + \dfrac{1}{2\pi}\sin\left(\dfrac{2\pi}{\delta_0'}\delta\right)\right] \\[2mm] v = \dfrac{h\omega}{\delta_0'}\left[\cos\left(\dfrac{2\pi}{\delta_0'}\delta\right) - 1\right] \\[2mm] a = -\dfrac{2\pi h}{\delta_0'^2}\omega^2\sin\left(\dfrac{2\pi}{\delta_0'}\delta\right) \end{cases}$$

正弦加速度运动规律图如图 3-16 所示，从动件按正弦加速度规律运动时，在全行程中无速度和加速度的突变，因此不产生冲击，适用于高速场合。

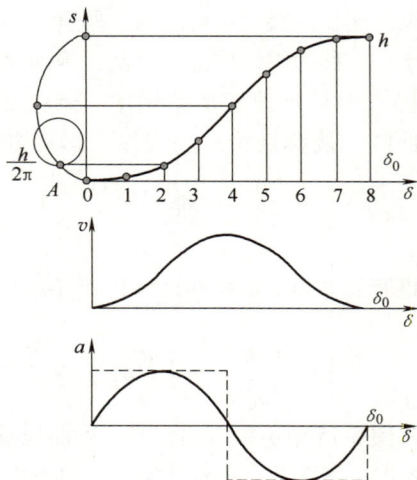

在实际应用中，应根据机器的工作要求来选择合适的从动件运动规律，如自动机床中要求刀架做等速运动、内燃机控制气阀开关时要求等加速等减速运动等。也可以采用组合运动规律，保证各段运动规律在衔接点上的运动参数是连续的，从而改善从动件的运动特性，避免有些运动规律引起的冲击。如果对运动没有特殊要求，可主要考虑加工方便，采用圆弧、直线等组成的凸轮轮廓，如变速器中的操纵系统等。

图 3-16　正弦加速度运动规律图

【任务实施】

1）选择比例 1:1，根据已知条件，绘制坐标系，如图 3-17 所示。

2）绘制从动件等加速等减速上升的位移曲线图，如图 3-18 所示。

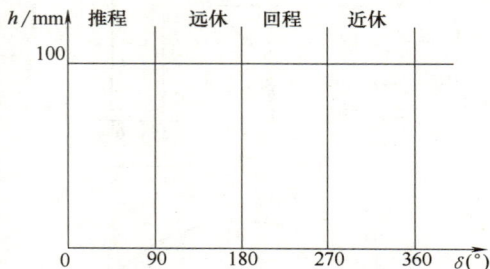

图 3-17　坐标系

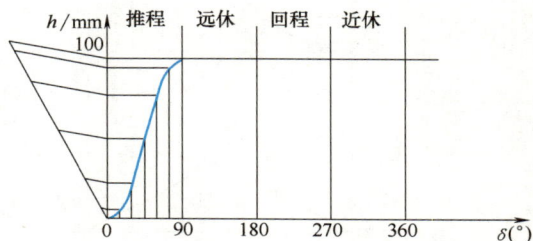

图 3-18　等加速等减速上升位移曲线图

3）绘制从动件余弦加速度下降的位移曲线图，如图 3-19 所示。

4）绘制远休、近休时的位移曲线，完成从动件位移曲线图，如图 3-20 所示。

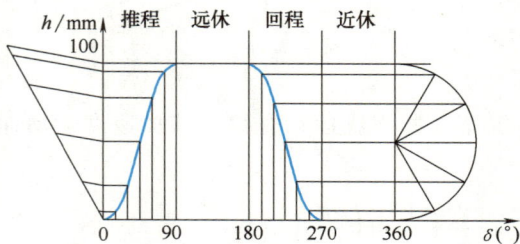

图 3-19　余弦加速度下降位移曲线图

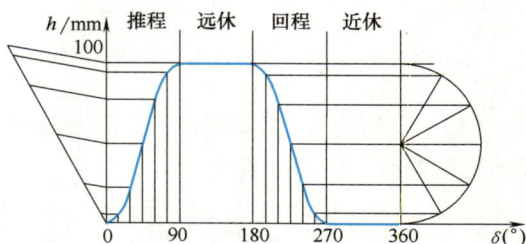

图 3-20　从动件位移曲线图

【实践训练】

完成表 3-2 所列实践训练。

表 3-2　对心直动滚子从动件盘形凸轮机构的位移曲线图绘制

实践任务	一对心直动滚子从动件盘形凸轮,当凸轮顺时针方向转过 120°时,从动件以等速运动规律上升 30mm;再转过 30°时,从动件静止;接着转过 150°时,从动件以余弦加速度运动规律回到原位;凸轮转过剩余 60°时,从动件静止不动。试绘制该从动件的位移曲线图
实践准备	绘图工具、SolidWorks 或其他 CAD 软件
绘图分析	

【习题与思考】

一、判断题

1. 平底从动件不能用于有内凹槽曲线的凸轮机构中。　　　　　　　　　　　　　（　　）

2. 凸轮机构可通过选择适当凸轮类型,使从动件得到预定要求的各种运动规律。

（　　）

3. 凸轮与从动件在高副接触处,难以保持良好的润滑而易磨损。　　　　　　　（　　）

4. 盘形凸轮的轮廓曲线形状取决于凸轮向径的变化。　　　　　　　　　　　　（　　）

5. 从动件的运动规律,就是凸轮机构的工作目的。　　　　　　　　　　　　　（　　）

6. 凸轮机构的等加速等减速运动,是从动杆先做等加速上升,然后再做等减速下降完成的。　　　　　　　　　　　　　　　　　　　　　　　　　　　　　　　　　　（　　）

二、选择题

1. 在下列凸轮机构中,从动件与凸轮的运动不在同一平面中的是（　　）。

A. 直动滚子从动件盘形凸轮机构　　　　　B. 摆动滚子从动件盘形凸轮机构

C. 直动平底从动件盘形凸轮机构　　　　　D. 摆动从动件圆柱凸轮机构

2. 对于较复杂的凸轮轮廓曲线,（　　）也能准确地获得所需要的运动规律。

A. 尖顶从动件　　B. 滚子从动件　　　C. 平底从动件　　D. 以上均不对

3. 对于转速较高的凸轮机构,为了减小冲击和振动,从动件运动规律最好采用（　　）运动规律。

A. 等速　　　　　B. 等加速等减速　　C. 正弦加速度　　D. 余弦加速度

4. （　　）决定从动件预定的运动规律。

A. 凸轮形状　　　B. 凸轮转速　　　　C. 凸轮轮廓曲线　　D. 凸轮基圆半径

5. 一凸轮机构中从动件升程选择等加速等减速运动规律,回程选择等速运动时,（　　）。

A. 仅产生柔性冲击　　　　　　　　　　B. 仅产生刚性冲击

C. 存在柔性和刚性冲击　　　　　　　　D. 不会产生冲击

6. 凸轮机构中，基圆半径是指凸轮转动中心到（　　　）向径。

A. 理论廓线上的最大 　　　　　　　　　B. 实际廓线上的最大

C. 理论廓线上的最小 　　　　　　　　　D. 实际廓线上的最小

任务二　分析与设计凸轮机构

【学习目标】

1）熟悉凸轮机构的传动特性。

2）掌握凸轮机构的设计原理和方法。

3）能够利用作图法设计凸轮机构。

4）树立创新意识，具备独立思考、勇于探索、开拓创新的职业品格。

【任务描述】

凸轮轮廓曲线是从动件运动规律决定的。针对采用水平滑板的凸轮上料机构，在上一任务中，我们已画出垂直运动从动件的位移曲线图，如图 3-20 所示。已知凸轮逆时针方向转动，基圆半径 $r_b = 80mm$，滚子半径 $r_T = 20mm$，用作图法设计该双作用凸轮的外凸轮轮廓。

【相关知识】

一、凸轮机构基本尺寸及传动特性分析

凸轮机构基本尺寸的确定要考虑机构的传力性能是否良好、结构是否紧凑等，这与凸轮机构的压力角、基圆半径、滚子半径等有关。

1. 基圆半径的确定

1）根据凸轮轴的结构确定。当凸轮与轴做成一体时，凸轮工作轮廓的最小半径应略大于轴的半径。当凸轮与轴单独加工时，凸轮工作轮廓的最小半径应略大于轮毂的半径。可取 $r_b = (1.6 \sim 2) r$，r 为轴的半径。

2）利用诺模图确定。对于对心直动从动件盘形凸轮机构，工程上已制备了几种运动规律的诺模图，由诺模可确定最小基圆半径。

2. 滚子半径的选择

对于滚子从动件中滚子半径的选择，要考虑凸轮机构的结构、强度及凸轮廓线的形状等诸多因素。这里重点说明凸轮廓线与滚子半径的关系。

1）当理论廓线内凹时，如图 3-21a 所示，实际轮廓的曲率半径 ρ_a 等于理论廓线曲率半径 ρ 与滚子半径 r_T 之和，即 $\rho_a = \rho + r_T$。此时，不论滚子半径的大小，其实际廓线总可以作出。

2）当理论廓线外凸时，$\rho_a = \rho - r_T$。

① 若 $\rho > r_T$，则 $\rho_a > 0$，实际廓线为一光滑曲线，如图 3-21b 所示。

② 若 $\rho = r_T$，则 $\rho_a = 0$，实际廓线出现尖点，如图 3-21c 所示，尖点极易磨损，磨损后就会改变从动件原有的运动规律。

③ 若 $\rho < r_T$，则 $\rho_a < 0$，实际廓线出现交叉，如图 3-21d 所示，图中阴影部分在实际制造时将被切去，致使从动件不能实现预期的运动规律，这种现象称为运动失真。

因此，对于外凸的凸轮轮廓，应使滚子半径 r_T 小于理论廓线的最小曲率半径 ρ_{min}，通常取 $r_T \leqslant 0.8\rho_{min}$。当 r_T 太小而不能满足强度和结构要求时，应适当加大基圆半径 r_b 以增大理论廓线的 ρ_{min}。

为防止凸轮磨损过快，工作轮廓线上的最小曲率半径 $\rho_{min} \geqslant 3mm$。在实际设计凸轮机构时，一般可按基圆半径 r_b 来确定滚子半径 r_T，通常取 $r_T = (0.1 \sim 0.5)r_b$。

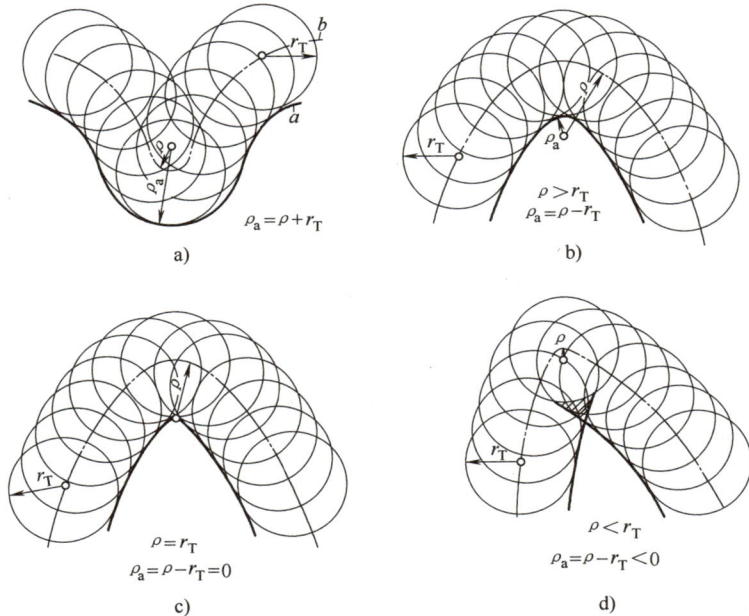

图 3-21 滚子半径的选择

3. 凸轮机构的压力角

（1）压力角与自锁 图 3-22 所示为尖顶直动从动件盘形凸轮机构，当不考虑摩擦时，

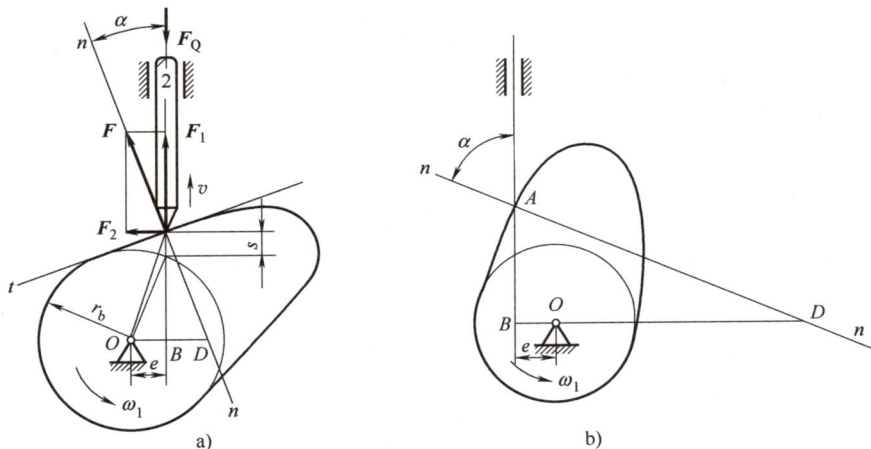

图 3-22 凸轮机构的压力角

凸轮机构的压力角是凸轮对从动件的作用力 **F** 方向（即沿接触点的法线方向）与从动件运动方向间的夹角，用 α 表示。将力 **F** 分解成沿从动件运动方向和垂直方向的两个分力 F_1、F_2，则

$$\begin{cases} F_1 = F\cos\alpha \\ F_2 = F\sin\alpha \end{cases}$$

显然，F_1 能推动从动件运动，为有效分力；F_2 压紧导路引起摩擦阻力，阻碍运动，为有害分力。压力角 α 越大，则 F_1 越小，F_2 越大，受力情况越差，机构效率越低。当 α 增大到一定值时，有效分力会小于摩擦阻力，此时，凸轮将不能推动从动件运动，这种现象称为机构的自锁。

为保证凸轮机构正常工作，并具有良好的传力性能，必须对压力角的大小加以限制，应使最大压力角 $\alpha_{\max}$ 不超过许用压力角 $[\alpha]$。在设计中，移动从动件凸轮机构的推程压力角推荐许用值 $[\alpha]=30°$，摆动从动件凸轮机构的推程压力角推荐许用值 $[\alpha]=45°$。凸轮机构在回程时，从动件是在锁合力作用下返回的，不是由凸轮轮廓推动，所以发生自锁的可能性很小，为减小冲击和提高锁合的可靠性，回程压力角推荐许用值 $[\alpha]=70°\sim80°$。对平底从动件凸轮机构，凸轮对从动件的法向作用力始终与从动件的速度方向平行，故压力角恒等于 0°，机构的传力性能最好。

（2）压力角与基圆半径　从传动效率来看，压力角越小越好，但压力角减小将导致基圆半径增大。两基圆半径不同的凸轮，当转过相同转角 δ，从动件上升相同位移 h 时，基圆半径越大，压力角越小，从动件有效分力越大，但基圆半径过大会导致结构不紧凑。因此，设计凸轮时要权衡两者的关系，使设计达到合理。对此，通常采用的设计原则是：在保证机构的最大压力角 $\alpha_{\max} \leqslant [\alpha]$ 的条件下，选取尽可能小的基圆半径。

（3）压力角的校核　凸轮轮廓绘制完成后，为确保传力性能，通常需进行推程压力角的校核，检验是否满足 $\alpha_{\max} \leqslant [\alpha]$ 的要求。凸轮轮廓线上各点的压力角是不相同的，凸轮机构的最大压力角 $\alpha_{\max}$ 一般出现在理论廓线上较陡或从动件最大速度的轮廓附近。校验压力角时，可在此选取若干个点，作出这些点的压力角，测量其大小，也可用万能角度尺直接量取校核。

校核时，如果发现 $\alpha_{\max} > [\alpha]$，即压力角不符合要求，可采取增大基圆半径的办法，也可采用将对心凸轮机构改为偏置凸轮机构的方法，使压力角满足要求。当偏置式凸轮机构从动件导路偏离的方向与凸轮的转动方向相反时，偏置式凸轮机构比对心式凸轮机构有较小的压力角。若凸轮逆时针方向转动，则从动件导路应偏向轴心的右侧；若凸轮顺时针方向转动，则从动件导路应偏向轴心的左侧。一般取偏距 $e \leqslant r_b/4$。

二、凸轮轮廓曲线的设计

1. 凸轮轮廓设计的基本原理和设计步骤

图 3-23a 所示为一对心直动尖顶从动件盘形凸轮机构，当凸轮以角速度 ω 绕轴心 O 等速回转时，将推动推杆运动。图 3-23b 所示为凸轮回转 φ 角时，推杆上升至位移 s 的瞬时位置。

现在为了讨论凸轮廓线设计的基本原理，设想给整个凸轮机构加上一个公共角速度 $(-\omega)$，使其绕凸轮轴心 O 转动，根据相对运动原理，凸轮与推杆间的相对运动关系并不发生改变，但此时凸轮将静止不动，而推杆则一方面和机架一起以角速度 $-\omega$ 绕凸轮轴心 O 转动，同时又在其导轨内按预期的运动规律运动，如图 3-23c 所示，推杆在复合运动中，其尖

顶的轨迹就是凸轮廓线。这种凸轮设计的方法称为反转法。

凸轮的一般设计步骤为：

① 确定从动件运动规律。

② 确定凸轮的类型和结构尺寸。

③ 设计凸轮的轮廓曲线。

④ 绘制凸轮工作图。

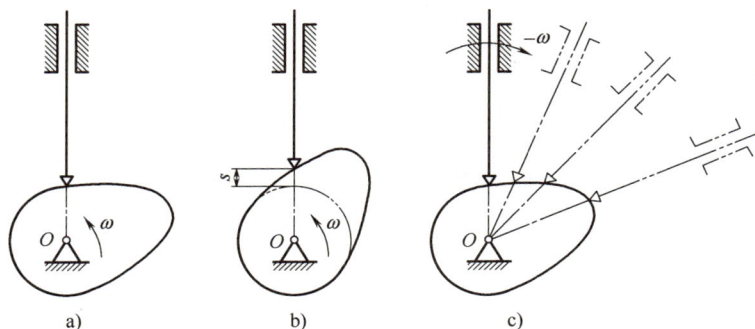

a)　　　　　　　　b)　　　　　　　　c)

图 3-23　反转法原理

2. 对心直动尖顶从动件盘形凸轮廓线设计

若已知凸轮的基圆半径 $r_b = 25\text{mm}$，凸轮以等角速度 ω 逆时针方向回转，推杆的运动规律见表 3-3。

表 3-3　推杆的运动规律

序号	凸轮运动角 φ	推杆的运动规律
1	0°～120°	等速上升 $h = 20\text{mm}$
2	120°～150°	推杆在最高位置不动
3	150°～250°	等速下降 $h = 20\text{mm}$
4	250°～360°	推杆在最低位置不动

利用作图法设计凸轮廓线的作图步骤如下：

1) 选取适当的比例尺 μ_L，画出从动件运动规律图，如图 3-24 所示。

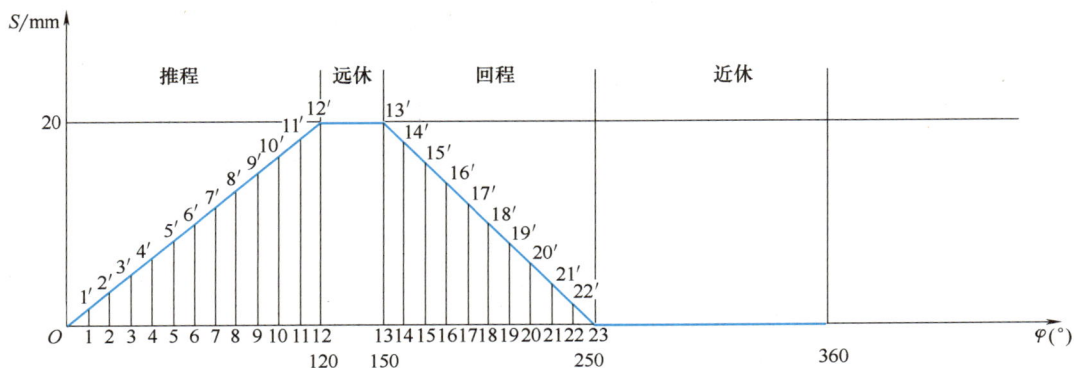

图 3-24　从动件运动规律

2）取 r_b 为半径，按比例画出基圆、推杆，如图 3-25 所示。

3）作相应于推程的凸轮廓线。

① 根据反转法原理，将凸轮机构按 $-\omega$ 进行反转，此时凸轮静止不动，而推杆绕凸轮顺时针方向转动。按顺时针方向先量出推程运动角 120°，再按一定的分度值（凸轮精度要求高时，分度值取小些，反之可以取小些）将此运动角分成若干等份。这里从 A 点开始，顺时针方向将运动角按 10°一个分点进行等分，与图 3-24 中的分度值对应起来，结果如图 3-26 所示。

② 确定推杆在复合运动中其尖顶所占据的位置。依据推杆的运动规律量出各分点推杆的位移值 S，图 3-24 中的 11′，22′，33′，…，1212′即为各分点时推杆的位移 S。根据反转法原理，从 A 点开始，顺时针方向在对应的等分线上，沿径向方向由基圆向外量取推杆位移 11′，22′，33′，…，1212′，得到 1′，2′，…，12′点，即为推杆在复合运动中其尖顶所占据的一系列位置。

③ 用光滑曲线连接 $A\rightarrow 12′$，即得推杆推程时凸轮的一段廓线，如图 3-27 所示。

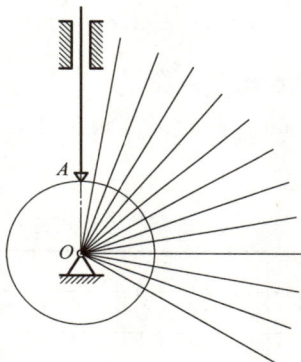

图 3-25 画基圆   图 3-26 分度推程运动角   图 3-27 推程的凸轮廓线

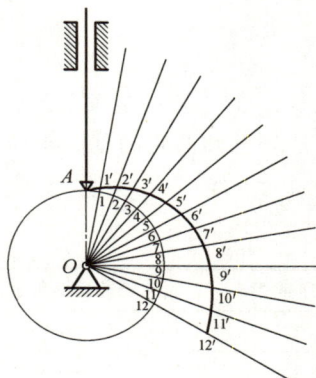

4）凸轮再转过 30°时，由于推杆停在最高位置不动，故该段廓线为一圆弧。以 O 为圆心，以 $O12′$为半径画一段圆弧 $\overset{\frown}{12′13′}$。

5）当凸轮再转过 100°时，推杆等速下降，其廓线可仿照第 3）步骤进行。

6）凸轮转过剩余的 110°时，推杆在最低位置静止不动，该段廓线也是一段圆弧，其半径为基圆 r_b。

按以上作图法绘制的光滑封闭曲线即为凸轮廓线，如图 3-28 所示。

对于其他类型的凸轮机构的凸轮廓线设计，同样可根据如上所述反转法原理进行。

3. 对心直动滚子从动件盘形凸轮廓线设计

对于对心直动滚子从动件盘形凸轮，由于凸轮转动时滚子（滚子半径 r_T）与凸轮的相切点不一定在推杆的位置线上，但滚子中心位置始终处在该线，推杆的运动规律与滚子中心一致，所以其廓线的设计需要分两步进行。

1）将滚子中心看作尖顶从动件的尖顶，按对心直动尖顶从动件盘形凸轮廓线设计方法设计出廓线 β_0，这一廓线称为凸轮的理论轮廓曲线。

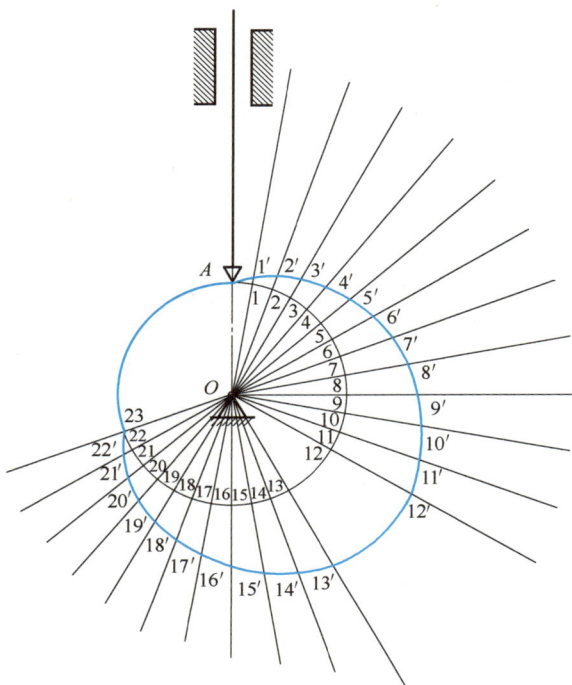

图 3-28 对心直动尖顶从动件盘形凸轮轮廓

2）以理论轮廓曲线上的各点为圆心、以滚子半径 r_T 为半径作一系列的圆，这些圆的内包络线 β 即为所求凸轮的实际轮廓曲线，如图 3-29 所示。

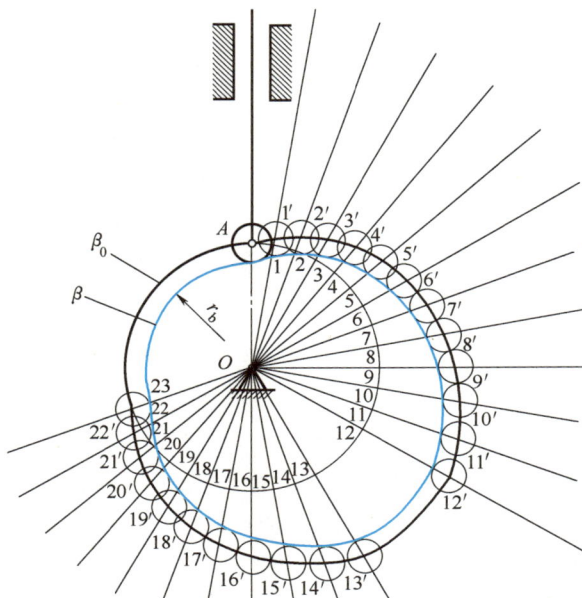

图 3-29 对心直动滚子从动件盘形凸轮轮廓

因此，凸轮的实际轮廓曲线是与理论轮廓曲线相距滚子半径 r_T 的一条等距曲线。

4. 偏置直动尖顶从动件盘形凸轮廓线设计

图 3-30 所示为偏置直动尖顶从动件盘形凸轮机构，其从动件导路偏离凸轮回转中心的距离 e 称为偏距。以凸轮回转中心 O 为圆心，以偏距 e 为半径所作的圆称为偏距圆。从动件在反转过程中，其导路中心线一定始终与偏距圆相切。作图步骤为：

1）按前述方法将基圆按推程运动角、远休止角、回程运动角、近休止角进行划分，过基圆上各分点 C_1，C_2，C_3，…作偏距圆的切线。

2）沿这些切线自基圆向外量取从动件相应位置的位移，即 $C_1B_1 = 11'$，$C_2B_2 = 22'$，$C_3B_3 = 33'$，…，得到尖顶从动件反转过程中的一系列位置 B_1，B_2，B_3，…。

偏置从动件与对心从动件凸轮轮廓其余作图步骤完全相同，应注意作偏距圆时比例尺必须与基圆、从动件位移一致。

若采用滚子从动件，则将滚子中心 A 视为尖顶推杆的尖顶，按前述方法作出滚子中心 A 在推杆复合运动中的轨迹，即为凸轮理论轮廓曲线。然后以理论轮廓曲线上一系列点为圆心，以滚子半径 r_T 为半径，作一系列的圆，再作这些圆的包络线，即为凸轮的实际轮廓曲线，如图 3-31 所示。

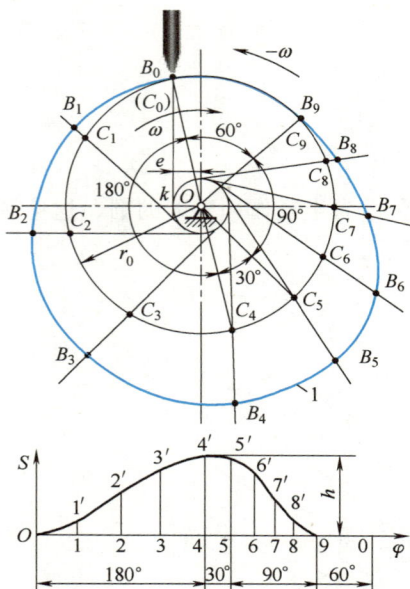

图 3-30　偏置直动尖顶从动件盘形凸轮轮廓

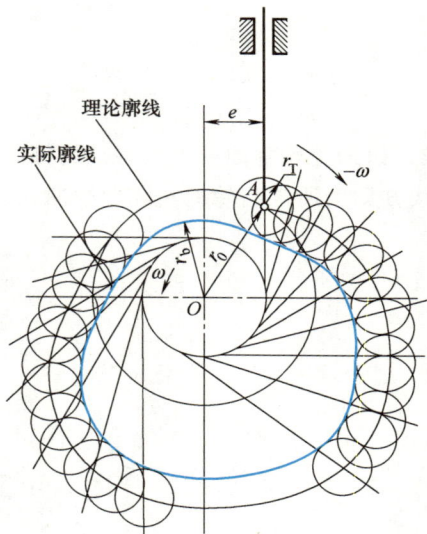

图 3-31　偏置直动滚子从动件盘形凸轮轮廓

【任务实施】

1）根据已知条件基圆半径 $r_b = 80mm$，滚子半径 $r_T = 20mm$，按 1:1 的比例，绘制对心直动滚子从动件盘形凸轮机构的基圆、滚子从动件，如图 3-32 所示。

2）分度推程运动角，根据图 3-20 所示从动件位移曲线图，按照反转法原理，绘制推程的凸轮廓线，如图 3-33 所示。

3）同理，分度回程运动角，绘制回程的凸轮廓线，如图 3-34 所示。

4）补充远休、近休凸轮廓线，完成凸轮理论廓线，如图 3-35 所示。

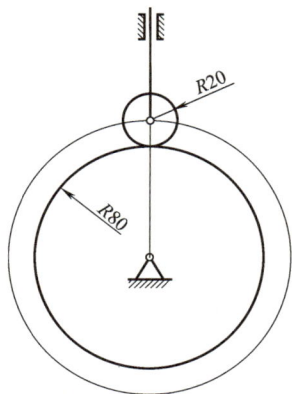

图 3-32 绘制基圆及从动件初始位置

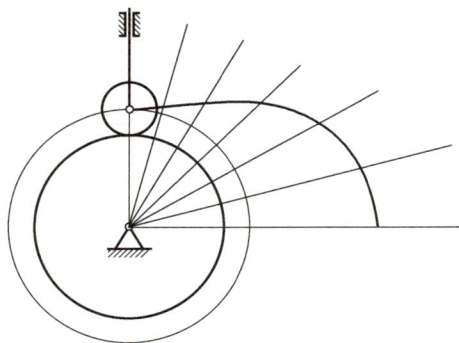

图 3-33 推程凸轮廓线

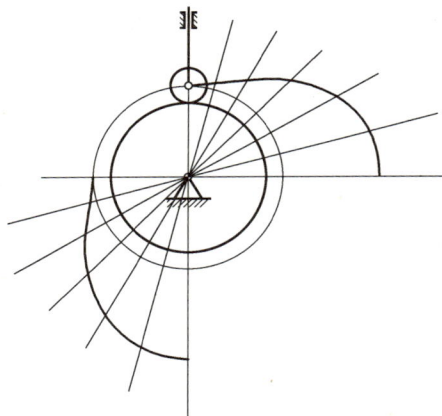

图 3-34 回程凸轮廓线

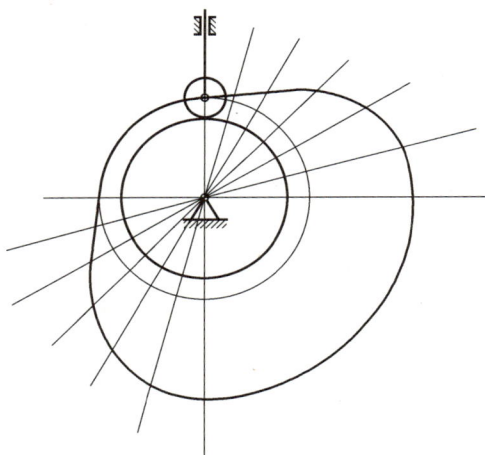

图 3-35 凸轮理论廓线

5）以理论廓线上的各点为圆心、以滚子半径 20mm 为半径作一系列的圆，画出这些圆的内包络线，即为凸轮的实际轮廓曲线，如图 3-36 所示。

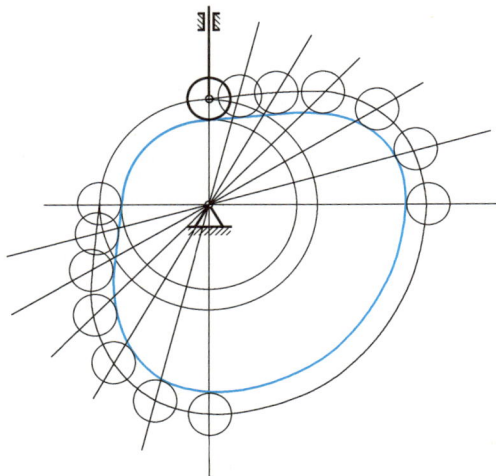

图 3-36 凸轮实际轮廓曲线

【实践训练】

完成表 3-4 所列实践训练。

表 3-4　偏置直动滚子从动件盘形凸轮的设计

实践任务	用作图法设计一偏置直动滚子从动件盘形凸轮。已知凸轮以等角速度顺时针方向回转,凸轮轴心偏于从动件右侧,偏距 $e=10$mm。从动件的行程 $h=32$mm,在推程做简谐运动,回程做等加速等减速运动,其中推程运动角为 150°,远休止角为 30°,回程运动角为 120°,近休止角为 60°。凸轮基圆半径为 36mm,滚子半径为 12mm
实践准备	绘图工具、SolidWorks 或其他 CAD 软件
绘图分析	

【习题与思考】

一、选择题

1. 直动平底从动件盘形凸轮机构的压力角（　　　）。

A. 永远等于 0°　　　　B. 等于常数　　　　C. 随凸轮转角而变化　　　　D. 肯定大于 0°

2. 当凸轮基圆半径相同时,采用适当的偏置式从动件可以（　　　）凸轮机构推程的压力角。

A. 减小　　　　　　B. 增加　　　　　　C. 保持原来　　　　　　D. 没有关系

3. 滚子从动件盘形凸轮机构的滚子半径应（　　　）凸轮理论廓线外凸部分的最小曲率半径。

A. 大于　　　　　　　B. 小于　　　　　　C. 等于　　　　　　　　D. 没有关系

4.（　　　）是影响凸轮机构结构尺寸大小的主要参数。

A. 基圆半径　　　　　　　　　　　B. 轮廓曲率半径

C. 滚子半径　　　　　　　　　　　D. 压力角

5. 在减小凸轮机构结构尺寸时,应首先考虑（　　　）。

A. 从动件的运动规律　　　　　　　B. 压力角不超过许用值

C. 凸轮制造材料的强度　　　　　　D. 基圆半径

6. 设计一直动从动件盘形凸轮,当凸轮转速 ω 及从动件运动规律 $v=v(s)$ 不变时,若 α_{max} 由 40° 减小到 20°,则凸轮尺寸会（　　　）。

A. 增大　　　　　　　B. 减小　　　　　　C. 不变　　　　　　　　D. 没有关系

7. 设计一滚子从动件盘形凸轮机构的内凹凸轮轮廓时,下列说法正确的是（　　　）。

A. 只有滚子半径小于实际廓形最小曲率半径,廓线才不会出现尖点和相交问题

B. 只有滚子半径大于实际廓形最小曲率半径，廓线才不会出现尖点和相交问题

C. 只有滚子半径等于实际廓形最小曲率半径，廓线才不会出现尖点和相交问题

D. 对任意大小的滚子，廓线都不会出现尖点和相交问题

二、分析题

1. 滚子半径的选择原则是什么？在什么情况下会出现运动失真？

2. 图 3-37 所示为一对心直动尖顶从动件盘形凸轮机构。试在图中画出该凸轮的基圆、推程最大位移 h 和图示位置的凸轮机构压力角。

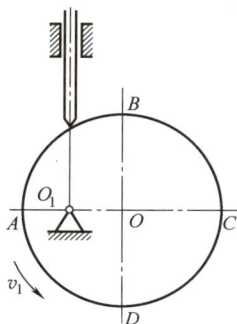

图 3-37 分析题 2

3. 用作图法求出图 3-38 各凸轮从图示位置转到 B 点的凸轮转角 φ。

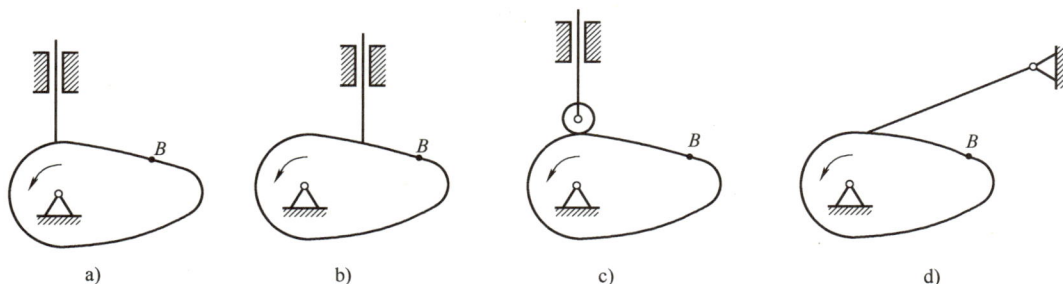

图 3-38 分析题 3

4. 用作图法求出图 3-39 各凸轮从图示位置转过 45°后机构的压力角 α。

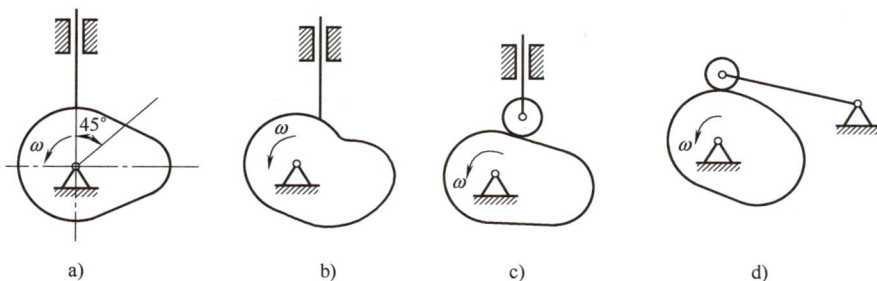

图 3-39 分析题 4

5. 一偏置直动滚子从动件盘形凸轮，已知从动件的位置 $h = 50$mm，推程运动角 $150°$，远休止角 $30°$，回程运动角 $120°$，近休止角 $60°$，试绘制从动件的位移线图。其运动规律如下：

1）以等加速等减速运动规律上升，以等速运动规律下降。

2）以简谐运动规律上升，以等加速等减速运动规律下降。

6. 试用图解法设计一对心直动滚子从动件盘形凸轮机构。已知凸轮顺时针方向转动，从动件位移 $h = 30$mm，基圆半径 $r_b = 40$mm，滚子半径 $r_T = 10$mm，推程运动角为 $180°$，远休止角为 $30°$，回程运动角为 $120°$，近休止角为 $30°$，推程时，从动件以等加速等减速运动规律上升，回程以简谐运动规律回到原处。

机器人机座螺栓连接的设计

机器人机座是机器人的基础部分，起支承作用，有固定式和移动式两种。固定式机座结构比较简单，其安装方法分为直接地面安装、台架安装和底板安装三种形式。

（1）直接地面安装　如图 4-1 所示，当机器人机座直接安装在地面上时，需要将底板埋入混凝土中或用地脚螺栓固定，底板要求稳固，能经受得住机器人工作时产生的翻转力矩，底板与机器人机座用高强度螺栓连接。

（2）台架安装　与机器人机座直接安装在地面上的要求基本相同，机器人机座与台架用高强度螺栓固定连接，台架与底板用高强度螺栓固定连接。

（3）底板安装　当机器人机座用底板安装在地面上时，用螺栓将底板固定在混凝土地面或钢板上，机器人机座与底板用高强度螺栓固定连接。

移动式机座一方面支承机器人的机身，另一方面带动机器人按照工作要求进行运动。如图 4-2 所示，机器人机座通过螺栓固定安装在一个可移动的拖板座上，靠丝杠螺母驱动，整个机器人沿丝杠纵向移动。这种可移动机器人主要用在作业区域大的场合，比如大型设备装配、立体化仓库中的材料搬运、材料堆垛和储运、大面积喷涂等。

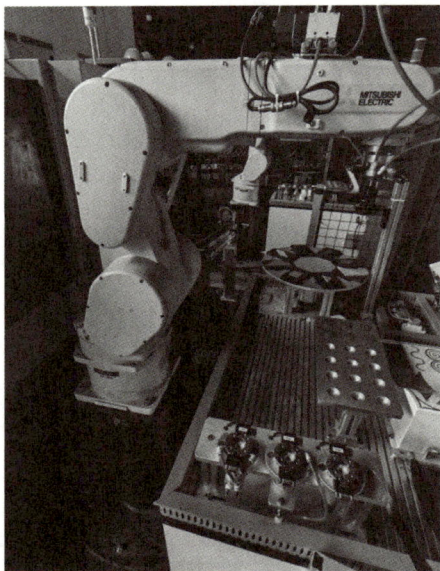

图 4-1　机器人机座固定式安装

图 4-2　可移动的拖板座

本项目分两个学习任务，分别为认识常用连接件、分析与设计螺栓组连接，其知识导图如图 4-3 所示。通过学习，最终完成机器人机座螺栓连接的设计。

掌握螺纹的类型及主要几何尺寸
掌握常用螺纹连接件及其应用

任务一 认识常用连接件 ── 熟悉螺纹连接的预紧和防松措施
能够进行单个螺栓强度计算及选型
养成使用国家标准、行业标准的习惯，培养职业规范意识

项目四 机器人机座螺栓连接的设计

掌握螺栓组连接的结构设计及受力分析方法
熟悉提高螺栓连接强度的措施

任务二 分析与设计螺栓组连接 ── 能够进行螺栓组的设计与选型
建立高度的安全意识和责任担当，具备一丝不苟的工作态度和精益求精的工匠精神

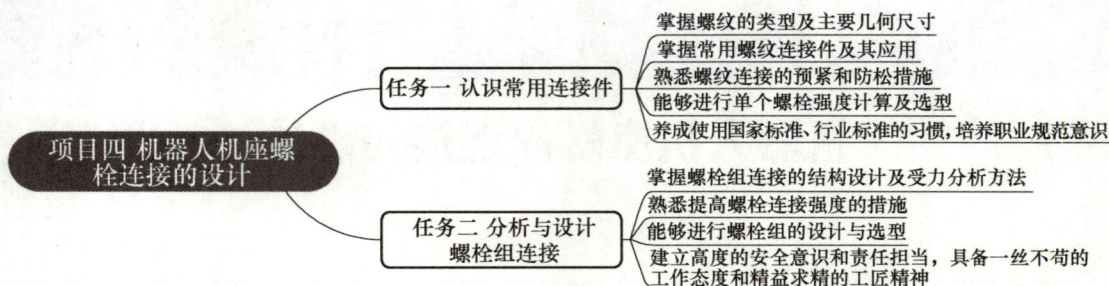

图 4-3　项目四知识导图

【匠心铸器】

梁兵，男，汉族，1975 年 7 月出生，河北井陉人，先后荣获首届全国数控技能大赛第一名、中华技能大奖，被评为中国兵器工业集团有限公司首席技师、兵器大工匠，获得全国五一劳动奖章、全国劳动模范、全国技术能手等荣誉。"精工利器，匠心铸魂"，这是梁兵的座右铭，从一名普通技校生成长为中国兵器工业集团河南平原光电有限公司首席技师，成功的背后，是他始终秉持工匠精神，数十年如一日地精心加工每一个零部件。"静得下心，耐得住寂寞，甘于吃苦，是技术工人快速成长的必备素质，精益求精的工匠精神永远不会过时。"这是梁兵对年轻技工快速成长的建议。

任务一　认识常用连接件

【学习目标】

1）掌握螺纹的类型及主要几何尺寸。

2）掌握常用螺纹连接件及其应用。

3）熟悉螺纹连接的预紧和防松措施。

4）能够进行单个螺栓强度计算及选型。

5）养成使用国家标准、行业标准的习惯，培养职业规范意识。

【任务描述】

气缸是一种将压缩气体的压力转化为机械运动的气动执行元件，它由缸筒、缸盖、活塞、活塞杆及密封件等组成，其中气缸和缸盖的常用连接方式有螺纹连接、法兰连接等。图 4-4 所示为气缸和缸盖的螺栓连接，已知气缸内径 $D = 200mm$，气缸内气体的工作压力 $p = 1.2MPa$，缸盖与缸体之间用橡胶垫圈密封，螺栓均匀分布，数目 $z = 10$。

1）从螺栓受载情况分析，分析采用什么类型的螺栓更合适。

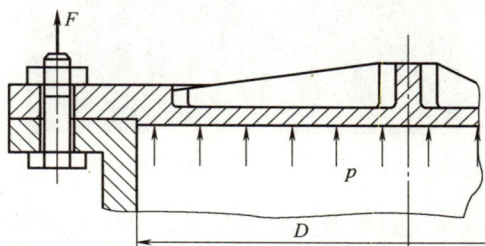

图 4-4　气缸和缸盖的螺栓连接

2）确定螺栓的材料及公称直径。

【相关知识】

在机械设计和制造中，考虑制造、安装、维修及运输等因素，在一台机器中经常会使用不同的材料来制造不同的零件，然后通过一定的连接方式和手段把这些零件连接成一个整体，从而实现预期的功能。按被连接件在工作中相对位置是否变动，连接可分为静连接和动连接，如果被连接件之间的相对位置固定不变，没有相对运动，则为静连接；如果被连接件之间有相对运动，则为动连接，即前文讲到的运动副。按连接件拆开时是否会损坏，连接又分为可拆连接和不可拆连接，可拆连接在拆开时，无须破坏其中任何一个零件，如螺纹连接、键连接、销连接等；不可拆连接又称为永久连接，在拆开这些连接时，一般至少要损坏连接中的一个零件，如铆接、焊接、粘接等。本任务重点介绍螺纹连接。

一、螺纹的基本知识

1. 螺纹的形成

如图 4-5a 所示，将一底边长等于 πd_2 的直角三角形绕在直径为 d_2 的圆柱体表面上，使三角形的底边与圆柱体的底面圆周重合，那么它的斜边在圆柱体的表面上便形成一条螺旋线。三角形的斜边与底边的夹角 ϕ 称为螺纹升角。若取任意平面图形，如图 4-5b 所示的三角形，沿着螺旋线扫描移动，则此平面图形在空间的轨迹便形成螺纹，这个平面图形就称为螺纹的牙型。

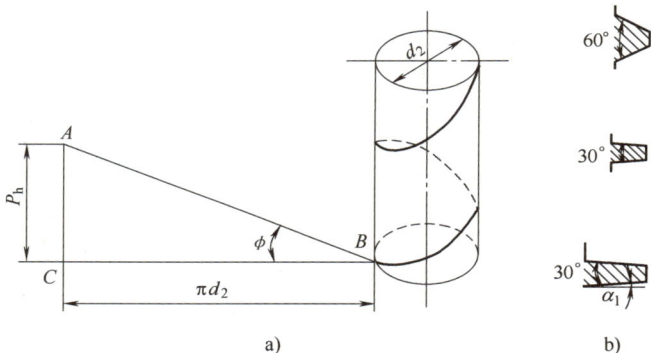

图 4-5　螺纹的形成

2. 螺纹的类型

螺纹的分类方法很多，根据螺纹在圆柱面上的位置，螺纹可分为外螺纹和内螺纹，外螺纹是在圆柱体外表面上形成的螺纹，内螺纹是在圆柱体孔壁上形成的螺纹，内、外螺纹共同组成螺纹副，用于连接和传动。

根据牙型不同，螺纹可分为矩形螺纹（图 4-6a）、三角形螺纹（图 4-6b）、梯形螺纹（图 4-6c）和锯齿形螺纹（图 4-6d）等，其中三角形螺纹用于连接，矩形螺纹、梯形螺纹、锯齿形螺纹用于传动。除矩形螺纹外，其他螺纹都已标准化。

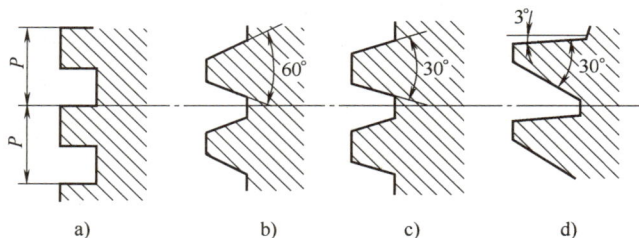

图 4-6　螺纹牙型

（1）三角形螺纹　常用的有普通螺纹、管螺纹等。普通螺纹牙型角为 60°，分为粗牙螺纹和细牙螺纹，粗牙螺纹用于一般连接；与粗牙螺纹相比，细牙螺纹由于在相同公称直径时，螺距小，螺纹深度浅，导程和升角也小，自锁性能好，宜用于薄壁零件和微调装置。管螺纹多用于有紧密性要求的管件连接，牙型角为55°，公称直径近似于管子内径，属于细牙三角螺纹。

（2）矩形螺纹　牙型角为0°，传动效率高，但精加工较困难，牙根强度低，已逐渐被梯形螺纹所替代。

（3）梯形螺纹　牙型为等腰梯形，牙型角为30°，其传动效率略低于矩形螺纹，但工艺性好，牙根强度高，螺旋副对中性好，是应用最为广泛的传动螺纹。

（4）锯齿型螺纹　两侧牙型角分别为3°和30°，3°的一侧用来承受载荷，可得到较高效率；30°一侧用来增加牙根强度。它综合了矩形螺纹效率高和梯形螺纹牙根强度高的特点，适用于单向受载的传动螺纹。

根据螺旋线绕行方向的不同，螺纹可分为右旋和左旋两种。将螺纹的轴线垂直放置，螺旋线的可见部分自左向右上升的，为右旋螺纹（图4-7a、c），反之为左旋螺纹（图4-7b）。一般采用右旋螺纹，有特殊要求时才采用左旋螺纹，如汽车左车轮轮毂的固定螺栓等，左旋螺纹的标准紧固件应有左旋标记"LH"。

根据螺旋线的数目，螺纹又可分为单线螺纹（图4-7a）和多线螺纹（图4-7b、c）。用于连接时多为单线螺纹，用于传动时要求进升快或效率高，采用双线或多线螺纹，由于加工制造的原因，多线螺纹的线数一般不超过4。

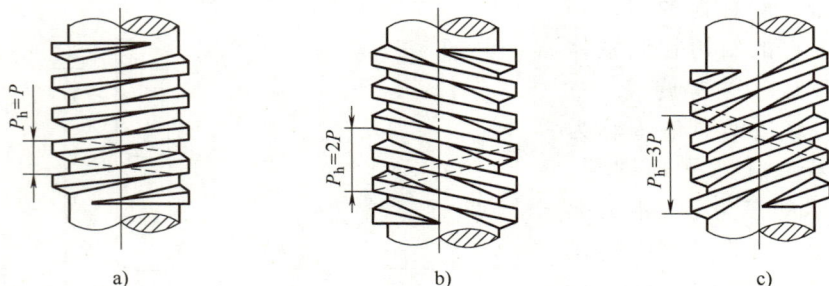

图4-7　螺纹的旋向与线数

3. 螺纹的主要参数

螺纹的主要参数如图4-8所示。

（1）大径 $d(D)$　与外螺纹牙顶或内螺纹牙底相重合的假想圆柱体的直径，是螺纹的最大直径，在标准中规定为螺纹的公称直径。外螺纹的大径记为 d，内螺纹的大径记为 D。

（2）中径 $d_2(D_2)$　通过螺纹轴向剖面内牙型上的沟槽和凸起宽度相等处的假想圆柱面的直径，近似等于螺纹的平均直径，是确定螺纹几何参数的直径。

（3）小径 $d_1(D_1)$　与外螺纹牙底或内螺纹牙顶相重合的假想圆柱体的直径，是螺纹的最小直径，在强度计算中常作为危险截面的计算直径。

（4）螺距 P　螺纹相邻两牙在中径上对应两点的轴向距离。

（5）线数 n　螺纹的螺旋线数量。

（6）导程 S　同一螺旋线上的相邻两牙在中径线上对应两点间的轴向距离。对于单线螺纹 $S=P$；对于多线螺纹 $S=nP$。

（7）升角 ϕ　中径 d_2 圆柱上，螺旋线的切线与垂直于螺纹轴线的平面的夹角。

（8）牙型角 α　螺纹牙型两侧边的夹角。

（9）螺纹的工作高度 h　表示内外螺纹沿径向的接触高度。

对于这些几何参数值的规定，国际上和国内都已经标准化。规定的值不同，就会形成不同的螺纹，还要注意一些进口机器中螺纹的单位制，现在常见的有米制螺纹和寸制螺纹两大类，我国除管螺纹外，一般采用米制螺纹，需要时可以查阅相关的手册和国家标准。另外，除机械制造中常用的标准螺纹外，还有适用于某些特殊行业的专用螺纹标准，在需要的时候也可以查阅有关的设计手册。

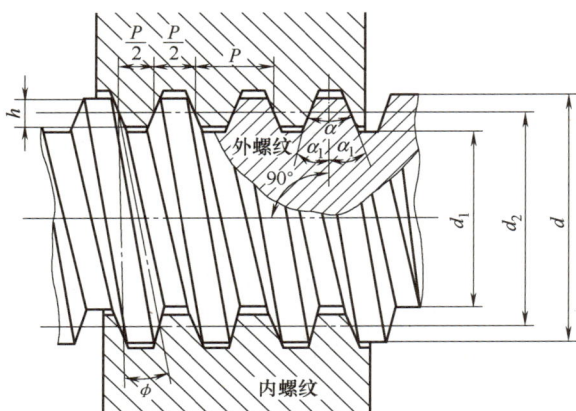

图 4-8　螺纹的主要参数

二、螺纹连接的基本类型

螺纹连接有四种基本类型，分别是螺栓连接、双头螺柱连接、螺钉连接和紧定螺钉连接，它们的结构、特点与应用见表 4-1。

表 4-1　螺纹连接的基本类型

类型		结构	主要尺寸关系	特点与应用
螺栓连接	普通螺栓连接		1. 螺纹预留长度 (1) 普通螺栓连接 静载荷：$l_1 \geq (0.3 \sim 0.5)d$ 变载荷：$l_1 \geq 0.75d$ 冲击、弯曲载荷：$l_1 \geq d$ (2) 铰制孔螺栓连接 l_1 尽可能小，$l_1 \approx (0.1 \sim 0.2)d$ 2. 螺纹伸出长度 $l_2 \approx (0.2 \sim 0.3)d$ 3. 螺栓轴线到被连接件边缘的距离 $e = d + (3 \sim 6)\,\mathrm{mm}$ 4. 通孔直径 普通螺栓：$d_0 \approx 1.1d$ 铰制孔用螺栓：d_0 按 d 查有关标准	**4-1　普通螺栓** 螺栓穿过被连接件的通孔，螺栓杆与孔之间留有间隙，主要受轴向载荷，结构简单，装拆方便，成本低，损坏后容易更换，不受连接件材料限制，广泛用于被连接件厚度不大、能从两边进行连接安装的场合
	铰制孔用螺栓连接			**4-2　铰制孔用螺栓连接** 铰制孔与螺杆多采用基孔制过渡配合，如 H7/m6、H7/n6 等，螺杆受剪切和挤压。这种连接能精确固定被连接件的相对位置，但通孔的加工精度要求较高。适用于传递横向载荷或需要精确固定连接件的相互位置的场合

（续）

类型	结构	主要尺寸关系	特点与应用
双头螺柱连接	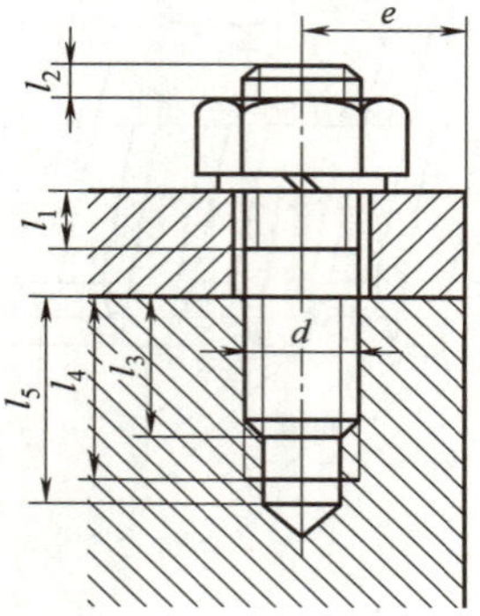	1. 螺纹拧入深度 钢或青铜：$l_3 \approx d$ 铸铁：$l_3 = (1.25 \sim 1.5)d$ 铝合金：$l_3 = (1.5 \sim 2.5)d$ 2. 螺纹孔深度 $l_4 \approx l_3 + (2 \sim 2.5)P$ 3. 钻孔深度 $l_5 \approx l_4 + (0.5 \sim 1)d$ l_1、l_2、e 值与普通螺栓连接相同	**4-3 双头螺柱连接** 用于被连接件之一较厚，不宜制成通孔，而又需要经常拆卸的场合。安装时，双头螺柱的一端旋入较厚被连接件的螺纹孔中并固定，另一端穿过较薄被连接件的通孔，与螺母组合使用。拆卸时，只需要把螺母拧下即可，而螺柱留在原位，以免因多次拆卸使螺纹损坏
螺钉连接	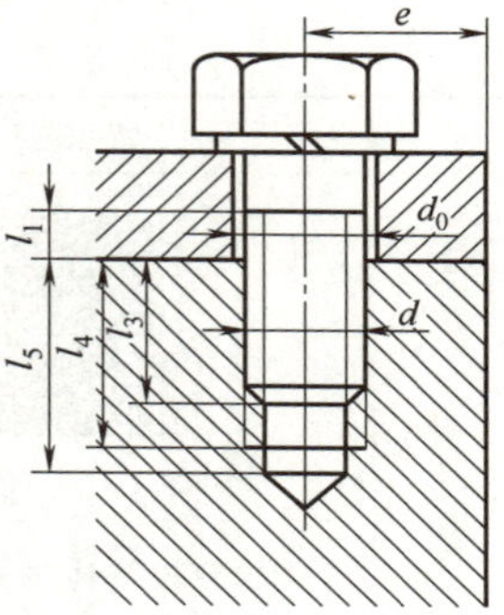	l_1、e 值与普通螺栓连接相同 l_3、l_4、l_5 值与双头螺柱连接相同	**4-4 螺钉连接** 螺钉穿过较薄被连接件的通孔，直接旋入较厚被连接件的螺纹孔中，不用螺母，结构紧凑。用于被连接件之一较厚、受力不大且不经常装拆的场合
紧定螺钉连接	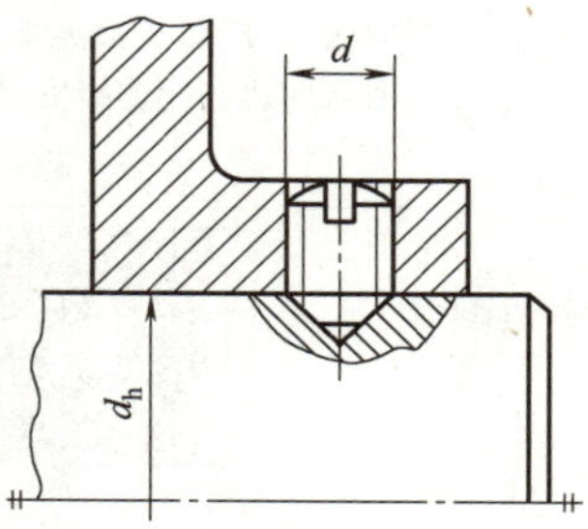	$d \approx (0.2 \sim 0.3)d_h$ d_h 为轴径，当力和转矩较大时取较大值	**4-5 紧定螺钉连接** 紧定螺钉旋入一被连接件的螺纹孔中，并用末端顶住另一被连接件的表面或相应的凹坑中，固定它们的相对位置，并可传递不大的力或转矩

三、螺纹连接标准件

常用的螺纹连接件有螺栓、双头螺柱、螺钉、紧定螺钉、螺母、垫圈等，为了提高零件的互换性，这些零件的结构和尺寸已经标准化，设计时可查有关标准选用。常用螺纹连接件的类型、图例、结构特点及应用见表4-2。

表 4-2　常用螺纹连接件

类型	图例	结构特点及应用
六角头螺栓	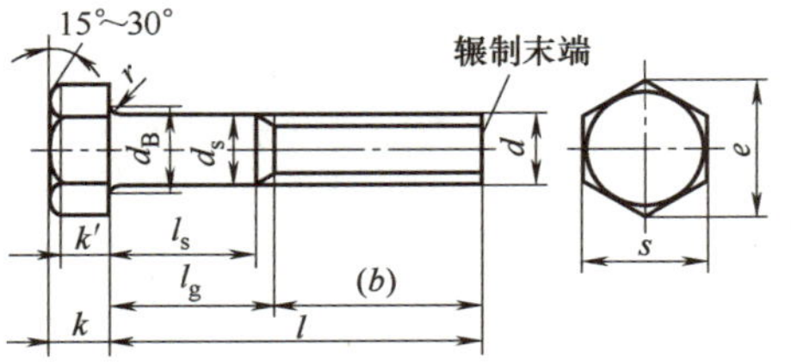	应用最广,精度分为 A、B、C 三级,通用机械制造中多用 C 级。螺杆可制成全螺纹或一段螺纹,螺纹可用粗牙或细牙(A、B 级)
双头螺柱	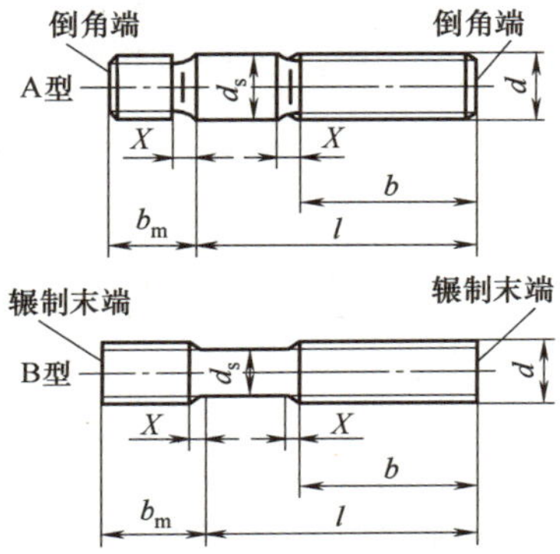	螺柱两端都有螺纹,两端的螺纹可以相同或不同,螺柱可带退刀槽或制成腰杆,也可以制成全螺纹的螺柱,螺柱的一端旋入厚度大、不便穿透的被连接件螺纹孔中,旋入后不拆卸,另一端则用于安装螺母以固定其他零件
螺钉	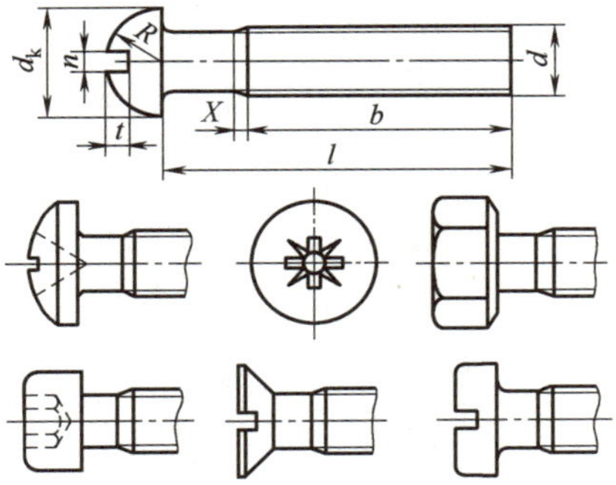	螺钉头部形状有圆头、扁圆头、六角头、圆柱头和沉头等。头部的槽有一字槽、十字槽和内六角孔等形式。十字槽螺钉头部强度高、对中性好,便于自动装配。内六角孔螺钉可承受较大的扳手转矩,连接强度高,用于要求结构紧凑的场合
紧定螺钉	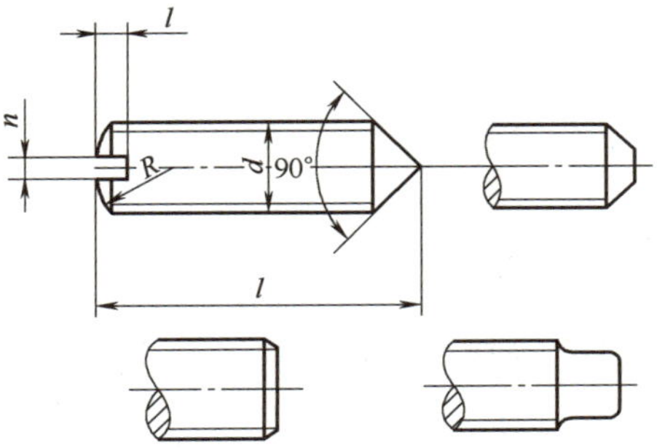	紧定螺钉主要用于小载荷的情况下,常用的末端形式有锥端、平端和圆柱端。锥端适用于被紧定零件的表面硬度较低或不经常拆卸的场合;平端接触面积大,不会损伤零件表面,常用于预紧硬度较大的平面或经常装拆的场合;圆柱端压入轴上的凹槽中,适用于紧定空心轴上的零件位置

（续）

类型	图例	结构特点及应用
自攻螺钉	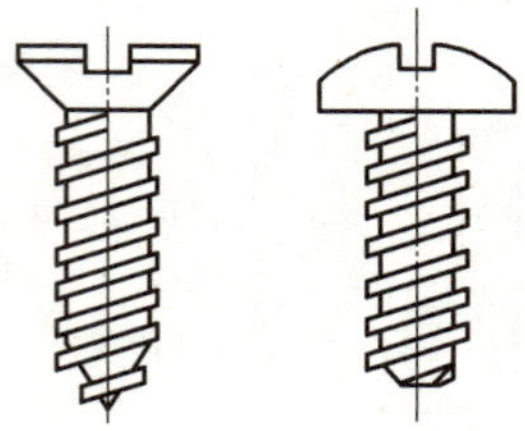	螺钉头部形状有圆头、平头、沉头等，头部的槽有一字槽、十字槽等形式，末端形状有锥端和平端两种。被连接处可以不预先制出螺纹，在连接时利用螺钉直接攻出螺纹。多用于连接金属薄板、轻合金或塑料零件
六角螺母	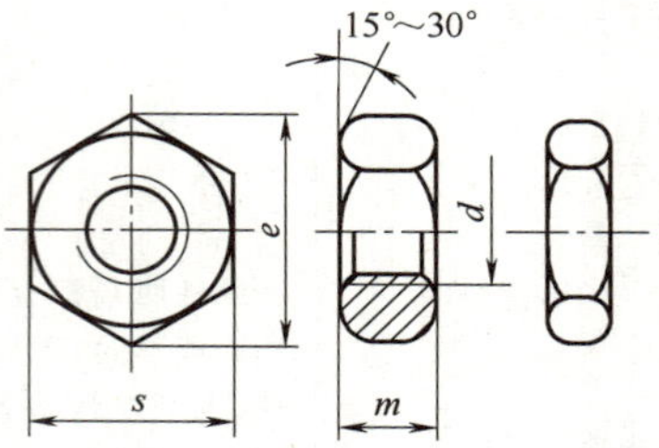	根据螺母厚度不同，可分为标准、厚、薄三种类型。标准螺母的应用最广泛，厚螺母多用于常需要拆装的场合，薄螺母常用于受剪力的螺栓上或空间尺寸受限制的场合。螺母的制造精度和螺栓相同，分为 A、B、C 三级，分别与相同级别的螺栓配用
圆螺母	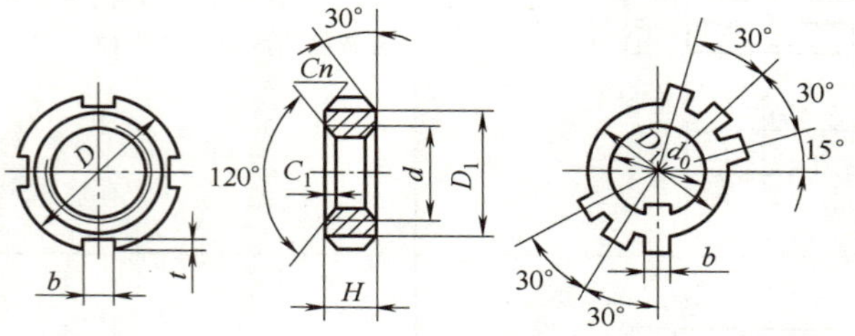	圆螺母常与止动垫圈配用，装配时将垫圈内舌插入轴上的槽内，将垫圈的外舌嵌入圆螺母的槽内，即可锁紧螺母，起到防松作用。常用于滚动轴承的轴向固定
垫圈	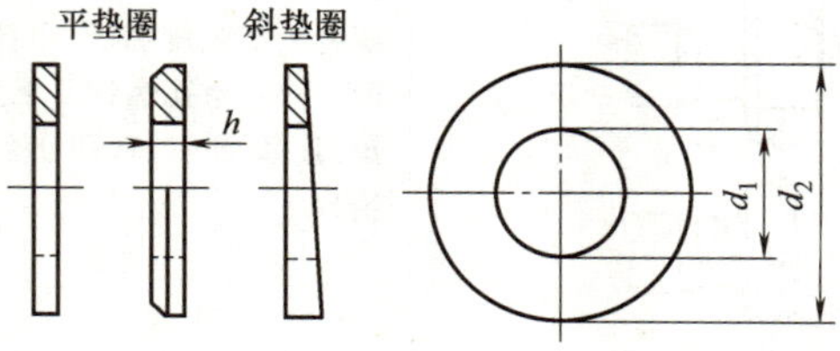	保护被连接件的表面不被擦伤，增大螺母与被连接件间的接触面积。平垫圈按加工精度不同，分为 A 级和 C 级两种。用于同一螺纹直径的垫圈又分为特大、大、普通和小四种规格，特大垫圈主要在铁木结构上使用。斜垫圈用于倾斜的支承面上。弹簧垫圈主要用于防止螺母和其他紧固件的自动松脱，有振动的地方如果未采取其他防松措施时，原则上应该加装弹簧垫圈。此外，还有一些特殊的垫圈，如方斜垫圈、止动垫圈等，需要的时候可查阅设计手册

四、螺纹连接的预紧与防松

1. 螺纹连接的预紧

生产实际中，大多数螺纹连接在装配时都必须要拧紧，称为预紧。预紧的目的在于增强连接的可靠性、紧密性，提高防松能力，防止受载后被连接件之间出现间隙或发生相对滑移。预紧在螺栓连接中起着重要的作用。

螺纹连接在承受工作载荷之前预先受到的作用力称为预紧力，用 F_0 表示。对有气密性要求的管路、压力容器等连接，预紧力可使被连接件的结合面在工作载荷的作用下，仍具有足够的紧密性，避免泄漏；对承受横向载荷的螺栓连接，预紧力在被连接件的结合面间产生足够的正压力，使结合面间产生的总摩擦力足以平衡外载荷。

经验证明，适当较高的预紧力对螺栓连接的可靠性及被连接件的寿命都是有利的，但过大的预紧力会使连接件在装配或偶尔过载时断裂。因此，对于重要的螺栓连接，在装配时需要控制预紧力。一般规定，拧紧后的螺纹连接件的预紧力不应超过其材料屈服强度的80%。对于一般连接用的钢制螺栓，其连接预紧力 F_0 可以按下列关系式确定：

碳素钢螺栓：$F_0 \leqslant (0.6 \sim 0.7) \sigma_s A_1$

合金钢螺栓：$F_0 \leqslant (0.5 \sim 0.6) \sigma_s A_1$

式中　σ_s——螺栓材料的屈服强度（MPa）；

　　　A_1——螺栓的危险截面面积（mm²），$A_1 = \dfrac{\pi d^2}{4}$。

具体预紧力的数值还与螺栓的工作条件有关，如载荷性质、连接刚度等。对于重要的螺栓连接，应在图样上作为技术要求注明预紧力矩，以便在装配时保证。

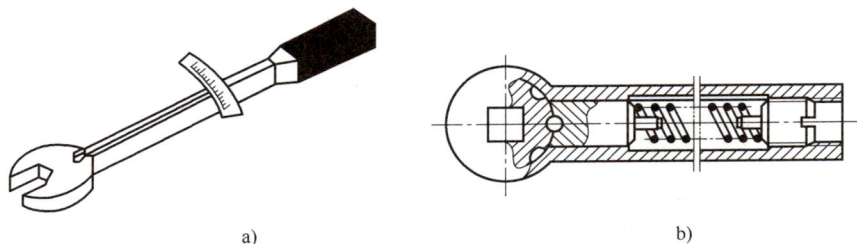

图 4-9　控制预紧力扳手

在装配时，预紧力可借助于测力矩扳手（图 4-9a）或定力矩扳手（图 4-9b）来控制，通过控制拧紧力矩来间接保证预紧力。由于在拧紧螺旋副的过程中，需要克服螺母与螺杆之间的摩擦力矩 T_1，以及螺母底面与被连接件支承面之间的摩擦力矩 T_2，所以螺栓预紧力矩为 $T = T_1 + T_2 = KF_0 d$，其中 K 为拧紧力矩系数，一般取 $0.1 \sim 0.3$，对于常用的钢制 M10～M68 的粗牙普通螺纹，取 $K = 0.2$，即

$$T \approx 0.2 F_0 d$$

由于摩擦力不稳定和加在扳手上的力难以准确控制，有时可能拧得过紧而使螺杆被拧断，因此在重要的连接中，如果不能严格控制预紧力的大小，宜采用大于 M12 的螺栓。

2. 螺纹连接的防松

一般来说，连接螺纹具有一定的自锁性，在静载荷时不会自行松脱。但如果连接是工作在冲击、振动、变载荷环境下，螺纹副之间的摩擦力会出现瞬时消失或减小的现象，如果在高温或工作温度变化很大时，材料会发生蠕变和应力松弛，也会使摩擦力减小，连接就有可能逐渐松脱，影响连接的牢固性、紧密性，甚至发生严重事故。因此，在设计螺纹连接时，必须考虑防松措施。

防松的根本问题是防止螺栓与螺母的相对转动。常用的防松方法包括摩擦防松、机械防松和永久防松，其中机械防松和摩擦防松为可拆卸防松，而永久防松为不可拆卸防松，见表 4-3。

表 4-3　螺纹连接常用的防松方法

防松方法		结构形式	特点和应用
摩擦防松	弹簧垫圈	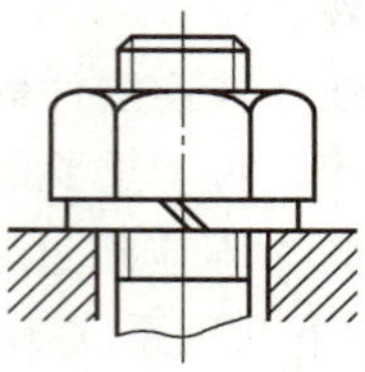	螺母拧紧后,弹簧垫圈会产生一个持续的弹力,使旋合螺纹间保持压紧力和摩擦力,从而实现防松。该方法结构简单,使用方便,但在冲击振动的工作条件下,防松效果较差,一般用于不太重要的场合
	对顶螺母	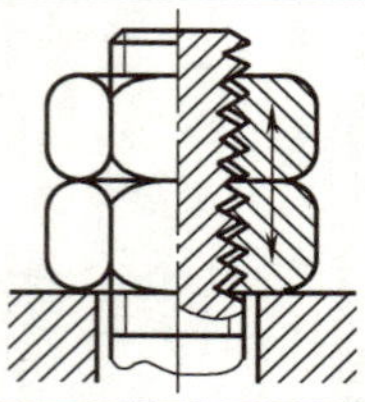	利用两螺母的对顶作用使螺栓始终受到附加拉力和附加摩擦力,从而起到防松作用。该方法结构简单,可用于低速重载场合
	自锁螺母	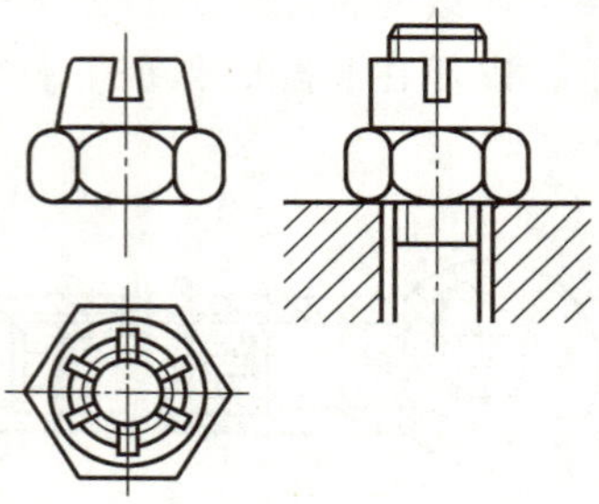	螺母一端制成非圆形收口或开缝后径向收口。当螺母拧紧后,收口胀开,利用收口的弹力使旋合螺纹压紧。这种防松结构简单、防松可靠,可多次拆装而不降低防松性能
	尼龙圈锁紧螺母	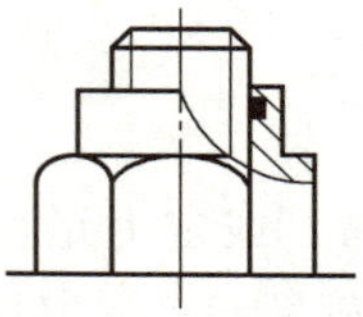	螺母中嵌有尼龙圈,拧上后尼龙圈内孔被胀大,从而箍紧螺栓。该尼龙圈还起防止液体泄漏的密封作用
机械防松	槽形螺母与开口销	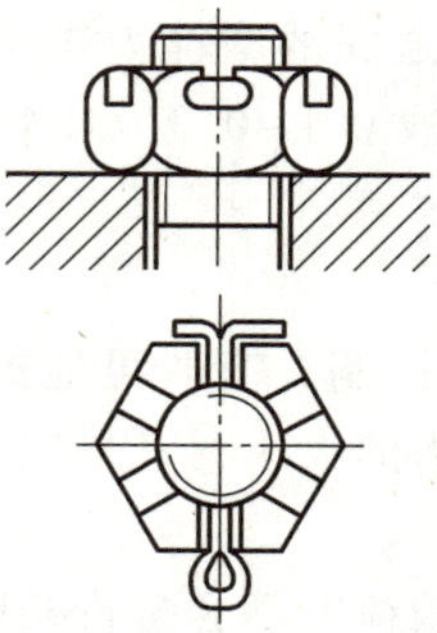	槽形螺母拧紧后,用开口销穿过螺栓尾部小孔和螺母的槽,并将开口销尾部掰开与螺母侧面贴紧,靠开口销阻止螺栓与螺母相对转动实现防松。该方法适用于冲击和振动较大的高速机械中
	圆螺母与带翅垫片	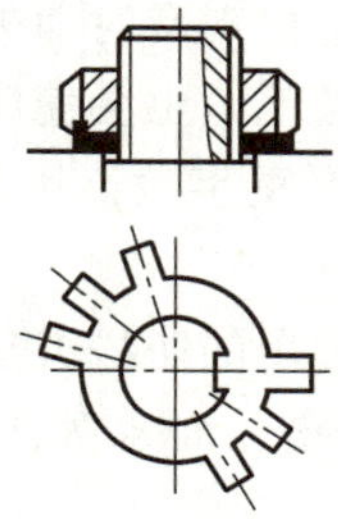	带翅垫片具有几个外翅和一个内翅,将内翅嵌入螺栓(或轴)的槽内,拧紧螺母后,将一个垫片外翅嵌于螺母的一个槽内,螺母即被锁住

（续）

防松方法		结构形式	特点和应用
机械防松	止动垫圈	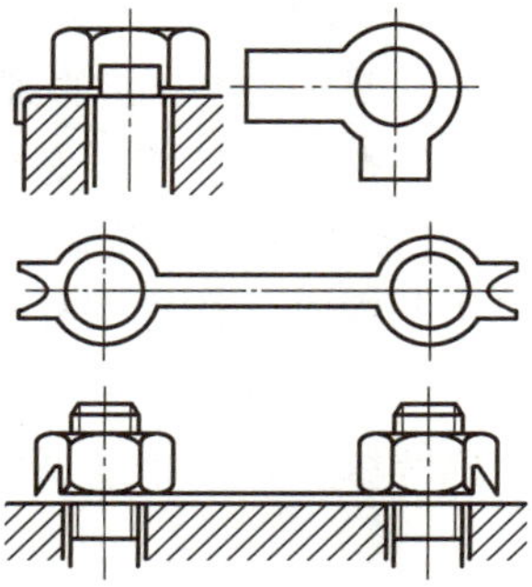	螺母拧紧后,将单耳或双耳止动垫圈分别向螺母和被连接件的侧面折弯贴紧,实现防松。如果两个螺栓需要双联锁紧时,可采用双联止动垫圈
	串联钢丝	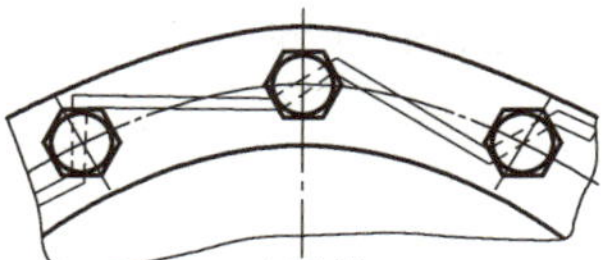 a) 正确 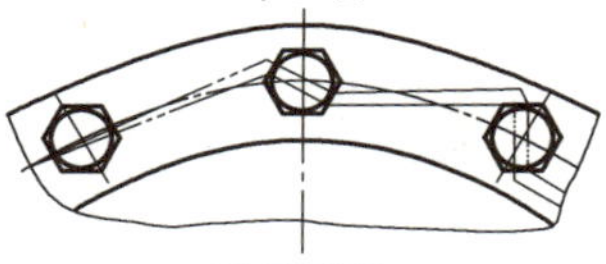 b) 不正确	用低碳钢钢丝穿入各螺钉头部的孔内,将各螺钉串联起来,使其相互制约。这种结构需要注意钢丝穿入的方向,适用于螺钉组连接,其防松可靠,但装拆不方便
永久防松	点焊	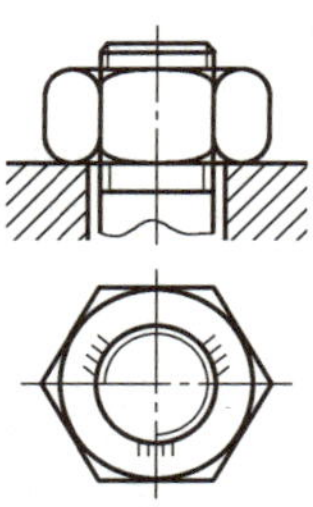	拧紧螺母后,将螺母与螺栓点焊。适用于无须拆卸的场合
	冲点	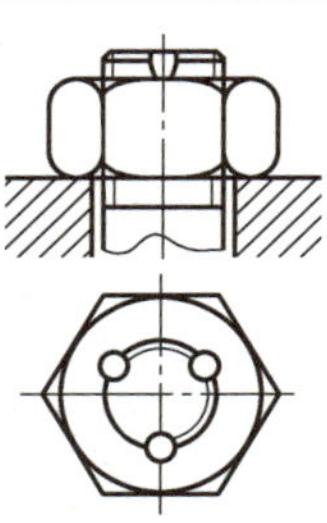	拧紧螺母后,用冲头在螺栓末端与螺母的旋合缝处冲2~3个点,防止其相互松转。该方法防松可靠,适用于无须拆卸的场合
	粘合	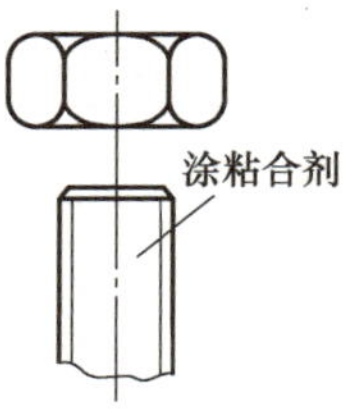 涂粘合剂	用粘合剂涂于螺纹旋合表面,拧紧螺母后粘合剂能自行固化,防松效果好,但不便拆卸

五、单个螺栓连接的强度计算

螺栓连接的强度计算主要是确定或验算螺栓最危险截面的尺寸（一般是螺纹小径 d_1），然后按标准选定螺纹的公称直径（大径）d 及螺距 P。与螺栓相配的螺母、垫圈等结构尺寸，一般可根据螺栓的公称尺寸从手册中查出，不必进行强度计算。螺栓按受力形式分为受拉螺栓和受剪螺栓，两者失效形式不同，在此分别以普通螺栓、铰制孔用螺栓为例展开讨论，这里的螺栓连接强度计算方法，对双头螺柱连接和螺钉连接也同样适用。

1. 普通螺栓连接的强度计算

静载荷下，普通连接的主要失效形式是螺栓杆或螺纹部分的塑性变形和断裂，下面分几种情况进行强度计算讨论。

（1）松螺栓连接　松螺栓连接在装配时螺母不需拧紧，螺栓只在工作时才受到拉力的作用，如拉杆、起重机吊钩（图 4-10）中的螺纹连接，这类螺栓在工作时受轴向力 F 作用，强度条件为

$$\sigma = \frac{F}{A} = \frac{F}{\dfrac{\pi d_1^2}{4}} = \frac{4F}{\pi d_1^2} \leqslant [\sigma]$$

式中　d_1——螺栓小径（mm）；

　　　$[\sigma]$——松螺栓连接的许用应力（MPa）。

设计公式为

$$d_1 \geqslant \sqrt{\frac{4F}{\pi[\sigma]}}$$

求出 d_1 后，再从有关设计手册中查得螺栓的公称直径。

（2）紧螺栓连接

1）仅受预紧力的紧螺栓连接。紧螺栓连接在承受工作载荷前必须把螺母拧紧，螺栓螺纹部分不仅受预紧力 F_0 所产生的拉伸应力 σ 作用，同时还受到螺纹副间的摩擦力矩 T_1 所产生的扭转剪应力 τ 作用，如图 4-11 所示。

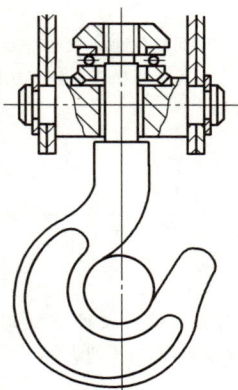

图 4-10　起重机吊钩

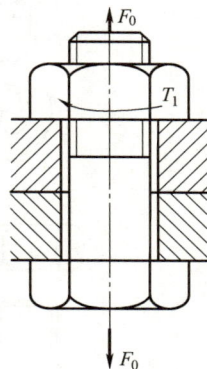

图 4-11　紧螺栓连接

对于常用的 M16～M68 钢制普通螺栓，根据第四强度理论，在计算时，可以只按拉伸强度来计算，并将所受的拉力增大 30% 来考虑扭转剪应力的影响，即计算载荷 $F = 1.3F_0$。因此，螺栓的强度条件为

$$\sigma = \frac{F}{A} = \frac{1.3F_0}{\frac{\pi d_1^2}{4}} = \frac{5.2F_0}{\pi d_1^2} \leqslant [\sigma]$$

设计公式为

$$d_1 \geqslant \sqrt{\frac{5.2F_0}{\pi[\sigma]}}$$

2）受横向载荷的紧螺栓连接。如图 4-12 所示的普通螺栓连接，受横向载荷 F 的作用，被连接件之间有相对滑动的趋势，螺栓依靠预紧后在结合面间产生的摩擦力来抵抗横向载荷。预紧力 F_0 的大小根据受载时被连接件之间不发生相对滑动来确定，即

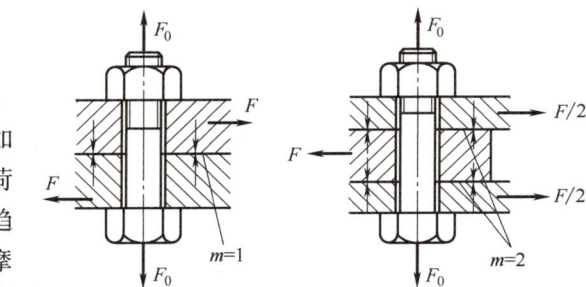

图 4-12　受横向载荷的紧螺栓连接

$$fF_0 m \geqslant K_f F$$

式中　f——结合面摩擦系数，对于钢或铸铁被连接件，$f = 0.1 \sim 0.2$；

　　　m——结合面的数目；

　　　K_f——可靠性系数，$K_f = 1.1 \sim 1.3$。

整理上式后，得到受横向载荷的紧螺栓连接的预紧力为

$$F_0 \geqslant \frac{K_f F}{fm}$$

若取 $K_f = 1.2$，$f = 0.15$，$m = 1$，得

$$F_0 \geqslant \frac{1.2F}{0.15 \times 1} = 8F$$

由上式可知，当承受横向载荷时，要使连接不发生滑动，螺栓上要承受 8 倍于横向载荷的预紧力，这样设计出来的螺栓尺寸必然很大。因此，应设法避免这种结构，可采用减载零件来承受横向载荷，如图 4-13 所示，此时，连接强度按减载零件的挤压和剪切强度计算，而螺栓仅起到连接压紧的作用，尺寸可大为减小。

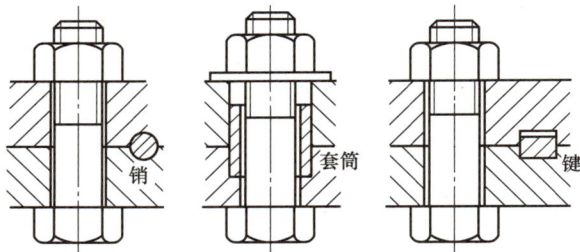

图 4-13　承受横向载荷的减载零件

3）受轴向载荷的紧螺栓连接。这种受力形式的紧螺栓连接常见于压力容器端盖螺栓连接、气缸中的凸缘连接等。如图 4-14 所示，拧紧螺母后，螺栓受预紧力 F_0 作用，当气缸内产生压力时，螺栓又受到轴向工作载荷 F 作用，由于螺栓与被连接件的弹性变形，螺栓的

总拉力 F_Σ 不等于 F_0 和 F 的简单相加，而应从连接的受力与变形关系入手，求出螺栓的总拉力。

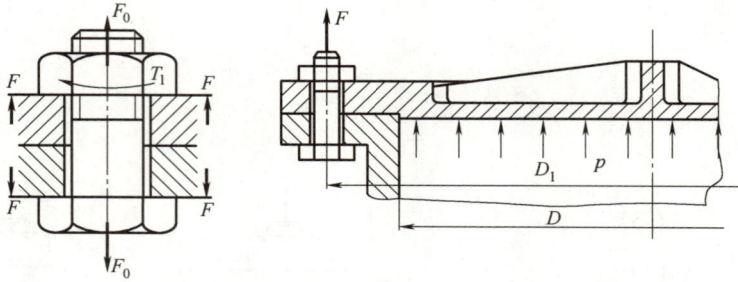

图 4-14　气缸盖螺栓连接

图 4-15 所示为气缸盖螺栓组中一个螺栓连接的受力与变形情况。连接拧紧前（图 4-15a），螺栓和被连接件均不受力，也不产生变形；连接拧紧后施加工作载荷前（图 4-15b），螺栓只受预紧力 F_0 作用，此时螺栓被拉长 δ_1，被连接件被压缩了 δ_2；受工作载荷时（图 4-15c），螺栓在外载荷 F 作用下继续伸长 $\Delta\delta_1$，被连接件回弹 $\Delta\delta_2$，预紧力从 F_0 减少到 F'，F' 为残余预紧力，所以工作时单个螺栓受到的总拉力 $F_\Sigma = F + F'$；工作载荷过大时（图 4-15d），连接的紧密性失效。为了保证连接的紧密性，残余预紧力 F' 必须保持一定的数值，一般情况下，静载荷时，$F' = (0.2 \sim 0.6)F$；动载荷时，$F' = (0.6 \sim 1.0)F$；紧密压力容器中，$F' = (1.5 \sim 1.8)F$。

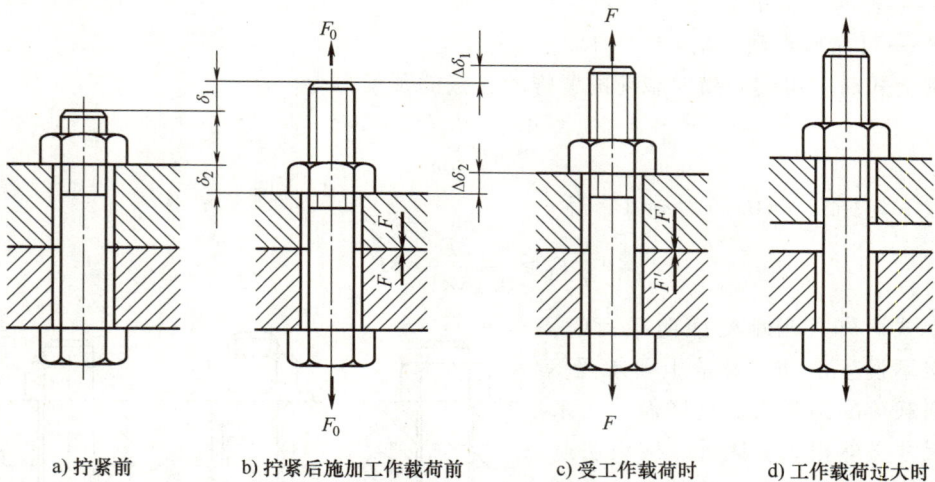

| a) 拧紧前 | b) 拧紧后施加工作载荷前 | c) 受工作载荷时 | d) 工作载荷过大时 |

图 4-15　螺栓和被连接件的受力与变形

强度条件为

$$\sigma = \frac{5.2 F_\Sigma}{\pi d_1^2} \leqslant [\sigma]$$

设计公式为

$$d_1 \geqslant \sqrt{\frac{5.2 F_\Sigma}{\pi [\sigma]}}$$

2. 铰制孔用螺栓连接的强度计算

铰制孔用螺栓连接通常用来承受横向载荷，如图4-16所示，螺栓在结合面处受剪切作用，并与被连接件孔壁相互挤压，它的主要失效形式是螺栓杆被剪断、螺栓杆或孔壁被压溃，因此，应分别按剪切和挤压强度条件进行计算。

螺栓杆与孔壁间的挤压强度条件为

$$\sigma_{\mathrm{p}} = \frac{F}{d_{\mathrm{s}} L_{\min}} \leqslant [\sigma_{\mathrm{p}}]$$

螺栓杆剪切强度条件为

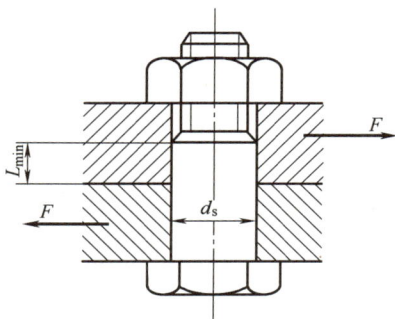

图4-16 受横向载荷的铰制孔用
螺栓连接

$$\tau = \frac{F}{A} = \frac{F}{\dfrac{\pi d_{\mathrm{s}}^2}{4}} = \frac{4F}{\pi d_{\mathrm{s}}^2} \leqslant [\tau]$$

式中 d_{s}——螺栓杆直径（mm）；

$[\sigma_{\mathrm{p}}]$——许用挤压应力（MPa）；

$[\tau]$——许用剪切应力（MPa）。

六、螺纹连接件常用材料及许用应力

螺纹连接件常用材料为低碳钢和中碳钢，如 Q215、Q235、35 和 45 钢等；受冲击、振动和变载荷作用的螺纹连接件可采用合金钢，如 15Cr、40Cr 等。螺纹连接件常用材料的力学性能见表4-4。

表 4-4 螺纹连接件常用材料的力学性能 （单位：MPa）

钢号	抗拉强度 σ_{b}	屈服强度 σ_{s}	疲劳极限	
			弯曲 σ_{-1}	抗拉 $\sigma_{-1\tau}$
Q215	340~420	220		
Q235	410~470	240	170~220	120~160
35	540	320	220~300	170~220
45	610	360	250~340	190~250
40Cr	750~1000	650~900	320~440	240~340

普通螺纹连接许用应力与连接是否拧紧、是否控制预紧力、受力性质（静载荷、动载荷）和材料等因素有关，其计算公式为

$$[\sigma] = \frac{\sigma_{\mathrm{s}}}{S}$$

式中 σ_{s}——屈服强度（MPa），见表4-4；

S——安全系数，见表4-5。

表 4-5　普通螺栓连接的安全系数 S

			静载荷			动载荷	
松螺栓连接		1.2~1.7					
紧螺栓连接	控制预紧力	1.2~1.5					
	不控制预紧力	材料	M6~M16	M16~M30	M30~M60	M6~M16	M16~M30
		碳钢	4~3	3~2	2~1.3	10~6.5	6.5
		合金钢	5~4	4~2.5	2.5	7.5~5	5

铰制孔用螺栓连接的许用应力由被连接件的材料决定，其值见表 4-6。

表 4-6　铰制孔用螺栓的许用应力

被连接件材料		剪切		挤压	
		许用应力	S	许用应力	S
静载荷	钢	$[\tau] = \sigma_s/S$	2.5	$[\sigma_p] = \sigma_s/S$	1.25
	铸铁			$[\sigma_p] = \sigma_s/S$	2~2.5
动载荷	钢、铸铁	$[\tau] = \sigma_s/S$	3.5~5	$[\sigma_p]$ 按按静载荷取值的 70%~80% 计算	

【任务实施】

任务分析过程见表 4-7。

表 4-7　螺栓连接任务分析

序号	项目	分析过程与结果
1	螺栓类型选择	气缸和缸盖的螺栓连接主要受到轴向工作载荷，选用普通螺栓连接
2	单个螺栓受到的工作载荷	因为螺栓在气缸外均匀分布，所以单个螺栓所受工作载荷为 $$F = \frac{F_{总}}{z} = \frac{pA}{z} = \frac{p\pi D^2}{4z} = \frac{1.2 \times 3.14 \times 200^2}{4 \times 10}\text{N} = 3768\text{N}$$
3	单个螺栓受到的总拉力	因为气缸盖螺栓连接的紧密性要求，取残余预紧力 $F' = 1.8F$，则单个螺栓受到的总拉力为 $$F_{\Sigma} = F + F' = F + 1.8F = 2.8F = 2.8 \times 3768\text{N} = 10550.4\text{N}$$
4	螺栓材料及许用应力	螺栓材料选用 35 钢，查表 4-4 得材料屈服强度 $\sigma_s = 320\text{MPa}$，若装配时不控制预紧力，则螺栓的许用应力与其直径有关，假设螺栓直径在 M16~M30 范围，查表 4-5 得安全系数 $S = 3$，则许用应力为 $$[\sigma] = \frac{\sigma_s}{S} = \frac{320}{3}\text{MPa} \approx 106.7\text{MPa}$$
5	计算螺栓小径	$$d_1 \geqslant \sqrt{\frac{5.2F_{\Sigma}}{\pi[\sigma]}} = \sqrt{\frac{5.2 \times 10550.4}{3.14 \times 106.7}}\text{mm} \approx 12.8\text{mm}$$
6	确定螺栓公称直径	查附录 A 中小径大于 12.8mm 的粗牙螺纹，得螺纹公称直径 $d = 16$mm，螺距 $P = 2$mm，螺栓直径在前面假设的直径范围内，假设成立。因此，选用的普通螺栓标记为 GB/T 5780　M16×L

【实践训练】

完成表 4-8 所列实践训练。

表 4-8　起重机滑轮松螺栓连接的设计

实践任务	起重机滑轮松螺栓连接如图 4-17 所示。已知作用在螺栓上的工作载荷 $F_Q = 50kN$,螺栓材料参考表 4-4 自定,试确定螺栓的公称直径 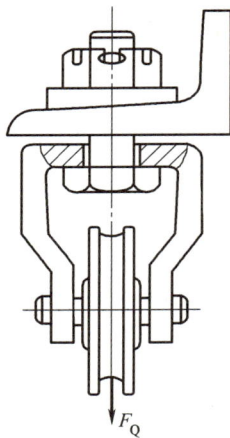 图 4-17　起重机滑轮松螺栓连接
实践准备	计算器、机械设计手册
分析过程	

【习题与思考】

一、判断题

1. 螺纹的最大直径就是螺纹的公称直径。　　　　　　　　　　　　　　（　　）

2. 矩形螺纹已经标准化。　　　　　　　　　　　　　　　　　　　　　（　　）

3. 铰制孔用螺栓连接，被连接件上的铰制孔与螺栓杆之间无间隙，螺栓可承受横向载荷。　　　　　　　　　　　　　　　　　　　　　　　　　　　　　（　　）

4. 弹簧垫圈防松属于摩擦防松。　　　　　　　　　　　　　　　　　　（　　）

5. 用于紧固连接的螺纹不仅自锁性要好，而且传动的效率也要高。　　（　　）

6. 普通螺纹连接靠剪应力来传递横向载荷。　　　　　　　　　　　　　（　　）

7. 普通螺纹中将螺距最小的称为细牙螺纹，其余的称为粗牙螺纹。　　（　　）

8. 螺栓连接属于可拆、动连接。　　　　　　　　　　　　　　　　　　（　　）

9. 螺栓拧紧后，螺栓螺纹部分处于拉伸与扭转的复合应力状态。　　　（　　）

二、选择题

1. 在常用螺纹中，自锁性能最好的是（　　　）。

A. 矩形螺纹　　　　　B. 梯形螺纹　　　　　C. 三角螺纹　　　　　D. 锯齿形螺纹

2. 在常用螺纹中，效率最高，牙根强度较大、制造方便，可用于传动的是（　　）。

A. 矩形螺纹　　　　　B. 梯形螺纹　　　　　C. 三角形螺纹　　　　D. 锯齿形螺纹

3. 用于薄壁零件连接的螺纹，应采用（　　）。

A. 三角形细牙螺纹　　　　　　　　　B. 梯形螺纹

C. 锯齿形螺纹　　　　　　　　　　　D. 多线的三角形粗牙螺纹

4. 一箱体与箱盖用螺纹连接，箱体被连接处厚度较大，且材料较软，强度较低，需要经常拆开箱盖进行修理，则一般宜采用（　　）。

A. 双头螺柱连接　　　B. 螺栓连接　　　　　C. 螺钉连接　　　　　D. 紧定螺钉连接

5. 当两个连接件之一太厚，不宜制成通孔，且连接不需要经常拆装时，往往采用（　　）。

A. 双头螺柱连接　　　B. 螺栓连接　　　　　C. 螺钉连接　　　　　D. 紧定螺钉连接

6. 螺纹连接防松的根本问题在于（　　）。

A. 增加螺纹连接的轴向力　　　　　　B. 增加螺纹连接的横向力

C. 防止螺纹副的相对转动　　　　　　D. 增加螺纹连接的刚度

7. 螺纹副中一个零件相对于另一个转过一圈时，它们沿轴线方向相对移动的距离是（　　）。

A. 线数×螺距　　　　B. 一个螺距　　　　　C. 线数×导程　　　　D. 导程/线数

8. 标准中螺纹的（　　）定为公称直径。

A. 螺纹中径　　　　　B. 螺纹大径　　　　　C. 螺纹小径　　　　　D. A、B、C 三者均可

9. 设计连接螺栓时，其直径越小，则许用安全系数应取得越大，即许用应力取得越小，这是由于直径越小，（　　）。

A. 螺纹部分的应力集中越严重　　　　B. 加工螺纹时越容易产生缺陷

C. 拧紧时越容易拧断　　　　　　　　D. 材料力学性能越不易保证

10. 计算紧螺栓连接的抗拉强度时，考虑到拉伸与扭转的复合作用，应将拉伸载荷增加到原来的（　　）倍。

A. 1.1　　　　　　　B. 1.3　　　　　　　C. 1.25　　　　　　　D. 0.3

11. 在螺栓连接中，有时在一个螺栓上采用双螺母，其目的是（　　）。

A. 提高强度　　　　　　　　　　　　B. 提高刚度

C. 防松　　　　　　　　　　　　　　D. 减小每圈螺纹牙上的受力

12. 预紧力为 F_0 的单个紧螺栓连接，受到轴向工作载荷 F 作用后，螺栓受到的总拉力 $F_总$（　　）F_0+F。

A. 大于　　　　　　　B. 等于　　　　　　　C. 小于　　　　　　　D. 大于或等于

任务二　分析与设计螺栓组连接

【学习目标】

1）掌握螺栓组连接的结构设计及受力分析方法。

2）熟悉提高螺栓连接强度的措施。

3）能够进行螺栓组的设计与选型。

4）建立高度的安全意识和责任担当，具备一丝不苟的工作态度和精益求精的工匠精神。

【任务描述】

某工业机器人工作站中，为了确保机器人能够满足工作空间的需求，将机器人的机座固定在了一定高度的底座上，如图 4-18 所示，结合面的抗弯截面系数 $W = 4.5 \times 10^4 \mathrm{mm}^3$。固定机器人的 4 个螺栓采用 Q235 钢，螺栓间距为 250mm，正常工作中，螺栓受轴向载荷 $F = 1.5 \mathrm{kN}$，翻转力矩 $M = 1.3 \mathrm{kN \cdot m}$。试完成机器人机座螺栓连接的设计与选用。

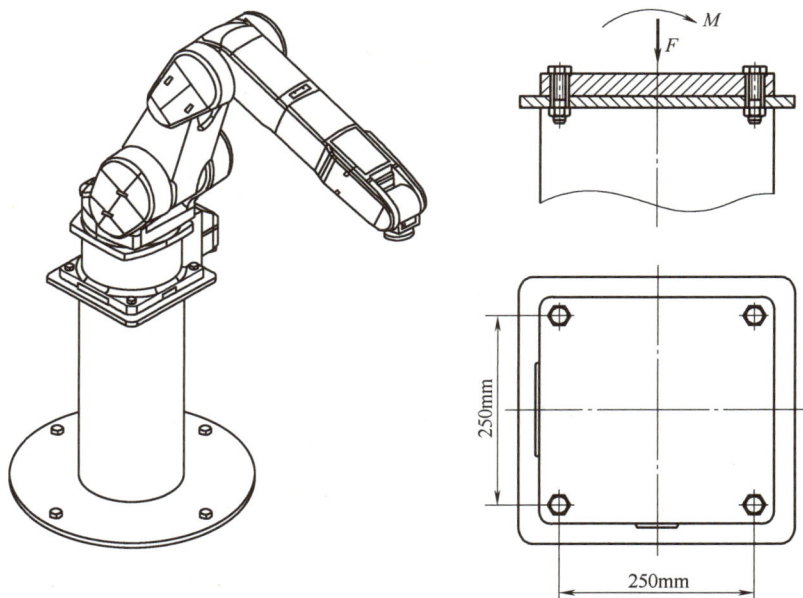

图 4-18 工业机器人与底座连接

【相关知识】

螺纹连接件一般是成组使用的，其中螺栓组连接最为典型，由多个螺栓按适当的规律排列起来，共同完成和实现一个连接的任务。设计螺栓组连接时，首先要确定螺栓组连接的结构，选定螺栓的数目和布置形式，力求各个螺栓和结合面受力均匀，然后再分析螺栓的受力情况，找出受力最大的螺栓，最后利用单个螺栓连接的强度计算方法进行螺栓的设计或校核。

一、螺栓组连接的结构设计

在对螺栓组连接进行结构设计时，应考虑以下几个方面的问题。

1）根据连接结合面的几何形状，螺栓组的布置应尽可能对称，以使结合面受力相对均匀，且便于加工制造。通常设计成轴对称的简单几何形状，使螺栓组的对称中心与连接结合面的形心重合，如图 4-19 所示。

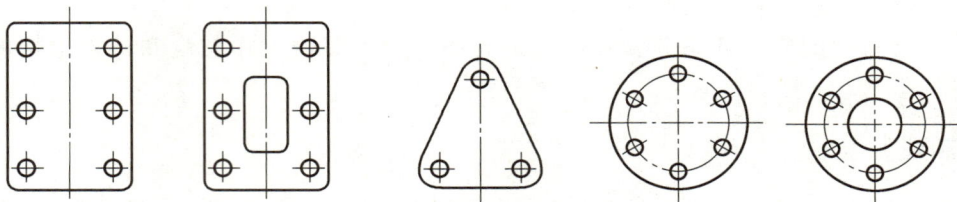

图 4-19　常见螺栓布置

2）螺栓组布置应使各螺栓受力合理。对于承受横向载荷的螺栓组连接，为了减小螺栓预紧力，可采用图 4-13 所示的减载零件。对承受转矩 T 和倾翻力矩 M 作用的螺栓组连接，应使螺栓的位置适当靠近结合面的边缘，以减小螺栓的受力，如图 4-20 所示。

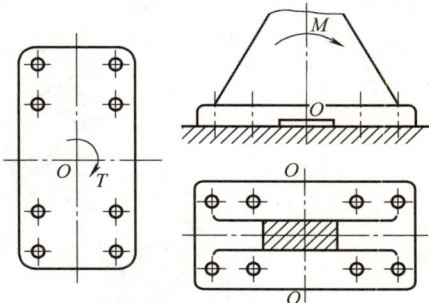

3）螺栓的数目与规格要合理。分布在同一圆周上的螺栓数，应取 3、4、6、8、12 等易于分度的数目，以利于划线钻孔。受横向载荷的螺栓组，应避免沿横向载荷方向布置过多的螺栓（一般不超过 8 个），以免受力不均匀。同一螺栓组，通常采用相同的螺栓材料、直径和长度。

图 4-20　受转矩和倾翻力矩的螺栓组布置

4）螺栓排列应有合理的间距和边距，以满足扳手空间或紧密性要求。在布置螺栓组时，螺栓中心线与机体壁之间、螺栓相互之间的距离应根据扳手活动空间大小来确定，留出的扳手空间应使扳手的最小转角不小于 60°，如图 4-21 所示，扳手空间尺寸可查有关手册。对于压力容器等紧密性要求较高的连接，螺栓间距 t_0 不得大于表 4-9 所推荐的数值。

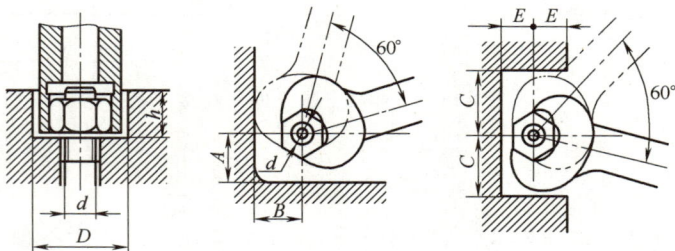

图 4-21　扳手空间

表 4-9　紧密连接的螺栓间距 t_0

	容器工作压力 p/MPa					
	$\leqslant 1.6$	$1.6 \sim 4$	$4 \sim 10$	$10 \sim 16$	$16 \sim 20$	$20 \sim 30$
	t_0/mm					
	$7d$	$5.5d$	$4.5d$	$4d$	$3.5d$	$3d$

5）避免螺栓承受偏心载荷。为减小载荷相对于螺栓轴线的偏距，以保证螺栓头部支承面平整并与螺栓轴线相垂直，被连接件上应采用凸台、沉头座或斜面垫圈结构，如图 4-22 所示。

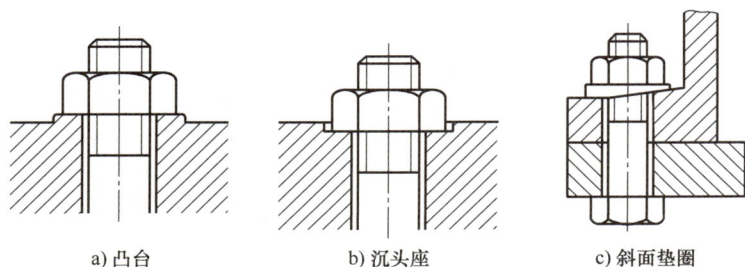

a) 凸台　　　　　　　　b) 沉头座　　　　　　　　c) 斜面垫圈

图 4-22　避免螺栓承受偏心载荷措施

二、螺栓组连接的受力分析

为了简化螺栓组受力分析时的计算，通常做以下假设：

1）螺栓组内各螺栓的材料、直径、长度和预紧力均相同。

2）螺栓组的对称中心与连接结合面的形心重合。

3）受载后，螺栓在弹性限度内工作，连接结合面仍保持为平面。

下面对几种常见的螺栓组受载情况进行分析。

1. 受横向载荷的螺栓组连接

图 4-23a 所示为板件连接，螺栓沿载荷方向布置，有两种不同的连接方式：普通螺栓连接（图 4-23b）和铰制孔用螺栓连接（图 4-23c）。

（1）普通螺栓组连接　螺栓只受预紧力 F_0，靠结合面间的摩擦来传递载荷，参考"单个螺栓连接的强度计算"中该种情况的结论，假设各螺栓连接结合面的摩擦力相等，并集中在螺栓中心处，则根据板的平衡条件得

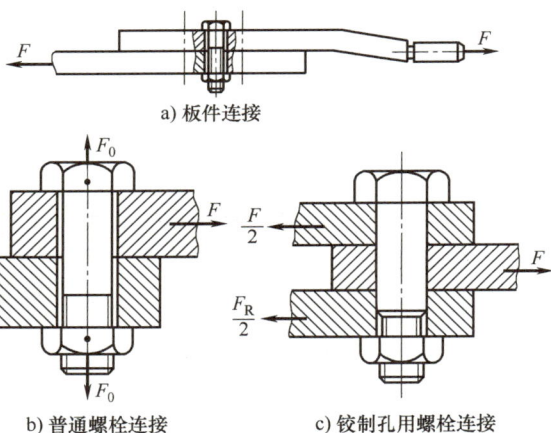

a) 板件连接

b) 普通螺栓连接　　　　c) 铰制孔用螺栓连接

图 4-23　受横向载荷的螺栓组连接

$$fmF_0 \geqslant \frac{K_f F}{z}$$

即

$$F_0 \geqslant \frac{K_f F}{zfm}$$

式中　z——螺栓组中螺栓的数目。

（2）铰制孔用螺栓连接　假设各螺栓所受的工作载荷为 F_s，则

$$zF_s = F$$

即

$$F_s = \frac{F}{z}$$

受横向载荷时，用普通螺栓连接时的螺栓直径比用铰制孔用螺栓连接时的螺栓直径大，因此，一般尽量采用铰制孔用螺栓。

[**例 4-1**] 图 4-24 所示受横向载荷的普通螺栓连接中采用了两个 M20 的螺栓，其许用拉应力 $[\sigma] = 160\text{MPa}$，被连接件结合面间的摩擦系数 $f = 0.2$，若考虑摩擦传力的可靠系数 $K_f = 1.2$，计算该连接允许传递的静载荷 F_R 为多少？（M20 小径 $d_1 = 17.294\text{mm}$）

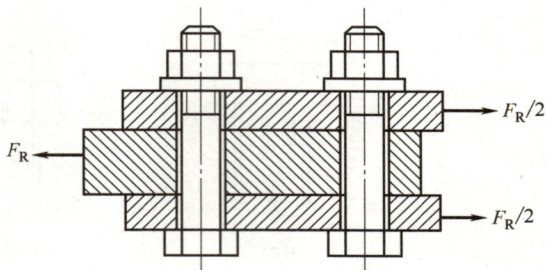

图 4-24 受横向载荷的螺栓组

解： 螺栓预紧后，结合面所产生的最大摩擦力必须大于或等于横向载荷，假设各螺栓所需预紧力均为 F_0，则必须满足的强度条件为

$$\sigma = \frac{1.3F_0}{\frac{\pi d_1^2}{4}} = \frac{5.2F_0}{\pi d_1^2} \leqslant [\sigma]$$

所以
$$F_0 \leqslant \frac{\pi d_1^2 [\sigma]}{5.2} = \frac{3.14 \times 17.294^2 \times 160}{5.2}\text{N} \approx 28896\text{N}$$

由平衡条件可知
$$fmF_0 \geqslant \frac{K_f F_R}{z}$$

则允许的最大载荷为
$$F_R \leqslant \frac{zfmF_0}{K_f} = \frac{2 \times 0.2 \times 2 \times 28896}{1.2}\text{N} = 19264\text{N}$$

2. 受转矩的螺栓组连接

（1）普通螺栓组连接 图 4-25a 所示为受转矩的普通螺栓组连接，靠螺栓组预紧后在结合面上产生的摩擦力矩来抵抗转矩 T。假设每个螺栓的预紧力相同，则在结合面上产生的摩擦力相同，各螺栓的摩擦力矩为摩擦力 F_f 与摩擦半径 r_i（螺栓轴线到回转中心的距离）的乘积，即

$$fF_0 r_1 + fF_0 r_2 + \cdots + fF_0 r_z \geqslant K_f T$$

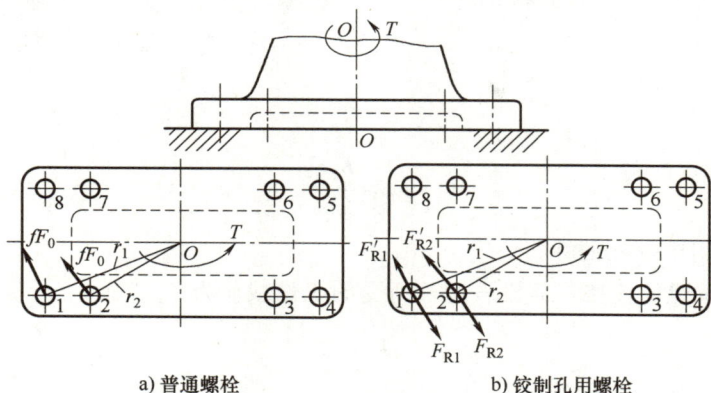

a) 普通螺栓　　　　　b) 铰制孔用螺栓

图 4-25 受转矩的螺栓组连接

因此，螺栓的预紧力为

$$F_0 \geqslant \frac{K_{\mathrm{f}} T}{f \sum\limits_{i=1}^{z} r_i}$$

式中　f——结合面摩擦系数，对于钢或铸铁被连接件，$f = 0.1 \sim 0.2$；

　　　z——螺栓个数；

　　K_{f}——可靠性系数，$K_{\mathrm{f}} = 1.1 \sim 1.3$。

（2）铰制孔用螺栓组连接　图 4-25b 所示为受转矩的铰制孔用螺栓组连接，靠螺栓与孔壁的挤压和螺栓的剪切来抵抗转矩，各螺栓承受的挤压和剪切变形量与螺栓组中心 O 的距离成正比，即距回转中心越远，螺栓的变形量越大，螺栓所受的横向载荷越大。根据作用在底板上的力矩平衡条件和各螺栓的变形协调条件，可求得受力最大的螺栓的工作剪力 F_{Rmax} 为

$$F_{\mathrm{Rmax}} = \frac{T r_{\max}}{\sum\limits_{i=1}^{z} r_i^2}$$

式中　z——螺栓个数；

　　$r_{\max}$——受力最大的螺栓到回转中心的距离；

　　r_i——第 i 个螺栓的轴线到回转中心的距离。

[例 4-2]　如图 4-26 所示的螺栓连接中，被连接的钢板厚度 $\delta = 16\mathrm{mm}$，用两个铰制孔用螺栓固定在机架上，$F = 5000\mathrm{N}$，其他尺寸如图，单位为 mm。板和机架材料均为 Q235。

（1）分析铰制孔用螺栓的受力。

（2）按强度设计铰制孔用螺栓的直径。

（3）若用普通螺栓，计算螺栓的直径（结合面间的摩擦系数 $f_{\mathrm{c}} = 0.2$，可靠系数 $K_{\mathrm{s}} = 1.1$）。

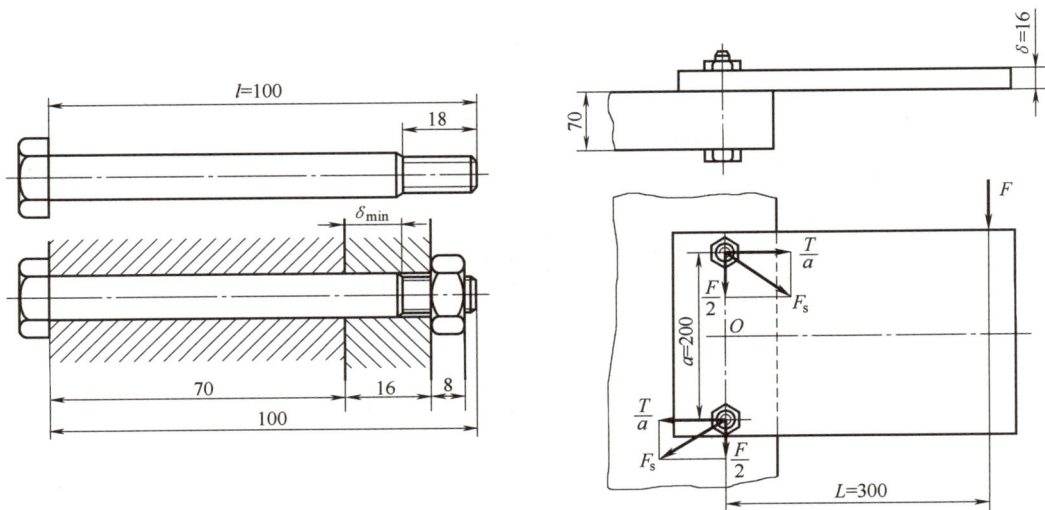

图 4-26　螺栓组连接

解：（1）受力分析　将载荷 F 向形心 O 简化，得横向力 $F = 5000\text{N}$，转矩 $T = FL = 5000\text{N} \times 300\text{mm} = 1.5 \times 10^6 \text{N} \cdot \text{mm}$。

因此，横向力 F 对每个螺栓的作用力方向如图 4-26 所示，大小为 $F_\text{F} = \dfrac{F}{2} = 2500\text{N}$；转矩 T 对每个螺栓产生的横向力方向如图 4-26 所示，大小为 $F_\text{T} = \dfrac{T}{a} = 7500\text{N}$。

所以，每个螺栓的受到的最大横向合力为

$$F_\text{s} = \sqrt{F_\text{F}^2 + F_\text{T}^2} \approx 7906\text{N}$$

（2）设计铰制孔用螺栓的直径

1）先按剪切强度计算螺栓直径。查表 4-4、表 4-6，Q235 材料的许用剪切应力为

$$[\tau] = \frac{\sigma_\text{s}}{S} = \frac{240}{2.5}\text{MPa} = 96\text{MPa}$$

因为螺栓的剪切应力为

$$\tau = \frac{4F_\text{s}}{\pi d_\text{s}^2} \leqslant [\tau]$$

所以

$$d_\text{s} \geqslant \sqrt{\frac{4F_\text{s}}{\pi[\tau]}} = \sqrt{\frac{4 \times 7906}{3.14 \times 96}}\text{mm} \approx 10.24\text{mm}$$

查表，初步选用 M10 的六角头铰制孔用螺栓，$d_\text{s} = 11\text{mm}$，选用 M10 的螺母，螺母厚 $m = 8\text{mm}$，根据机架、板厚及螺母厚度，选用螺栓长度 $l = 100\text{mm}$，螺纹部分 $l_0 = 18\text{mm}$。

2）按挤压强度校核。查表 4-4、表 4-6，Q235 材料的许用挤压应力为

$$[\sigma_\text{p}] = \frac{\sigma_\text{s}}{S} = \frac{240}{1.25} = 192\text{MPa}$$

由图 4-26 可知，螺栓挤压最小高度为

$$\delta_\text{min} = (100 - 70 - 18)\text{mm} = 12\text{mm}$$

校核螺栓的挤压应力

$$\sigma_\text{p} = \frac{F_\text{s}}{d_\text{s}\delta_\text{min}} = \frac{7906}{11 \times 12}\text{MPa} = 59.9\text{MPa} \leqslant [\sigma_\text{p}]$$

3）综合剪切、挤压强度分析，可选用 GB/T 27 M10×100 的六角头铰制孔用螺栓。

（3）设计普通螺栓的直径　预紧力为

$$F_0 = \frac{K_\text{f}F_\text{s}}{fm} = \frac{1.1 \times 7906}{0.2 \times 1}\text{N} = 43483\text{N}$$

许用应力（控制预紧力）为

$$[\sigma] = \frac{\sigma_\text{s}}{S} = \frac{240}{1.4}\text{MPa} \approx 171.4\text{MPa}$$

螺栓小径为

$$d_1 \geqslant \sqrt{\frac{5.2F_0}{\pi[\sigma]}} = \sqrt{\frac{5.2 \times 43483}{3.14 \times 171.4}}\text{mm} \approx 20.5\text{mm}$$

查表，选取 M24 的普通螺栓，其螺栓小径 $d_1 = 20.752 \text{mm}$。

比较上述两种螺栓发现，受相同的横向载荷时，普通螺栓直径比铰制孔用螺栓直径要大得多。

3. 受轴向载荷的螺栓组连接

前述提到的气缸盖螺栓连接，实际上是一承受轴向总载荷为 $F_{总}$ 的螺栓组连接，如图 4-14 所示，若作用在螺栓组上轴向总载荷 $F_{总}$ 作用线与螺栓轴线平行，并通过螺栓组的对称中心，则可认为各个螺栓受载相同，每个螺栓所受的轴向工作载荷为

$$F = \frac{F_{总}}{z}$$

各个螺栓在工作载荷 F 和预紧力 F_0 的双重作用下，螺栓受到的总载荷 F_Σ 的确定方法已在前面单个螺栓连接的强度计算进行了介绍，这里不再重复。

[例 4-3] 在上一任务气缸盖螺栓连接中，我们通过计算和分析，选用了 GB/T 5780 M16 的普通螺栓连接，但对于有紧密性要求的重要连接，还应该检查螺栓间距 t_0 是否满足要求。如图 4-14 所示，假设螺栓分布圆直径 $D_1 = 260 \text{mm}$，试分析是否满足紧密性要求。

解： 查表 4-9，当 $p \leq 1.6 \text{MPa}$ 时，压力容器螺栓间距应满足

$$t_0 < 7d = 7 \times 16 \text{mm} = 112 \text{mm}$$

计算实际螺栓间距

$$t = \frac{\pi D_1}{z} = \frac{3.14 \times 260}{10} \text{mm} = 81.64 \text{mm} < 112 \text{mm}$$

所以螺栓组的间距满足紧密性要求。

注意，如果螺栓间距不符合要求，则应按照紧密性要求重新选择螺栓数目 z，然后再一次进行螺栓强度计算与选型。

4. 受翻转力矩的螺栓组连接

图 4-27 所示为受翻转力矩 M 的螺栓组连接，力矩 M 作用在过 x-x 轴并垂直于底板结合面的对称面内。假设底板为刚体，在翻转力矩 M 的作用下，底板有绕结合面对称轴 O-O 向右翻转的趋势，使 O-O 轴左侧螺栓受拉，右侧螺栓被放松但地基被压紧。根据底板的力矩平衡条件和各螺栓的变形协调条件可知，距离翻转轴线最远的螺栓所受的工作拉力最大，其值为

$$F_{max} = \frac{M l_{max}}{\sum_{i=1}^{z} l_i}$$

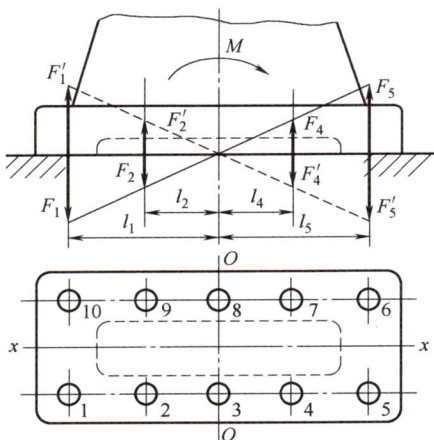

图 4-27 受翻转力矩的螺栓组连接

式中　z——螺栓个数；

$\quad\quad l_i$——第 i 个螺栓的轴线到底板轴线的距离；

$\quad\quad l_{max}$——l_i 中最大的值。

考虑预紧力的作用，受力最大的螺栓的总工作拉力为

$$F_{\Sigma \max} = F_{\max} + F_0'$$

式中 F_0'——残余预紧力，仍按前面的方法确定。

对于图 4-27 所示的受翻转力矩的螺栓组连接，除了螺栓要满足强度条件外，还应保证左侧不出现间隙，右侧结合面不被压溃。结合面不出现间隙的条件为

$$\sigma_{p\min} = \frac{zF_0}{A} - \frac{M}{W} > 0$$

结合面不被压溃的条件为

$$\sigma_{p\max} = \frac{zF_0}{A} + \frac{M}{W} \leq [\sigma_p]$$

式中 A——结合面面积（mm^2）；

W——结合面的抗弯截面系数（mm^3）；

$[\sigma_p]$——结合面材料的许用挤压应力（MPa），可查表 4-10。

表 4-10 结合面材料的许用挤压应力

材料	钢	铸铁	混凝土	砖（水泥浆缝）	木材
$[\sigma_p]$	$0.8\sigma_s$	$(0.4 \sim 0.5)\sigma_b$	$2.0 \sim 3.0$MPa	$1.5 \sim 2.0$MPa	$2.0 \sim 4.0$MPa

三、提高螺栓连接强度的措施

螺栓连接强度主要取决于螺栓强度，影响螺栓强度的因素很多，主要有螺纹牙间的载荷分配、应力变化幅度、应力集中、附加应力和材料的力学性能等方面。

1. 改善螺纹牙间的载荷分布不均现象

螺栓所受到的拉力是通过螺栓与螺母的螺纹牙面相接触来传递的，由于螺栓和螺母的刚度和变形性质不同，即使制造和装配都很精确，各圈螺纹牙上的受力也是不同的，试验表明约有 1/3 的载荷集中在螺纹的第一圈，第八圈以后的螺纹几乎不受力，如图 4-28 所示，因此采用螺纹圈数较多的加厚螺母，并不能提高螺纹连接强度。

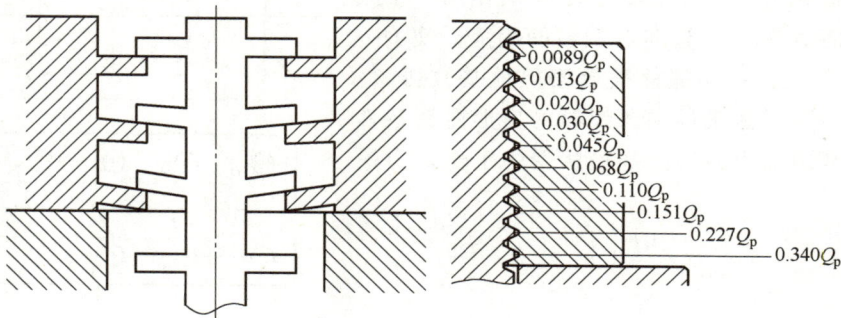

图 4-28 旋合螺纹变形与受力的分布示意图

为了改善螺纹牙上的载荷分布不均情况，可采用以下方法。

1）图 4-29a 所示为悬置螺母，螺纹的旋合部分全部受拉，其变形性质与螺栓相同，从而减小两者的螺距变化差，使螺纹牙上的载荷分布趋于均匀。

2）图 4-29b 所示为环槽螺母，这种结构可以使螺母内缘下端（螺栓旋入端）局部受拉，其作用和悬置螺母相似，但其载荷均匀效果不及悬置螺母。

3）图 4-29c 所示为内斜螺母，螺母内缘下端（螺栓旋入端）受力大的几圈螺纹处制成 $10°\sim15°$ 的斜角，使螺栓螺纹牙的受力面由上而下逐渐外移。这样，螺栓旋合段下部的螺纹牙在载荷作用下容易变形，而载荷将向上转移使载荷分布趋于均匀。

4）图 4-29d 所示的螺母结构，兼有环槽螺母与内斜螺母的作用。这些特殊的螺母，由于加工比较复杂，所以只限于重要的大型的连接上用。

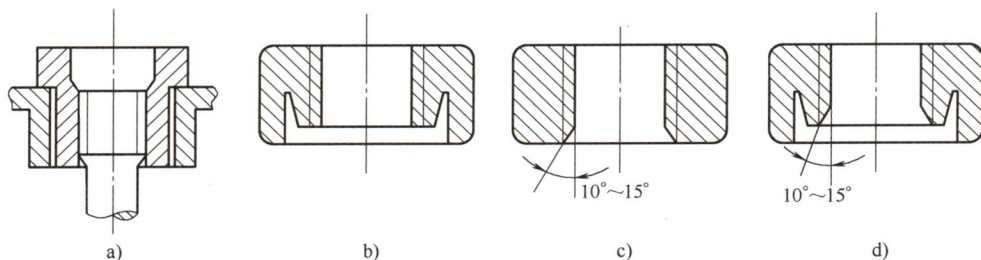

a)　　　　　　　b)　　　　　　　c)　　　　　　　d)

图 4-29　改善螺纹牙间载荷分布

2. 降低影响螺栓强度的应力幅

对于受工作载荷的紧螺栓连接，应力变化幅度是影响其疲劳强度的重要因素，当螺栓受的最大应力一定时，应力幅越小，疲劳强度越高，连接的可靠性越高。在工作载荷和预紧力不变的情况下，减小螺栓刚度或者增大被连接件刚度均能达到减小应力幅的目的。

在实际应用中，减小螺栓刚度的措施有：增大螺栓长度、减小螺栓杆直径，如图 4-30a 所示的腰状杆螺栓；做成空心杆，如图 4-30b 所示的空心螺栓；在螺母下安装弹性元件，如图 4-30c 所示。

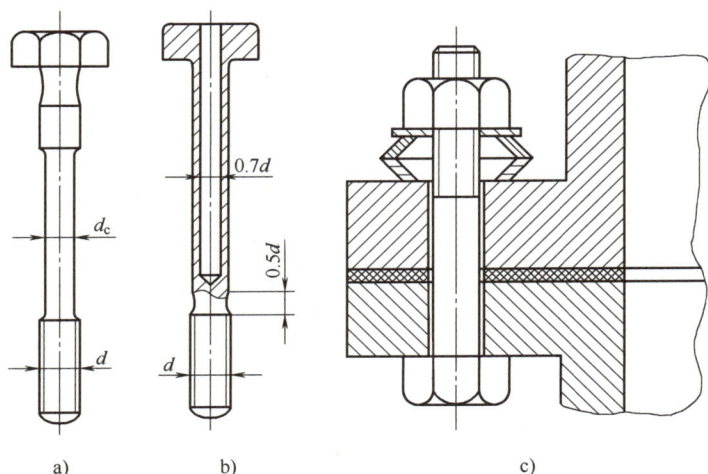

a)　　　　　　　b)　　　　　　　c)

图 4-30　减小螺栓刚度的措施

增大被连接件刚度的措施有：采用刚度较大的金属垫片或不设垫片；对有紧密性要求的连接，采用刚度较大的金属垫片，如图 4-31a 所示；若需要密封元件，可用密封环，如图 4-31b 所示。

3. 避免或减小附加应力

螺栓的附加应力主要是指弯曲应力，如螺栓受到偏心载荷，螺母或螺栓头部支承面不平（图4-32a），因被连接件刚度不足等造成螺栓杆弯曲变形，从而产生附加应力（图4-32b）。

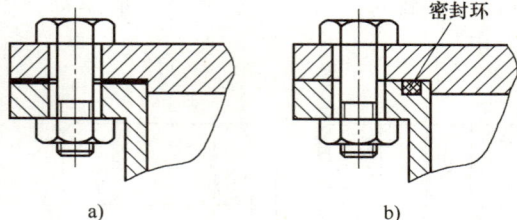

图 4-31　增大被连接件刚度的措施

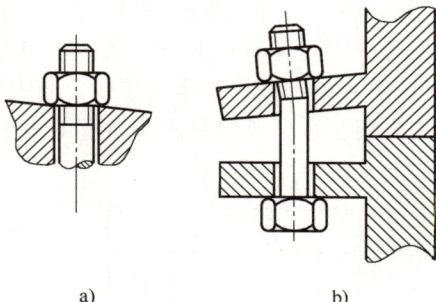

图 4-32　螺栓受附加应力

减小或避免附加应力的措施有：

1）球面垫圈。如图4-33a所示，可以保证螺栓的装配精度。

2）斜垫圈。如图4-33b所示，在倾斜表面应采用斜垫圈，保证螺母端面与被连接表面重合。

3）凸台或沉孔。如图4-33c、d所示，在铸件或锻件等未加工表面上安装螺栓时，常采用凸台或沉孔结构，经切削加工后可获得平整的支承面。

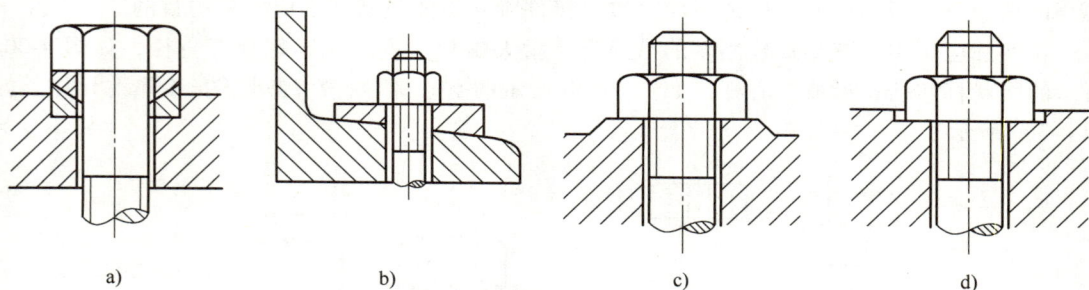

图 4-33　减小或避免附加应力的措施

4. 减小应力集中的影响

螺栓头与螺栓杆交接处、螺纹牙根、螺纹收尾等都有应力集中，是产生断裂的危险部位。适当增大圆角半径，可以减小应力集中，使螺栓的疲劳强度提高，如在螺栓头与螺栓杆交接处增大圆角半径（图4-34a）等，还有切制卸载槽（图4-34b）、卸载过渡（图4-34c）

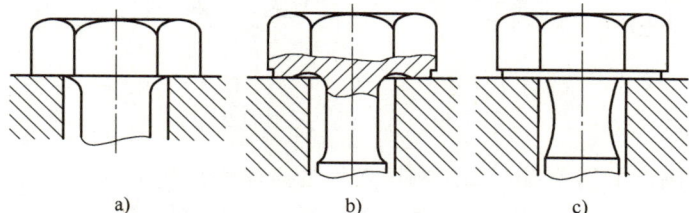

图 4-34　减小应力集中的措施

等措施，都是减小应力集中的有效办法。

此外，制造工艺对螺栓的疲劳强度也有很大的影响，如采用冷镦螺栓头部或滚压螺纹的工艺方法，采用渗碳、渗氮、碳氮共渗等表面硬化工艺方法。

【任务实施】

任务分析过程见表4-11。

表4-11　机器人机座螺栓组连接任务分析

序号	项目	分析过程与结果
1	螺栓类型选择	螺栓主要受到轴向载荷和翻转力矩,这里选用普通螺栓连接
2	受力最大的螺栓受到的工作拉力	螺栓在翻转力矩 M 的作用下,机器人机座有向右翻转的趋势,左侧螺栓受到向上的拉力,右侧螺栓受到向下的压力。因此,受力最大是左侧的两个螺栓 （1）由轴向载荷 F 产生的轴向力 $$F_z = \frac{F}{z} = \frac{1.4}{4}kN = 0.35kN$$ （2）由翻转力矩 M 产生的轴向力 $$F_{max} = \frac{Ml_{max}}{\sum_{i=1}^{4} l_i} = \frac{1.3 \times 125}{125 \times 4}kN = 0.325kN$$ （3）受力最大的螺栓受到的轴向力 $$F = F_z + F_{max} = (0.35+0.325)kN = 0.675kN$$ （4）考虑预紧力,受力最大的螺栓受到的总工作拉力 $$F_{\Sigma} = F + F'_0 = F + 0.8F = 1.8F = 1.215kN$$
3	按强度条件设计螺栓	（1）许用应力计算　螺栓材料为 Q235,查表 4-4 得材料屈服强度 $\sigma_s = 240MPa$。由于螺栓直径未知,安全系数不能确定,采用试算法,假设螺栓直径在 M6~M16 范围,查表 4-5,取安全系数 $S=4$,则许用应力为 $$[\sigma] = \frac{\sigma_s}{S} = \frac{240}{4}MPa = 60MPa$$ （2）螺栓直径计算 $$d_1 \geqslant \sqrt{\frac{5.2F_{\Sigma}}{\pi[\sigma]}} = \sqrt{\frac{5.2 \times 1215}{3.14 \times 60}}mm \approx 5.8mm$$ 查附录 A,螺栓公称直径为 M8。实际应用中可增大 20%,取 M10,与假设螺栓直径 M6~M16 相符
4	连接结合面分析	螺栓在翻转力矩 M 的作用下,需要考虑左侧结合面不出现间隙,右侧结合面不被压溃 （1）左侧结合面不出现间隙校核　考虑螺栓所受轴向力及结合面材料,取预紧力 $F_0 = 878N$ $$\sigma_{pmin} = \frac{zF_0}{A} - \frac{M}{W} = \left(\frac{4 \times 878}{\frac{\pi \times 10^2}{4}} - \frac{1.3 \times 10^6}{4.5 \times 10^4}\right)MPa = 15.85MPa > 0$$ （2）右侧结合面不被压溃校核　查表 4-10,得 $$[\sigma_p] = 0.8\sigma_s = 192MPa$$ $$\sigma_{pmax} = \frac{zF_0}{A} + \frac{M}{W} = 73.63MPa \leqslant [\sigma_p]$$ 由上可知,螺栓 M10 满足使用要求

【实践训练】

完成表 4-12 所列实践训练。

表 4-12　联轴器螺栓组连接的设计

实践任务	图 4-35 所示为一刚性凸缘联轴器,材料为 HT100。凸缘之间用铰制孔用螺栓连接,螺栓数目为 8,无螺纹部分直径 $d_0 = 17$mm,试计算联轴器能传递的转矩。若传递同样的转矩,改用普通螺栓连接,请确定螺栓直径
	<p align="center">图 4-35　联轴器</p>
实践准备	计算器、机械设计手册
分析过程	

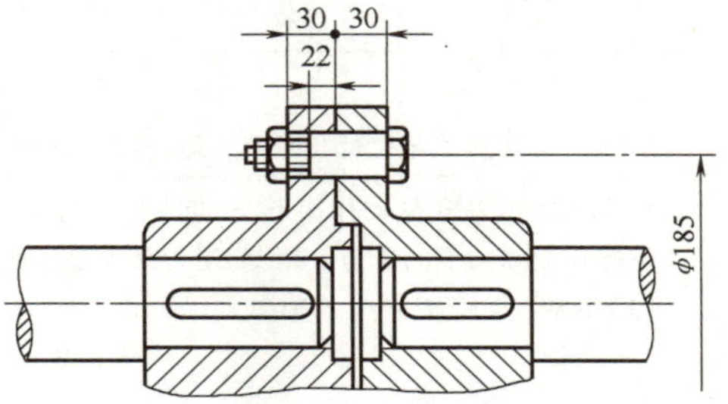

【习题与思考】

一、选择题

1. 当铰制孔用螺栓组连接承受横向载荷或旋转力矩时,该螺栓组中的螺栓（　　）。

A. 必受剪切力作用　　　　　　　　　　B. 必受拉力作用

C. 同时受到剪切与拉伸　　　　　　　　D. 既可能受剪切,也可能受挤压作用

2. 若要提高受轴向变载荷作用的紧螺栓的疲劳强度,则可（　　）。

A. 在被连接件间加橡胶垫片　　　　　　B. 增大螺栓长度

C. 采用精制螺栓　　　　　　　　　　　D. 加防松装置

3. 在同一螺栓组中,螺栓的材料、直径和长度均应相同,这是为了（　　）。

A. 提高强度　　　　B. 受力均匀　　　　C. 外形美观　　　　D. 降低成本

4. 在螺栓连接设计中,若被连接件为铸件,则有时在螺栓孔处加工出沉头座孔或凸台,其目的是（　　）。

A. 避免螺栓受附加弯曲应力作用　　　　B. 便于安装

C. 为安置防松装置　　　　　　　　　　D. 为避免螺栓受拉力过大

5. 采用普通螺栓连接的凸缘联轴器,在传递转矩时,（　　）。

A. 螺栓的横截面受剪切　　　　　　　　B. 螺栓与螺栓孔配合面受挤压

C. 螺栓同时受剪切与挤压　　　　　　　D. 螺栓受拉伸与扭转作用

6. 被连接件受横向外力作用,若采用一组普通螺栓连接时,则靠（　　）来传递外力。

A. 被连接件结合面间的摩擦力　　　　　B. 螺栓的拉伸和挤压

C. 螺栓的剪切和挤压　　　　　　　　　D. 螺栓的剪切和被连接件的挤压

7. 螺纹连接中,加弹性元件是为了（　　）。

A. 提高气密性　　　　B. 减少偏心载荷　　　　C. 防松　　　　D. 提高疲劳强度

8. 螺纹连接中，用斜面垫圈是为了（　　　）。

A. 提高气密性　　　B. 减少偏心载荷　　　C. 防松　　　D. 提高疲劳强度

9. 在承受轴向变载荷的紧螺栓连接中，采用空心杆螺栓的作用是（　　　）。

A. 减轻连接的重量

B. 减小螺栓刚度，降低应力幅

C. 增加连接的紧密性

D. 没有原因

10. 用两个普通螺栓将两块钢板连接起来。已知每块板所受横向力为 F，结合面间的摩擦系数 $f = 0.15$，为使连接可靠，应使摩擦力比外载荷大 20%，则每个螺栓需要的预紧力为（　　　）。

A. F　　　　　B. $2F$　　　　　C. $4F$　　　　　D. $6F$

二、分析题

1. 用两个普通螺栓连接长扳手，尺寸（单位：mm）如图 4-36 所示。两件结合面间的摩擦系数 $f = 0.15$，扳拧力 $F = 200\text{N}$，试计算两螺栓所受的力。若螺栓的材料为 Q235，试确定螺栓的直径。

2. 某气缸的蒸汽压强 $p = 1.5\text{MPa}$，气缸内径 $D = 200\text{mm}$。气缸与气缸盖采用螺栓连接（图 4-37），螺栓分布圆直径 $D_o = 300\text{mm}$。为保证紧密性要求，螺栓间距不得大于 80mm，试设计此气缸盖的螺栓组连接。

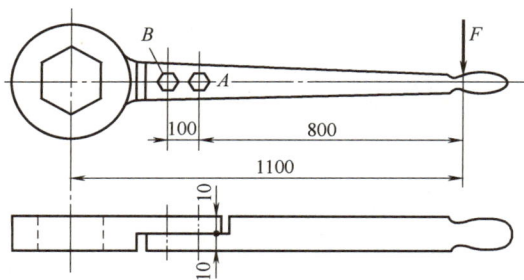

图 4-36　分析题 1

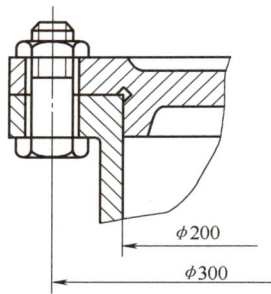

图 4-37　分析题 2

3. 如图 4-38 所示，机座用 4 个螺栓固定在混凝土壁面上。已知拉力 $F = 4\text{kN}$，作用在宽度为 140mm 的中间平面上，$\alpha = 45°$，混凝土的许用挤压应力 $[\sigma_p] = 2\text{MPa}$，结合面间摩擦系数 $f = 0.3$，试设计此连接。

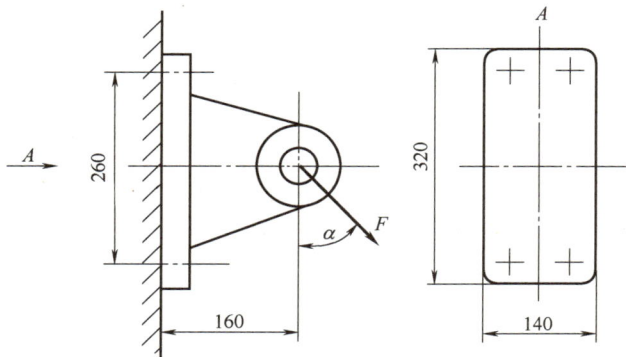

图 4-38　分析题 3

4. 图 4-39 所示为螺栓组连接的 3 种方案，外载荷 F_R 及尺寸 L 相同，试分析确定各方案中受力最大螺栓所受力的大小，并指出哪个方案比较好。

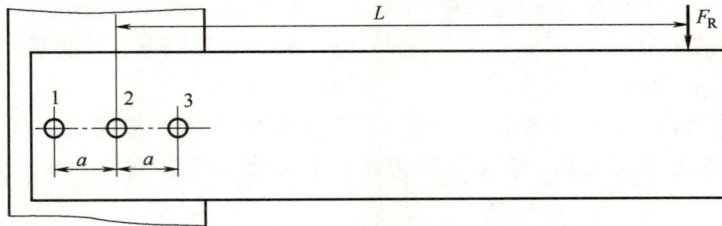

a) 方案一

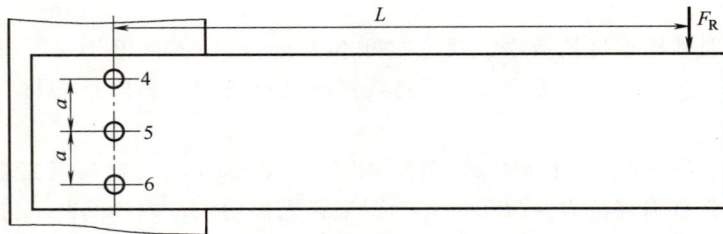

b) 方案二

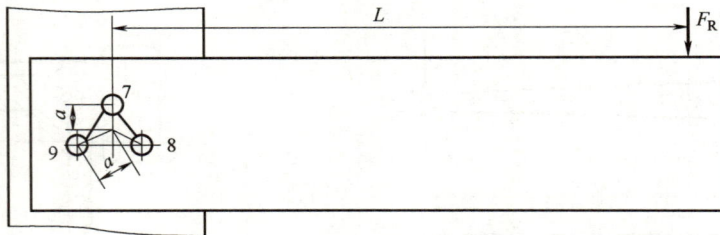

c) 方案三

图 4-39　分析题 4

带式输送机传动装置的设计

带式输送机是能运输物料的机械，它可以将物料在输送线上从最初的供料点运送到最终的卸料点。带式输送机可以进行碎散物料和成件物品的输送，可以进行远距离输送，也可以进行上下坡输送。它还可以与企业生产流程中的工艺过程的要求相配合，能方便地实现程序化控制和自动化操作，进行连续或间歇运动，形成有节奏的流水作业运输线。带式输送机输送能力强，运行高速、平稳，噪声低，结构简单易于维护，广泛应用于电子、机械、印刷、食品等行业，如图 5-1 所示。

带式输送机传动装置主要由通用零部件组成，它是将电动机的转动作为动力输入，通过带传动、减速器、联轴器等零部件作为中间传输装置，把动力传输给滚筒，使滚筒连续转动，从而带动传送带移动的传动装置，其中减速器为该传动装置的核心部件，如图 5-2 所示。

5-1　带式输送机

图 5-1　带式输送机

图 5-2　减速器

本项目分五个学习任务，分别为传动装置的总体设计、分析与设计带传动、分析与设计齿轮传动、分析与设计轴及轴系零件、分析与设计箱体零件。通过学习，熟悉机械设计的一般过程，掌握正确分析、设计和维护机械的基本知识、基本理论以及基本技能，能够对带传动、齿轮传动、轴及轴系零件、箱体零件等进行设计与选用，具备运用机械设计手册进行简单机械装置设计的能力。本项目的知识导图如图 5-3 所示。

任务一 传动装置的总体设计
- 了解机械设计的基本要求和一般过程
- 熟悉常见的传动机构
- 熟悉带式输送机传动装置的设计流程
- 掌握传动装置总体方案的设计方法
- 能够进行机械装置中传动方案的总体设计，并利用机械设计手册进行电动机的选型
- 树立全局意识，能够通过分析利弊、统筹兼顾、合理取舍解决实际问题

任务二 分析与设计带传动
- 熟悉V带和V带轮的结构和标准
- 掌握带传动的弹性滑动等工作特性
- 熟悉带传动的正确使用和日常维护方法
- 能够进行带传动的设计计算、选型及零件图绘制
- 养成使用国家标准、行业标准的习惯，建立职业规范意识

任务三 分析与设计齿轮传动
- 熟悉渐开线齿廓的特性
- 掌握渐开线标准直齿圆柱齿轮的基本参数、几何尺寸计算方法
- 掌握渐开线标准直齿圆柱齿轮传动的啮合特性
- 熟悉渐开线齿轮的加工方法和根切现象
- 熟悉齿轮系，掌握齿轮系传动比的计算方法及齿轮的受力分析方法
- 掌握齿轮的失效形式和设计准则
- 能够进行齿轮传动的设计计算、选型及零件图绘制
- 树立团队合作意识，具备一定的沟通能力

项目五 带式输送机传动装置的设计

任务四 分析与设计轴及轴系零件
- 熟悉轴的类型和材料
- 熟悉轴承的类型与应用，掌握其选用方法
- 熟悉联轴器的类型与应用，掌握其选用方法
- 熟悉键连接的类型与应用，掌握其选用方法
- 了解减速器中挡油环等其他轴系零件
- 能够进行减速器中轴的设计计算及零件图绘制
- 树立质量意识，遵守岗位职业规范、法律规范和行为规范

任务五 分析与设计箱体零件
- 熟悉箱体的类型、功能及常用材料
- 熟悉减速器常用的润滑及密封方法
- 掌握通气孔、油标等减速器附件的选用方法
- 掌握减速器箱体零件的结构设计方法
- 能够进行减速器箱体的结构设计及零件图绘制
- 树立技术改革意识、环保意识和可持续发展意识

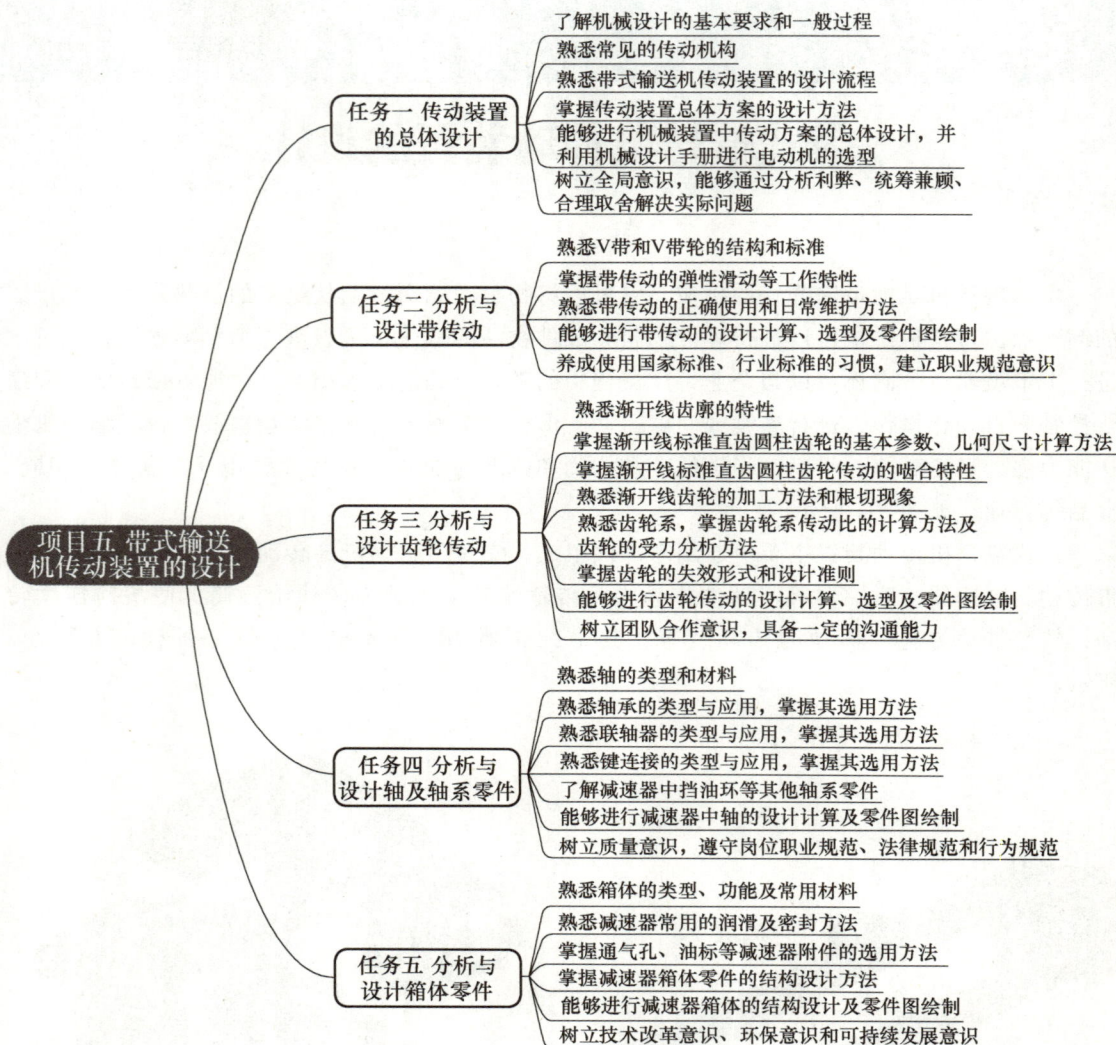

图 5-3　项目五知识导图

【时代楷模】

　　钱学森（1911—2009），祖籍浙江杭州，中共党员，毕业于交通大学（今上海交通大学和西安交通大学的共同前身）机械与动力工程学院，后求学美国麻省理工学院，获得航空工程硕士学位和航空、数学博士学位。他是世界著名科学家、空气动力学家、中国载人航天奠基人、中国科学院及中国工程院院士、中国两弹一星功勋奖章获得者，被誉为"中国航天之父""中国导弹之父""中国自动化控制之父"和"火箭之王"，他在空气动力学、航空工程、喷气推进、工程控制论、物理力学等技术科学领域做出了开创性贡献，是中国近代力学和系统工程理论与应用研究的奠基人和倡导人。

　　1961 年，钱学森在给中国科学技术大学近代力学系的学生们上"火箭技术概论"时，整整 3 个小时的课程，没讲新课，而是专门讲了作业中出现的几个问题：小数点点错了、单

位中英文混用……钱学森对学生们严肃地说："这样肯定不行，将来工作怎么办？小数点点错一个，打出去的导弹就可能飞回来打到自己！要闯大祸，流血死人的。所以你错一个小数点，我就扣你 20 分。"最后，钱学森在黑板上写了 8 个大字——严谨、严肃、严格、严密，这 8 个字深深震撼了在场的每一位学生。

任务一　传动装置的总体设计

【学习目标】

1）了解机械设计的基本要求和一般过程。

2）熟悉常见的传动机构。

3）熟悉带式输送机传动装置的设计流程。

4）掌握传动装置总体方案的设计方法。

5）能够进行机械装置中传动方案的总体设计，并利用机械设计手册进行电动机的选型。

6）树立全局意识，能够通过分析利弊、统筹兼顾、合理取舍解决实际问题。

【任务描述】

根据已知条件，完成带式输送机传动装置的总体设计，见表 5-1。

表 5-1　带式输送机传动装置的总体设计

已知条件	(1)原始数据　运输带拉力：$F=2200N$；运输带速度：$v=1.5m/s$；卷筒直径：$D=300mm$ (2)工作条件：连续单向运转，载荷平稳，空载起动，使用期限 8 年，小批量生产，两班制工作，运输带速度允许误差±5%
任务	(1)确定传动方案 (2)确定电动机型号 (3)确定各级传动比 (4)计算各轴的设计参数

【相关知识】

机器一般由原动机、传动装置、工作机三部分组成。传动装置在原动机和工作机之间，用于传递运动和动力、变换运动形式，以实现工作机预定的工作要求，是机器重要的组成部分。实践证明，机器的工作性能、质量及成本在很大程度上取决于传动装置设计的合理性，所以传动装置的合理设计是一个十分重要的问题。传动装置总体设计的内容包括传动方案拟定、选定电动机型号、合理分配传动比、计算传动装置的运动参数和动力参数等，为下一步计算各级传动件和绘制装配草图提供依据。

一、机械设计的一般过程

1. 机械设计的基本要求

机械设计包括两种设计：一是应用新技术、新方法开发创造新机械；二是在原有机械的基础上重新设计或进行局部改造，从而提高或改变原有机械的性能。设计质量的高低直接关系到机械产品的性能、价格及经济效益。因此，机械设计应满足以下几方面的基本要求：

（1）功能性要求　机器必须能够保证在预定寿命期间内，按照规定的技术条件顺利而有效地实现全部预期职能而不失效。功能性要求是设计的最基本的出发点，需要依靠正确选择机器的机构类型、机械传动系统方案以及正确设计零部件的结构等来保证。

（2）经济性要求　经济性要求主要表现在设计制造和使用两个方面。提高设计制造经济性的途径有：

① 使产品系列化、标准化、通用化。

② 运用现代化设计制造方法。

③ 科学管理。

提高使用经济性的途径有：

① 提高机械化、自动化水平。

② 提高机械效率。

③ 延长使用寿命。

④ 防止无意义的损耗。

（3）安全性要求　主要包括以下几方面：

① 设备本身不因过载、失电以及其他偶然因素而损坏。

② 切实保障操作者的人身安全。

③ 不会对环境造成破坏。

（4）工艺性要求　包括装配工艺性和零件加工工艺性。在不影响工作性能的前提下，应使机构尽可能地简化，力求用简单机械装置取代复杂机械装置，并尽量使用标准件。零件的结构要合理，要便于拆装，正确处理设计与制造的矛盾，满足加工制造的需要。

（5）可靠性要求　机械系统在预定的环境条件下和寿命期限内，具有保持正常工作状态的性能，称为可靠性。机械系统的零部件越多，其可靠性就越低，因此，在设计机器时应尽量减少零部件数目。

（6）其他特殊要求　针对某一具体的机器，还会有一些特殊的要求，如飞机结构重量要轻、食品机械不得对产品造成污染等。

2. 机械设计的一般过程

（1）机械设计的一般过程　机械设计过程一般包括以下四个阶段：

1）明确任务阶段。生活中有各种各样、用途各不相同的机器，这些机器的设计过程都有一个共同的特点，即都是从提出设计任务开始的。设计任务的提出主要是依据工作和生产的需要，一般由主管单位、用户提出，以任务书的形式下达，其中需要明确规定机器的用途、主要性能参数范围、工作环境条件、特殊要求、生产批量、预期成本、完成期限、承制单位等内容。

2）方案设计阶段。设计部门和设计人员首先要认真研究任务书，在全面明确任务要求后，在调查研究、分析资料的基础上，拟订设计计划，并按照机器工作原理设计、机器的运动设计、机器的动力设计的步骤完成方案设计。

3）技术设计阶段。在确定设计方案之后，需要通过必要的分析计算和结构设计，用图面（装配图、零件图等）及技术文件的形式来加以具体表示，包括运动设计、动力分析、整体布局、零件结构、材料、尺寸、精度以及必要的强度和刚度计算等。技术设计可以分为四个阶段：

① 总体设计阶段：根据工作原理绘制机器的机构运动简图，这是图样设计的第一阶段。在这个阶段，要考虑各个机构的构件大体位置，同时，为了拟订机器的总体布置，需要分析比较各种可能的传动方案。

② 结构设计阶段：考虑和决定各部分的相对位置和连接方法、零件的具体形状、尺寸、安装等一系列问题，把机构运动简图变成具体的装配图，这是图样设计的第二个阶段。

③ 零件设计阶段：装配图只确定了机器的总体尺寸、各个零部件的相对位置及配合关系，而没有反映出各个零件的全部尺寸、结构等。零件设计阶段就是把机器的所有零件（标准件除外）拆分出来，绘制成零件图，为加工提供依据。

④ 技术文件制订阶段：完成图样之后，必须完成一系列的技术文件，包括各种明细表、系统图、设计说明书和使用说明书等。

4）施工设计阶段（工艺设计）。该阶段是将设计与制造连接起来的重要环节，即规划零件的制造工艺流程，完成工艺参数、检测手段、夹具、模具设计等工作，这些属于机制工艺学课程的内容，在很大程度上依赖于实践经验。

一个完整的设计过程不但包含以上四个阶段，还包括制造、装配、试车、生产等所有环节，对图样和技术文件进行完善和修改，直到定型投入正式生产的全过程。实际工作中，上述的几个阶段是交叉反复进行的。随着计算机辅助设计、计算机仿真技术、三维图形技术以及虚拟装配制造技术等迅速发展，机械设计方法有了极大的变革，借助这些技术可以极大地降低设计和试制成本，提高产品的竞争力。

（2）机械零件设计的一般步骤　机械零件的设计计算方法很多，如理论设计法、类比法、实验法、计算机辅助设计法等，一般设计步骤如下：

1）根据使用要求，选择零件的类型及结构形式。

2）按工作情况，确定作用在零件上的载荷。

3）根据工作要求，合理地选择零件材料。

4）分析零件的主要失效形式，按照相应的设计准则，确定零件的基本尺寸。

5）设计零件的结构及尺寸。

6）绘制零件工作图，拟定技术要求。

二、传动方案的分析与拟定

传动装置一般包括传动件（齿轮传动、蜗杆传动、带传动、链传动）和支承件（轴、轴承、箱体等）两部分，传动方案用机构运动简图表达，它能简单明了地表示运动和动力的传递方式、路线以及各部件的组成和连接关系。设计机械传动装置时，首先应根据它的生产任务、工作条件等拟定其传动方案，给出总体布置并绘制运动简图。传动方案是否合理，对整个设计质量的影响很大，因此它是设计中的一个重要环节。

1. 常见的传动机构

（1）带传动的类型和特点　带传动是一种挠性传动，由主动带轮、从动带轮和传动带组成，主要作用是传递转矩和改变转速。如图5-4所示，当主动带轮转动时，利用带轮和传动带间的摩擦或啮合作用，将运动和动力传递给从动带轮。

1）带传动的类型。根据工作原理不同，带传动分为摩擦型带传动（图 5-5）和啮合型带传动（图 5-6）。

摩擦型带传动的传动带在静止时已受到初拉力的作用，带被张紧，带与带轮之间的接触面间产生了正压力，当主动带轮转动时，依靠带与带轮接触面之间的摩擦力，拖动传动带进而驱动从动带轮转动，实现传动。

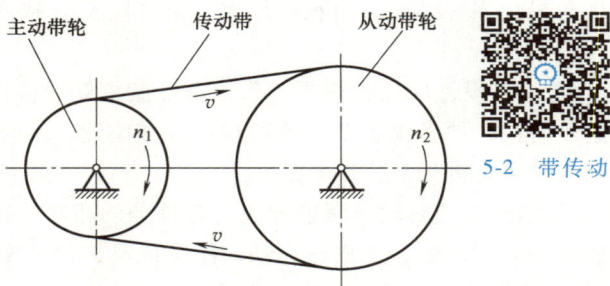

主动带轮　　　传动带　　　从动带轮

n_1　　v　　n_2

5-2　带传动

图 5-4　带传动机构

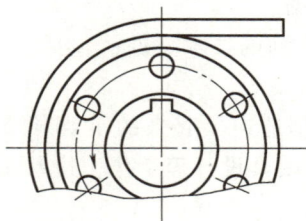

图 5-5　摩擦型带传动

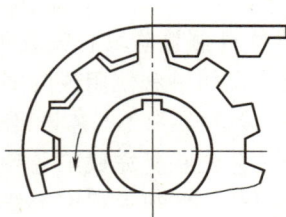

图 5-6　啮合型带传动

啮合型带传动也称为同步带传动，它通过传动带内表面上等距分布的横向齿和带轮上的相应齿槽的啮合来传递运动。与摩擦型带传动比较，同步带传动的带轮和传动带之间没有相对滑动，能够保证准确的传动比。但同步带传动对于制造和安装要求高，成本也较高。

根据带的截面形状，摩擦型带传动可分为平带传动（图 5-7a）、V 带传动（图 5-7b）、多楔带传动（图 5-7c）、圆带传动（图 5-7d）等。

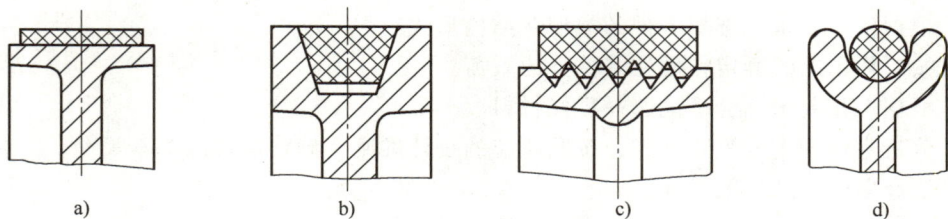

a)　　　　　　b)　　　　　　c)　　　　　　d)

图 5-7　摩擦型带传动的类型

平带的横截面为扁平矩形，与轮面接触的内表面为工作面。平带传动结构简单，在传动中心距较大的场合应用较多，分为有接头平带和无接头平带两种，有接头平带的带长可根据需要剪截后，用带接头接成封闭环形。除了可用于开口传动外，还可以实现交叉和半交叉传动，带传动的形式见表 5-2。

表 5-2　带传动的形式

传动形式	传动特点	图例
开口传动	两轴相互平行,两带轮转向相同	

（续）

传动形式	传动特点	图例
交叉传动	两轴相互平行,两带轮转向相反	
半交叉传动	两轴空间交错	

　　V 带的横截面为等腰梯形，其工作面是带与带轮轮槽相接触的两侧面。V 带传动允许的传动比大、结构紧凑，如图 5-8 所示，若平带和 V 带受到同样的压紧力 F_N，带与带轮接触面之间的摩擦系数也同为 f，平带与带轮接触面上的摩擦力为 $F_f = F_N f$，而 V 带与带轮接触面上的摩擦力为 $F_f = 2F_N' f = \dfrac{F_N f}{\sin(\varphi/2)} = (3.63 \sim 3.07) F_N f$，因此，与平

图 5-8　平带传动与 V 带传动的比较

带传动相比，V 带传动能产生更大的摩擦力，能传递较大的功率，所以一般机械中多采用 V 带传动。

　　多楔带以扁平矩形为基体，工作部分为若干纵向楔，相当于平带和 V 带的组合结构，工作面是带的楔面。多楔带兼有平带柔性好和 V 带摩擦力大的优点，故常用于要求传动平稳、传递功率较大且结构紧凑的场合。

　　圆带的横截面为圆形，柔韧性较好，但承载能力较低，传递功能较小，适用于轻型、小型装置中，如缝纫机、牙科医疗器械等。

　　2）带传动的特点。

　　① 摩擦型带传动具有以下优点：

　　a. 中心距变化范围大，适宜远距离传动。

　　b. 过载时带在带轮上打滑，可以防止其他零件损坏，起到过载保护的作用。

　　c. 结构简单，制造和安装精度不像啮合传动那样严格，维护方便，成本低廉。

　　d. 因带具有弹性，能起到缓冲和吸振作用，传动平稳，噪声小。

　　② 与齿轮传动相比，带传动也有一些缺点：

　　a. 摩擦型带传动不能保持准确的传动比，传动效率较低。

　　b. 带需要张紧，故作用在轴和轴承上的压力较大，带的使用寿命较短。

　　带传动的应用范围很广。摩擦型带传动常用于传动平衡、传动比要求不严格、两轴中心距较大的中、小功率场合，一般功率 $P \leqslant 50\text{kW}$，带速为 $5 \sim 25\text{m/s}$；在需要精确传动比的场合，如工业机器人等，可采用同步带传动，同步带传动的传动比恒定，结构紧凑，效率高，

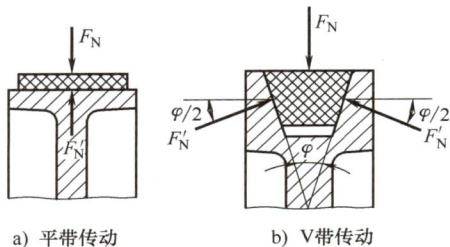

但其结构相对复杂，价格高，对制造和安装要求也高。

（2）链传动的类型和特点　链传动也是一种挠性传动，由主动链轮、从动链轮和链条组成，如图 5-9 所示。链传动靠链轮轮齿和链条之间的啮合来传递运动与动力。

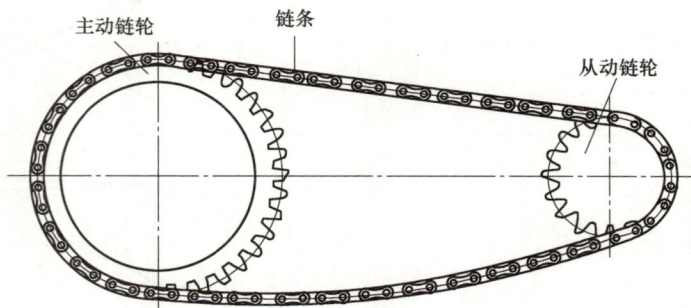

图 5-9　链传动

5-3　链传动

根据结构不同，链传动可分为套筒链、滚子链、齿形链等，如图 5-10 所示。滚子链是应用最广泛的一种结构形式，套筒链的结构与滚子链基本相同，只少一个滚子，所以套筒较容易磨损，只适用于 $v<2m/s$ 的低速传动。齿形链是利用特定齿形的链片与链轮相啮合来实现传动的，传动较平稳、承受冲击载荷的能力强、允许速度较高、噪声小，故又称为无声链，但其结构复杂、质量大、价格高，故多用于高速或精度要求高的场合。

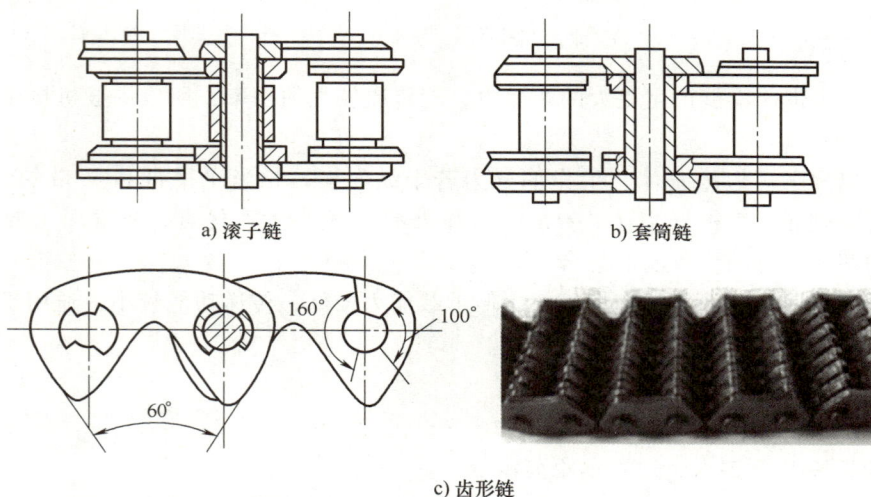

a) 滚子链　　　　b) 套筒链

c) 齿形链

图 5-10　链传动的类型

链传动具有以下特点：

1）与带传动相比，链传动无弹性滑动现象，因而能保持准确的平均传动比；传动效率较高，润滑良好的链传动的效率可达 98%；链条不需要像带那样张得很紧，所以作用在轴上的作用力较小。

2）与齿轮传动相比，链传动易于制造、安装，成本低廉，在远距离传动时，结构更显轻便。

3）链传动不能保持恒定的瞬时传动比，传动的平稳性差，冲击和噪声较大，磨损后链节伸长，易发生跳齿、脱链，只能用于水平平行轴间的传动。

（3）齿轮传动的类型和特点 齿轮传动是靠主、从动齿轮的轮齿依次啮合来传递空间任意两轴间的运动和动力的，齿轮传动机构是历史上应用最早的传动机构之一。齿轮传动类型很多，有不同的分类方法。

1）按工作条件分，有开式齿轮传动、半开式齿轮传动和闭式齿轮传动。开式齿轮传动没有防护罩或机壳，齿轮完全暴露在外，不能防尘且润滑不良，工作条件不好，故齿轮易磨损、寿命短，用于低速或不重要的场合，如水泥搅拌机齿轮、卷扬机齿轮等；闭式齿轮传动安装在密闭的箱体内，密封条件好，具有良好的润滑效果，使用寿命长，用于较重要的场合，如机床、汽车等；半开式齿轮传动介于开式齿轮和闭式齿轮传动之间，通常在齿轮的外面安装简易的防护罩，有时把大齿轮部分浸入油池中，它的工作条件虽有改善，但仍不能做到严密防止外界杂物侵入，如车床交换齿轮架齿轮等。

2）按齿面硬度分，有硬齿面齿轮和软齿面齿轮。齿面硬度大于350HBW（或38HRC）的齿轮称为硬齿面齿轮，其承载能力强、寿命长，主要应用于载荷大、尺寸要求紧凑的场合；齿面硬度小于或等于350HBW（或38HRC）的齿轮称为软齿面齿轮，其承载能力相对较弱，一般用于载荷不大的场合。一对齿轮传动，只有当两齿轮均为硬齿面时，方为硬齿面齿轮传动；否则为软齿面齿轮传动。

3）按齿廓曲线分，有渐开线齿轮、圆弧齿轮、摆线齿轮等。

4）齿轮传动按两个齿轮轴线的相对位置、啮合方式以及传递运动和力的方向不同分类如图5-11、图5-12所示。

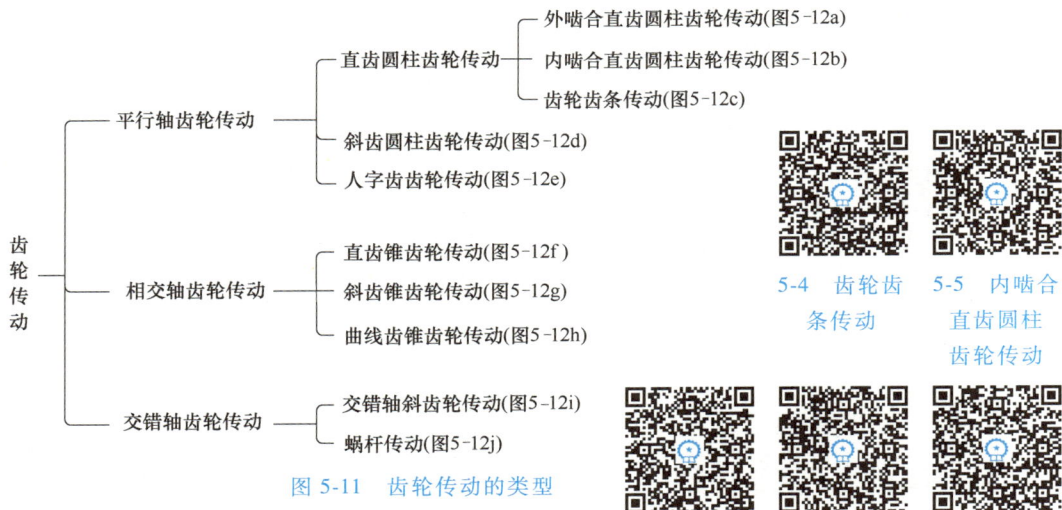

图5-11 齿轮传动的类型

5-4 齿轮齿条传动

5-5 内啮合直齿圆柱齿轮传动

5-6 外啮合直齿圆柱齿轮传动

5-7 蜗杆传动

5-8 直齿锥齿轮传动

齿轮传动与其他机械传动相比，具有以下优点：

1）能保持恒定的传动比，且传动效率高。这对大功率传动有很大的经济意义。

2）齿轮使用的功率、速度和尺寸范围大。齿轮传动的功率可以从很小至几十万千瓦；速度最高可达300m/s；齿轮直径可以从几毫米至二十多米。

3）工作可靠，使用寿命长。设计制造正确合理、使用维护良好的齿轮传动，工作十分可靠，寿命可长达二十年。

4）能传递任意夹角两轴间的运动。

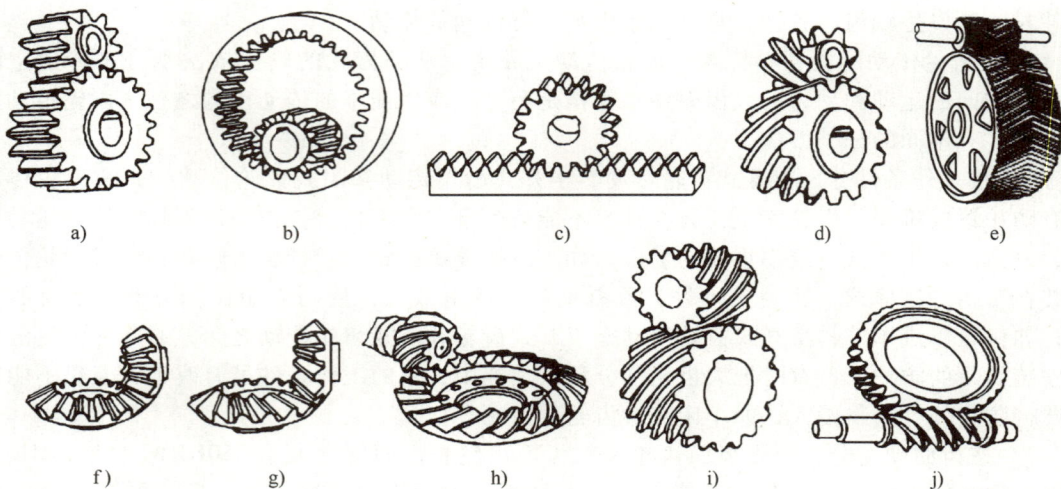

图 5-12　齿轮传动示意图

齿轮传动的缺点有：

1）制造、安装精度要求较高，制造齿轮需要有专门的设备，精度低时，啮合传动会产生较大的噪声、振动，因此成本较高。

2）不适用于远距离传动的场合。

（4）常用传动机构的性能及适用范围　常用传动机构的性能及适用范围见表 5-3。

表 5-3　常用传动机构的性能及适用范围

选用指标		传动机构					
		平带传动	V 带传动	链传动	齿轮传动		蜗杆传动
功率（常用值）/kW		小（≤20）	中（≤100）	中（≤100）	大（最大达 50000）		小（≤50）
单级传动比	常用值	2~4	2~4	2~5	圆柱齿轮 3~5	锥齿轮 2~3	10~40
	最大值	5	7	6	8	5	80
传动效率		中	中	中	高		低
许用的线速度 v/(m/s)		≤25	25~30	20~40	6 级精度直齿 ≤18 非直齿 ≤36 5 级精度达 100		15~35
外廓尺寸		大	大	大	小		小
传动精度		低	低	中等	高		高
工作平稳性		好	好	较差	一般		好
自锁能力		无	无	无	无		可有
过载保护作用		有	有	无	无		无
使用寿命		短	短	中等	长		中等
级冲吸振能力		好	好	中等	差		差
要求制造及安装精度		低	低	中等	高		高
要求润滑条件		不需	不需	中等	高		高
环境适应性		不能接触酸、碱、油类物质、爆炸性气体		好	一般		一般

2. 传动方案分析

合理的传动方案，首先应满足工作机的功能要求，如所传递的功率及转速，还应具有结构简单、尺寸紧凑、便于加工、效率高、成本低、使用维护方便等特点，以保证工作机的工作质量和可靠性。要同时达到这些要求，常常是困难的设计时要统筹兼顾，保证重点要求。

为了满足工作机性能要求，传动方案可以由不同传动机构以不同的组合形式和布置顺序构成，要合理布置其传动顺序，一般应考虑以下几点：

1）带传动的承载能力较小，传递相同转矩时，其结构尺寸要比其他传动形式的结构尺寸大，但传动平稳，能缓冲吸振，因此宜布置在高速级。

2）链传动运转时不能保持瞬时传动比恒定，传动平稳性差，传动时有噪声和冲击，磨损后易发生跳齿，所以不适用于高速传动场合，应布置在低速级。

3）蜗杆传动可实现较大的传动比，结构紧凑，传动平稳，但传动效率较低，适用于中、小功率及间歇运转的场合。当与齿轮传动同时使用时，最好布置在高速级，使传递的转矩较小，以减小蜗轮尺寸，节约有色金属。此外，蜗杆传动有较高的齿面相对滑动速度，布置在高速级利于形成润滑油膜，提高承载能力和传动效率，延长使用寿命。

4）锥齿轮传动具有传动平稳、承载能力强等特点，但锥齿轮加工比较困难，特别是大直径、大模数的锥齿轮，所以，一般只在需要改变轴的传动方向时采用，并尽量放在高速级，以减小锥齿轮的直径和模数。

5）斜齿轮传动的平稳性较直齿轮传动好，常用于高速级或要求传动平稳的场合。

6）开式齿轮传动的工作环境一般较差，润滑条件不好，磨损严重，寿命较短，应布置在低速级。

7）连杆机构、凸轮机构等改变运动形式的机构一般布置在传动系统的末端，并且常作为工作机的执行机构。

图 5-13 所示为带式输送机的四种传动方案。方案一采用二级圆柱齿轮传动，这种方案结构尺寸小，传动效率高，可以得到良好的润滑与密封，使用和维护较方便，能在繁重及恶劣的条件下长期工作，但要求起动力矩大时，起动冲击较大。方案二采用 V 带传动和一级闭式齿轮传动，这种方案结构简单，成本低，使用和维护方便，具有良好的缓冲、吸振性能和过载保护作用，但外廓尺寸较大，V 带使用寿命较短，不适合在繁重的工作要求和恶劣的工作环境下工作。方案三采用二级闭式锥-圆柱齿轮传动，传动效率高，结构紧凑，使用寿命长，但制造成本较高。方案四是一级蜗杆传动，结构紧凑，但传动效率低，不适合长期连

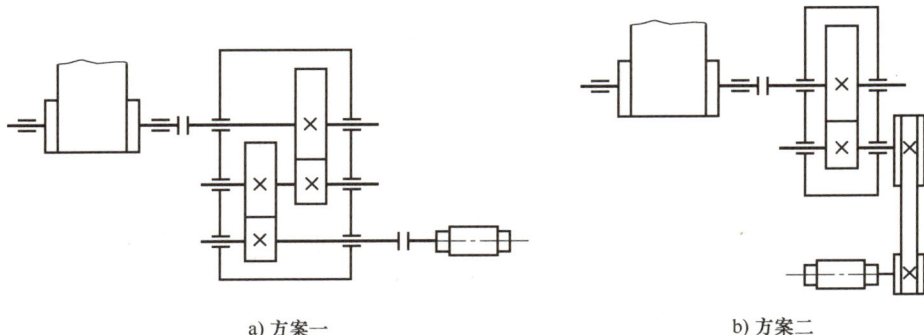

a) 方案一　　　　　　　　　　　　　　　　b) 方案二

图 5-13　带式输送机的四种传动方案

c) 方案三　　　　　　　　　　　　　　　　　　d) 方案四

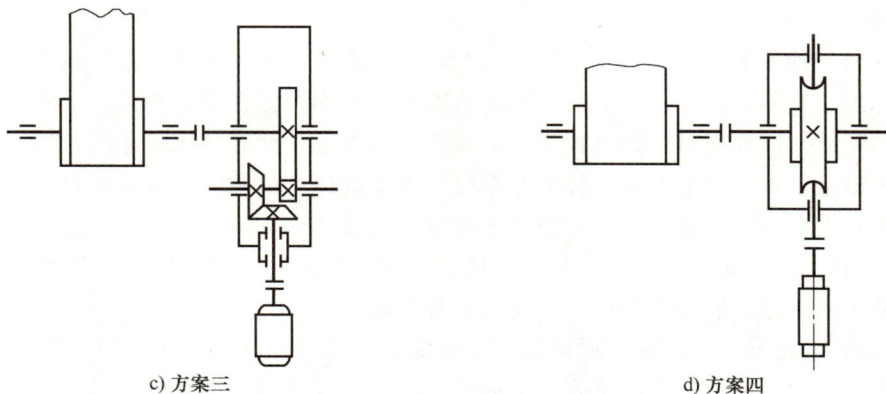

图 5-13　带式输送机的四种传动方案（续）

续工作。以上四种方案虽然都能满足带式输送机的要求，但各有其特点，适用于不同的工作场合，设计时要根据具体的工作要求，综合比较，选择其中最优的方案。

　　减速器是由封闭在刚性壳体内的齿轮传动、蜗杆传动等所组成的独立部件，在原动机和工作机或执行机构之间起匹配转速和传递转矩作用。减速器在传动装置中应用广泛，为了便于合理选择减速器的类型，将几种常用减速器的类型及特点列于表 5-4 中，供选择时参考。

表 5-4　减速器的主要类型

类型	简图及特点
一级圆柱齿轮减速器	传动比一般小于 5，可用直齿、斜齿或人字齿，传递功率可达数万千瓦，效率较高，工艺简单，易保证精度，一般工厂均能制造，应用广泛。轴线可水平布置、上下布置或铅垂布置 a) 水平轴　　　　　　　　b) 立轴
二级圆柱齿轮减速器	传动比一般为 8~40，用直齿、斜齿或人字齿，结构简单，应用广泛。展开式由于齿轮相对于轴承为不对称布置，因此沿齿向载荷分布不均匀，要求轴有较大刚度。分流式齿轮相对于轴承对称布置，常用于功率较大、变载荷场合。同轴式减速器长度方向尺寸较小，但轴向尺寸较大，轴较长，刚度较差，两级大齿轮直径接近，有利于浸油润滑。轴线可以水平、上下或铅垂布置 a) 展开式　　　　　b) 分流式　　　　　c) 同轴式

（续）

类型	简图及特点
一级锥齿轮减速器	传动比一般小于3,用直齿、斜齿或曲线齿 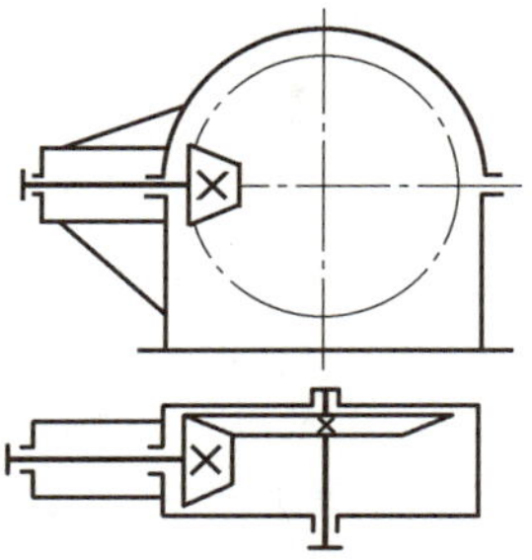 a) 水平轴 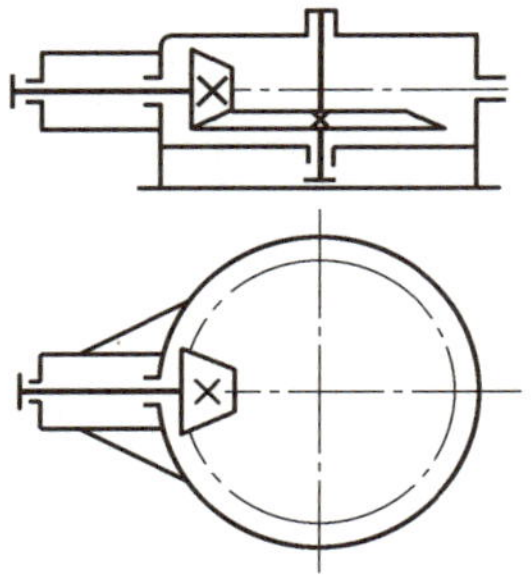　　　　b) 立轴
二级锥圆柱齿轮减速器	锥齿轮应布置在高速级,使其直径不致过大,便于加工 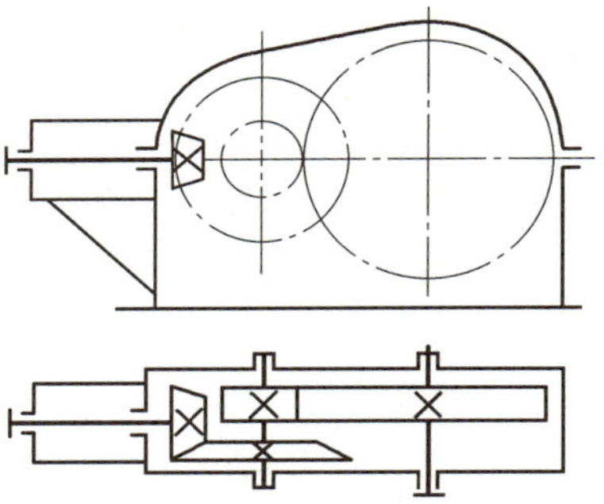 a) 水平轴 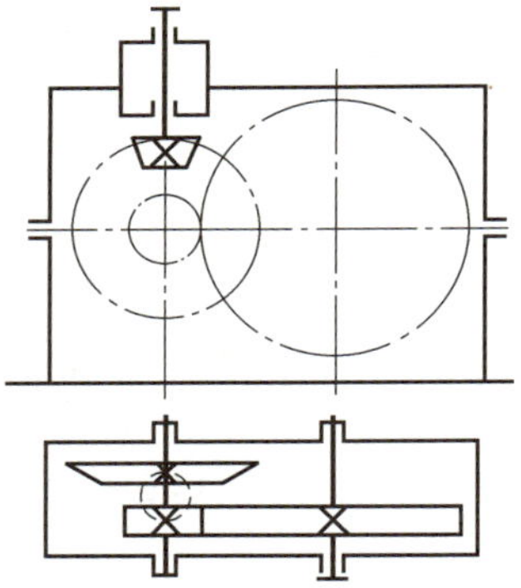　　　　b) 立轴
一级蜗杆减速器	结构简单,尺寸紧凑,但效率较低,适用于载荷较小、间歇工作的场合。蜗杆圆周速度 $v \leqslant 5$m/s 时用下置蜗杆,$v>$5m/s 时用上置蜗杆。采用立轴布置时密封要求高 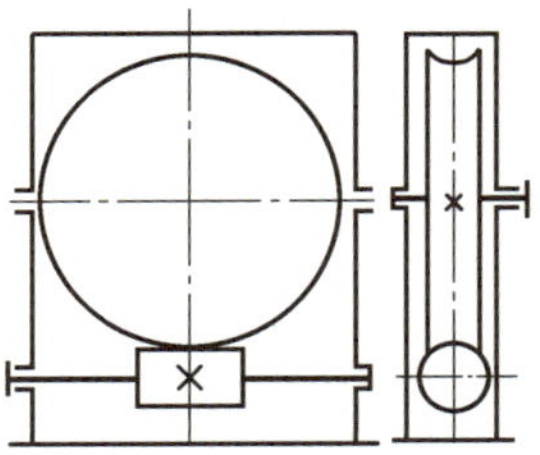 a) 蜗杆下置式 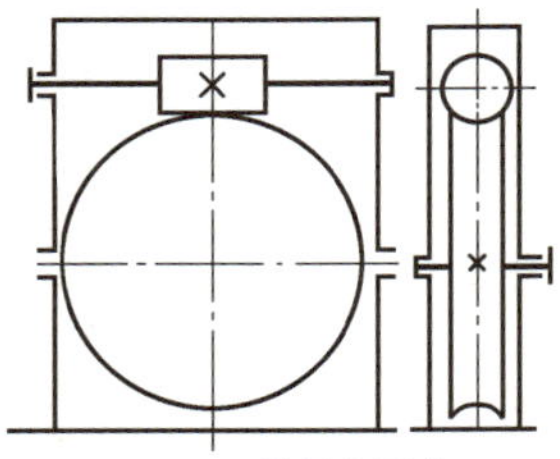　　　b) 蜗杆上置式 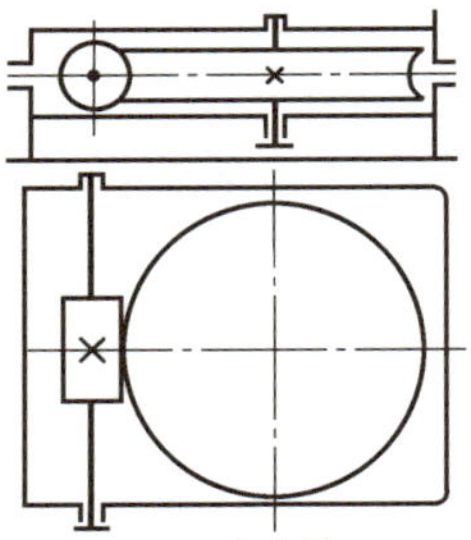　　　c) 立轴

三、电动机的选择

电动机已标准化、系列化,设计时应根据工作载荷、工作环境、经济性等要求,合理选择电动机的类型、转速、额定功率等,并从电动机相关标准中查得电动机的型号及相关数据。

117

1. 电动机的类型和结构形式

电动机有交流电动机和直流电动机两类，由于工业电源大都采用三相交流电，故工业上一般采用交流电动机。交流电动机又分为异步电动机和同步电动机两类，异步电动机又分为笼型异步电动机和绕线型异步电动机两种，其中以普通笼型异步电动机应用最多。电动机的结构有防滴式、封闭自扇冷式、防爆式等，可根据防护要求选择。同一类型的电动机又具有几种安装形式，可根据不同的安装要求选择。

YE3 系列三相异步电动机是一种高效、节能的电动机，它采用新技术、新工艺和新材料，设计新颖、运行稳定、噪声低、效率高、转矩高、起动性能好、结构紧凑且维护方便，广泛应用于各种工业生产、机械设备中，如机床、泵、风机、运输机、搅拌机等。此外，在石油、化工、医药等行业的严苛工作环境中，YE3 电动机也表现出稳定的性能。而对于经常起动、制动和正反转，有显著冲击和振动的机械，如起重机、提升机械等，要求电动机具有较小的转动惯量和较大的过载能力，应选用起重及冶金用三相异步电动机，如 YZR 系列电动机。

2. 电动机的功率

电动机的功率选择是否合适，对电动机的工作和经济性都有影响。如果所选电动机的功率小于工作要求功率，则不能保证机器正常工作，或使电动机因长期过载运行而过早损坏；如果所选电动机的功率过大，则电动机价格过高，传动能力不能充分利用，而且由于经常在轻载荷下运行，其效率和功率因数都较低，造成能量浪费，增加了不必要的成本。因此，设计时一定要选择合适的电动机功率。

对于长期连续运转、载荷比较稳定的机械，如运输机、鼓风机等，通常按照电动机的额定功率选择，应保证电动机的额定功率 P 等于或稍大于电动机所需的输出功率 P_d，即 $P_d \geqslant P$。

电动机所需的输出功率 P_d 为

$$P_d = \frac{P_w}{\eta_{总}}$$

式中　P_w——工作机的输出功率（kW）；

$\eta_{总}$——电动机至工作机之间的总效率。

工作机的输出功率 P_w，由任务中给定的工作机参数，即运输带拉力 $F(N)$、运输带速度 $v(m/s)$，按下面的公式计算求得

$$P_w = \frac{Fv}{1000}$$

电动机至工作机的传动总效率 $\eta_{总}$ 为

$$\eta_{总} = \eta_1 \eta_2 \eta_3 \cdots \eta_n$$

其中，η_1，η_2，η_3，$\cdots$，η_n 分别为传动装置中每一传动副（带传动、齿轮传动等）、每对轴承、每个联轴器以及传动滚筒的传动效率，其值可以查附录 C 得到。因此，在计算电动机输出功率前，应初选联轴器、轴承类型及齿轮精度等级，以便确定各部分的效率。

综上可知，电动机所需的输出功率 P_d 为

$$P_d = \frac{Fv}{1000\eta_{总}}$$

3. 电动机的转速

电动机的转速有同步转速和满载转速。同步转速是理想空载时电动机的转速，满载转速是电动机满载工作时（即额定功率时）的转速，显然，满载转速比同步转速低，电动机型号按同步转速确定。

额定功率相同的同一类型电动机有多种转速可选，如三相异步电动机常用的同步转速有3000r/min（2极）、1500r/min（4极）、1000r/min（6极）、750r/min（8极）等，电动机同步转速越高，磁极对数越少，其重量越轻，外廓尺寸越小，价格越低，但是电动机转速与工作机转速相差过多势必会使总传动比变大，致使传动装置的外廓尺寸和重量增加，价格增高。因此，确定电动机的转速时，一般应综合分析电动机及传动装置的性能、尺寸、质量和价格等因素，权衡利弊，选择最优方案。设计中，如无特殊要求，一般选用同步转速为1500r/min、1000r/min两种电动机。

为使传动装置设计合理，可根据工作机的转速要求和各级传动的合理传动比范围，计算出电动机转速的可选范围 n_d。

$$n_d = i_{总} n_w$$

其中，$i_{总}$ 由各级传动的合理传动比范围决定，以图5-13b所示的传动方案为例，它是由带传动和单级直齿圆柱齿轮传动组成的传动系统，查表5-3得，带传动常用的传动比范围为 $i_0 = 2 \sim 4$，齿轮传动常用的传动比范围为 $i = 3 \sim 5$，则总传动比合理范围为 $i_{总} = i_0 i = 6 \sim 20$。$n_w$ 为工作机转速，由任务中给定的工作机参数进行计算，即运输带拉力 F（N）、滚筒直径 D（mm），计算公式为

$$n_w = \frac{60 \times 1000 v}{\pi D}$$

最后，根据电动机的类型和结构形式、同步转速、输出功率，查表确定电动机型号、满载转速、额定功率、外形及安装尺寸等。YE3系列三相异步电动机的技术参数见附录D，其安装及外形尺寸见附录E。

四、传动装置的总传动比和各级传动比

1. 总传动比

电动机选定后，由电动机满载转速 n_m 和工作机转速 n_w，可计算出传动装置的总传动比为

$$i_{总} = \frac{n_m}{n_w}$$

总传动比为各级传动比的连乘积，即

$$i_{总} = i_0 i_1 i_2 \cdots i_n$$

2. 各级传动比

合理分配各级传动比，可减小传动装置的外廓尺寸、重量，达到降低成本、结构紧凑的目的，还可得到较好的润滑条件。分配传动比时，一般应遵循以下原则。

1）各级传动比应在合理的推荐范围内选取（表5-3），不得超出最大值。

2）既要充分发挥各级传动的承载能力，也要使各级传动零件尺寸协调、结构均匀合理，避免相互干涉或安装不便。如图5-14所示，高速级传动比过大，造成高速级大齿轮与

低速级的大齿轮轴发生干涉。又如图 5-15 所示，电动机至减速器间有带传动，一般应使带传动的传动比小于齿轮传动的传动比，以免大带轮半径大于减速器中心高，使带轮与底座干涉。

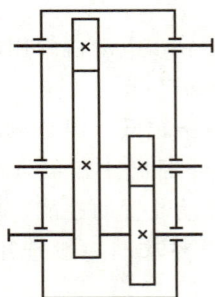

图 5-14　高速级大齿轮与低速轴干涉　　　　　图 5-15　带轮与底座干涉

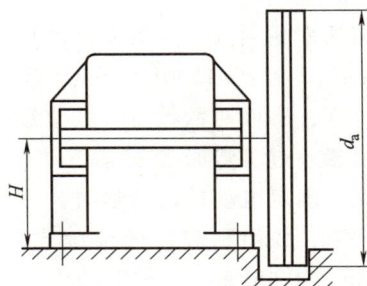

3）尽量使传动装置的总体结构紧凑，以使外廓尺寸较小、质量较轻。如图 5-16 所示，在二级减速器总中心距和总传动比相同时，图 5-16a 所示方案中，高速级传动比为 5，低速级传动比为 4.1，两个大齿轮直径比较接近，减速器箱体尺寸较小；图 5-16b 方案中，高速级传动比为 3.95，低速级传动比为 5.18，低速级大齿轮直径较大，减速器箱体尺寸较大。

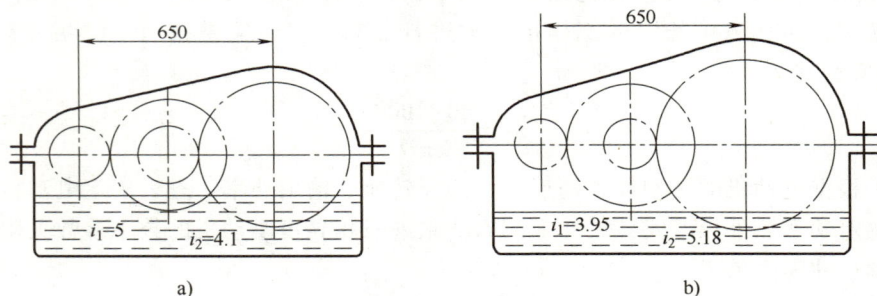

图 5-16　不同传动比分配对外廓尺寸的影响

4）对于两级或多级齿轮减速器，应使各级大齿轮直径接近，从而使各级传动的大齿轮浸油深度合理。一般应保证高速级传动比大于低速级传动比，如图 5-16a 所示。对于展开式二级圆柱齿轮减速器，高速级传动比可取 $i_1 = (1.3 \sim 1.5) i_2$ 或 $i_1 = \sqrt{(1.3 \sim 1.5) i_{\text{总}}}$；同轴式二级圆柱齿轮减速器，可取 $i_1 = i_2$。

五、传动装置的运动和动力参数计算

机械传动装置的运动和动力参数主要指传动装置中各轴的功率、转速及转矩，它们是进行传动零件和轴设计计算的重要依据。计算前，可将电动机轴编为 0 轴，按电动机到工作机的传动顺序，其他各轴依次编号为Ⅰ轴、Ⅱ轴、Ⅲ轴、…，相邻两轴间的传动比为 i_{01}，i_{12}，i_{23}，…，相邻相轴间的传动效率为 η_{01}，η_{12}，η_{23}，…。

1. 电动机轴的输出功率、转速和转矩

$$P_0 = P_{\text{d}}$$
$$n_0 = n_{\text{m}}$$

$$T_0 = 9550 \frac{P_0}{n_0}$$

2. 传动装置中各轴的输入功率、转速和转矩

Ⅰ轴：$P_1 = P_0 \eta_{01}$，$n_1 = \dfrac{n_0}{i_{01}}$，$T_1 = 9550 \dfrac{P_1}{n_1}$

Ⅱ轴：$P_2 = P_1 \eta_{12}$，$n_2 = \dfrac{n_1}{i_{12}}$，$T_2 = 9550 \dfrac{P_2}{n_2}$

Ⅲ轴：$P_3 = P_2 \eta_{23}$，$n_3 = \dfrac{n_2}{i_{23}}$，$T_3 = 9550 \dfrac{P_3}{n_3}$

以此类推。

注意，因有轴承功率损耗，同一根轴的输出功率（或转矩）与输入功率（或转矩）数值不同，在进行传动零件的设计时，应该用输出功率；因有传动零件功率损耗，一根轴的输出功率（或转矩）与下一根轴的输入功率（或转矩）的数值也不同，计算时应加以区分。

【任务实施】

带式输送机传动装置的总体设计见表 5-5。

表 5-5 带式输送机传动装置的总体设计

序号	任务名称	分析过程
1	传动方案的分析与拟定	结合设计工作要求，采用 V 带传动与一级齿轮传动的组合，带传动具有良好的缓冲、吸振性能，布置在高速级，如图 5-17 所示。该传动方案可满足传动比要求，结构简单，成本低，使用维护方便 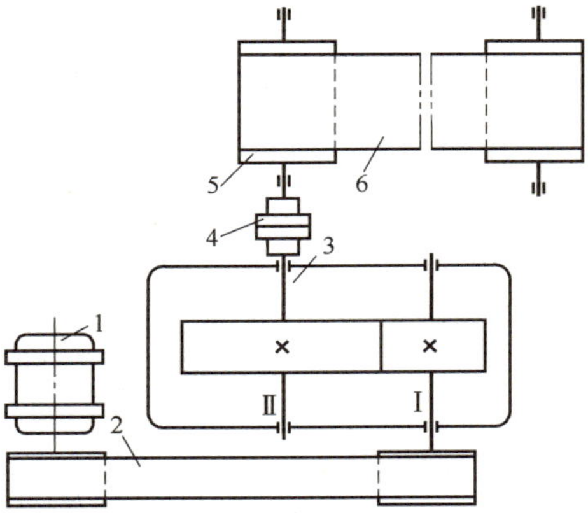 图 5-17 项目的传动方案 1—电动机 2—带传动 3—齿轮减速器 4—联轴器 5—滚筒 6—传送带
2	电动机的选择	（1）电动机类型的选择 YE3 系列三相异步电动机 （2）电动机功率 工作机的功率为 $P_w = \dfrac{Fv}{1000} = \dfrac{2200 \times 1.5}{1000} \text{kW} = 3.3 \text{kW}$ 电动机至工作机之间的总效率为 $\eta_{总} = \eta_1 \eta_2 \eta_3 \eta_4 \eta_5 \eta_6 \eta_7$ 查附录 C 可知，V 带传动效率 $\eta_1 = 0.96$，Ⅰ轴滚动轴承传动效率 $\eta_2 = 0.99$（球轴承），圆柱齿轮传动效率 $\eta_3 = 0.97$（8 级精度的一般齿轮传动），Ⅱ轴滚动轴承传动效率 $\eta_4 = 0.99$（球轴承），联轴器效率 $\eta_5 = 0.99$（弹性联轴器），滚筒轴滚动轴承传动效率 $\eta_6 = 0.99$（球轴承），传动滚筒效率 $\eta_7 = 0.96$。代入上式，得

121

（续）

序号	任务名称	分析过程
2	电动机的选择	$\eta_{总} = \eta_1 \eta_2 \eta_3 \eta_4 \eta_5 \eta_6 \eta_7 = 0.96^2 \times 0.99^4 \times 0.97 \approx 0.859$ 因此电动机输出功率为 $P_d = \dfrac{P_w}{\eta_{总}} = \dfrac{3.3}{0.859} \text{kW} \approx 3.84 \text{kW}$ （3）电动机转速 滚筒轴的工作转速为 $$n_w = \frac{60 \times 1000 v}{\pi D} = \frac{60 \times 1000 \times 1.5}{3.14 \times 300} \text{r/min} \approx 95.5 \text{r/min}$$ 一般情况下，V 带传动的传动比 $i_0 = 2 \sim 4$，单级圆柱齿轮传动比 $i = 3 \sim 5$，则总传动比合理范围为 $i_{总} = 6 \sim 20$，电动机转速的可选范围为 $$n_d = i_{总} n_w = (6 \sim 20) \times 95.5 \text{r/min} = 573 \sim 1910 \text{r/min}$$ 符合这一范围的同步转速有 750r/min、1000r/min、1500r/min，综合考虑电动机和传动装置的尺寸、重量、价格和总传动比，选用 1500r/min 的方案较好。查附录 D，选定电动机型号为 YE3-112M-4，额定功率为 4kW，满载转速为 1440r/min。查附录 E，电动机安装及外形尺寸如下（单位 mm）： 下表

型号	H	外形尺寸 $L \times AB \times HD$	安装尺寸 $A \times B$	K	轴伸尺寸 $D \times E$	键槽尺寸 $F \times G$
YE3-112M-4	112	440×230×310	190×140	$\phi 12$	$\phi 28^{+0.009}_{-0.004} \times 60$	8×24

序号	任务名称	分析过程
3	传动装置的总传动比和各级传动比分配	（1）传动装置的总传动比 $$i_{总} = \frac{n_m}{n_w} = \frac{1440}{95.5} \approx 15.08$$ （2）分配传动装置各级传动比 取 V 带传动的传动比 $i_0 = 3$，则圆柱齿轮减速器的传动比为 $$i = \frac{i_{总}}{i_0} = \frac{15.08}{3} \approx 5.0$$ 以上传动比的分配只是初步的，传动装置的实际传动比要由选定的齿轮齿数或带轮基准直径确定，因而很可能与设定的传动比之间有误差，一般允许工作机实际转速与设定转速之间的相对误差为 $\pm (3\% \sim 5\%)$
4	传动装置的运动和动力设计	0 轴（电动机轴）： $$P_0 = P_d = 3.84 \text{kW}$$ $$n_0 = n_m = 1440 \text{r/min}$$ $$T_0 = 9550 \frac{P_0}{n_0} = 9550 \times \frac{3.84}{1440} \text{N} \cdot \text{m} \approx 25.5 \text{N} \cdot \text{m}$$ I 轴（高速轴）： $$P_1 = P_0 \eta_{01} = P_0 \eta_1 = 3.84 \times 0.96 \text{kW} \approx 3.69 \text{kW}$$ $$n_1 = \frac{n_0}{i_0} = \frac{1440}{3} \text{r/min} = 480 \text{r/min}$$ $$T_1 = 9550 \frac{P_1}{n_1} = 9550 \times \frac{3.69}{480} \text{N} \cdot \text{m} \approx 73.4 \text{N} \cdot \text{m}$$ II 轴（低速轴）： $$P_2 = P_1 \eta_{12} = P_1 \eta_2 \eta_3 = 3.69 \times 0.99 \times 0.97 \text{kW} \approx 3.54 \text{kW}$$ $$n_2 = \frac{n_1}{i} = \frac{480}{5} \text{r/min} = 96 \text{r/min}$$ $$T_2 = 9550 \frac{P_2}{n_2} = 9550 \times \frac{3.54}{96} \text{N} \cdot \text{m} \approx 352.2 \text{N} \cdot \text{m}$$

（续）

序号	任务名称	分析过程
4	传动装置的运动和动力设计	（见下）

Ⅲ轴（滚筒轴）：

$$P_3 = P_2 \eta_{23} = P_2 \eta_4 \eta_5 = 3.54 \times 0.99 \times 0.99 \text{kW} \approx 3.47 \text{kW}$$

$$n_3 = \frac{n_2}{i_{23}} = \frac{96}{1} \text{r/min} = 96 \text{r/min}$$

$$T_3 = 9550 \frac{P_3}{n_3} = 9550 \times \frac{3.47}{96} \text{N} \cdot \text{m} \approx 345.2 \text{N} \cdot \text{m}$$

将上述计算得到的各轴运动和动力参数记录至下表：

轴名	功率 P/kW 输入	功率 P/kW 输出	转矩 T/N·m 输入	转矩 T/N·m 输出	转速 n/(r/min)	传动比 i	效率 η
电动机轴	—	3.84	—	25.5	1440	3	0.96
Ⅰ轴	3.69	3.65	73.4	72.7	480	5	0.96
Ⅱ轴	3.54	3.5	352.2	348.7	96		
滚筒轴	3.47	3.44	345.2	341.7	96	1	0.98

【实践训练】

完成表 5-6 所列实践训练。

表 5-6　带式输送机传动装置的总体设计实践训练

	已知条件：带式输送机工作条件为连续单向运转，载荷平稳，空载起动，使用期 8 年，小批量生产，两班制工作，运输带速度允许误差 ±5%。传动装置设计的原始技术数据如下，每位同学根据自己的学号选择对应题号下的技术数据

题号	滚筒圆周力 F/N	带速 v/(m/s)	滚筒直径 D/mm	题号	滚筒圆周力 F/N	带速 v/(m/s)	滚筒直径 D/mm
01	1100	1.5	250	15	1200	1.4	500
02	1400	1.8	450	16	1700	1.5	350
03	1500	1.6	400	17	1600	1.7	400
04	1900	1.4	350	18	2000	1.7	500
05	2000	1.2	400	19	1900	1.2	350
06	1700	1.5	500	20	1300	1.3	350
07	1300	1.7	450	21	1600	1.5	500
08	1600	1.3	350	22	1500	1.5	400
09	1400	1.5	500	23	1900	1.7	350
10	2000	1.3	400	24	2000	1.6	450
11	1800	1.4	500	25	1800	1.3	350
12	1900	1.8	500	26	1800	1.7	450
13	1300	1.8	450	27	1600	1.4	500
14	1500	1.3	350	28	1800	1.6	400

实践任务

（续）

题号	滚筒圆周力 F/N	带速 v/(m/s)	滚筒直径 D/mm	题号	滚筒圆周力 F/N	带速 v/(m/s)	滚筒直径 D/mm
29	2000	1.4	450	40	1200	1.3	350
30	2000	1.5	350	41	1900	1.3	450
31	1300	1.2	500	42	1600	1.6	400
32	1700	1.8	500	43	2000	1.5	350
33	1200	1.6	400	44	1500	1.4	500
34	1300	1.6	350	45	1400	1.6	350
35	1200	1.5	450	46	1200	1.7	400
36	1700	1.3	400	47	1700	1.4	450
37	1900	1.6	350	48	1800	1.5	500
38	1300	1.4	500	49	1400	1.3	400
39	1700	1.6	450	50	1500	1.7	350

（左侧标注：实践任务）

要求完成的任务：

1）确定传动方案

2）确定电动机型号，查出额定功率、满载转速、安装及外形尺寸等

3）确定各级传动比

4）计算各轴的设计参数

实践准备	计算器、机械设计手册
序号	任务名称	计算分析过程

（按此格式另附纸张完成训练）

【习题与思考】

一、选择题

1. 带传动中传动比较准确的是（　　）。

A. 平带　　　　　　　B. V 带　　　　　　　C. 圆带　　　　　　　D. 同步带

2. 平带传动是依靠（　　）来传递运动的。

A. 主轴的动力　　　　　　　　　　B. 主动带轮的转矩

C. 带与带轮之间的摩擦力　　　　　D. 以上均不是

3. 与齿轮传动和链传动相比，带传动的主要优点是（　　　）。

A. 工作平稳，无噪声　　　　　　　　B. 传动的重量轻

C. 摩擦损失小，效率高　　　　　　　D. 寿命较长

4. 与平带传动相比较，V 带传动的优点是（　　　）。

A. 传动效率高　　　B. 带的寿命长　　　C. 带的价格便宜　　　D. 承载能力大

5. 选择三相异步电动机型号的依据是（　　　）。

A. 速度与效率　　　B. 功率与转速　　　C. 功率与效率　　　D. 转速与传动比

6. V 带传动的单级传动比一般取（　　　）。

A. 3～5　　　　　B. 2～5　　　　　C. 2～4　　　　　D. 5～10

7. 渐开线圆柱直齿轮单级传动比一般取（　　　）。

A. 5～10　　　　B. 2～4　　　　　C. 2～3　　　　　D. 3～5

8. 在多级传动中，常将带传动放在（　　　）。

A. 低速级　　　　B. 高速级　　　　C. 中间级　　　　D. 都可以

9. 在展开式二级圆柱齿轮减速器中，高速级传动比 i_1 与低速级传动比 i_2 之间的关系为（　　　）。

A. $i_1 = i_2$　　　　　　　　　　　B. $i_1 = 2i_2$

C. $i_1 = (1.3～1.5)i_2$　　　　　　D. 没有关系

二、填空题

1. 机器一般由_____、_____、_____工作机三部分组成。

2. 机械设计的基本要求包括_____、_____、_____、_____可靠性要求和其他特殊要求。

3. 机械设计的一般过程包括_____、_____、_____和施工设计阶段。

4. 常用的传动机构有_____、_____、_____等。

5. 带传动根据工作原理不同，分为_____和啮合型带传动；根据带的截面形状，摩擦型带传动可分为平带传动_____、_____、_____、_____等。

6. 按齿廓曲线分，齿轮有_____、_____、_____摆线齿轮等。

7. 电动机转速有_____转速和_____转速，计算传动装置总传动比时，用电动机的_____转速除以工作机转速。

任务二　分析与设计带传动

【学习目标】

1）熟悉 V 带和 V 带轮的结构和标准。

2）掌握带传动的弹性滑动等工作特性。

3）熟悉带传动的正确使用和日常维护方法。

4）能够进行带传动的设计计算、选型及零件图绘制。

5）养成使用国家标准、行业标准的习惯，建立职业规范意识。

【任务描述】

在上一任务的数据基础上，完成带式输送机传动装置中的带传动设计，确定 V 带的型号、基准长度和根数、带轮的基准直径、结构尺寸和材料、传动中心距及带的初拉力和压轴力等，并画出带轮的零件图。

【相关知识】

带传动的类型与特点在项目五任务一中已进行介绍，这里不再重复。

一、V 带和 V 带轮

V 带有普通 V 带、窄 V 带、宽 V 带、联组 V 带、齿形 V 带等多种类型，其中普通 V 带、窄 V 带应用最广，都已经标准化，在手册中可以查到。这里主要介绍普通 V 带及 V 带轮。

1. 普通 V 带的结构和标准

普通 V 带是用多种材料制成的无接头环形带，其剖面为对称的梯形。如图 5-18 所示，它由顶胶层 1、抗拉层 2、底胶层 3 和包布层 4 组成。顶胶层和底胶层由胶料制成，在带弯曲时分别受拉伸和受压缩；包布层由胶帆布制成，包在带的外面，起保护作用；抗拉层承受基本拉力，是主要承载部分，抗拉层的结构分为帘布芯（图 5-18a）和绳芯（图 5-18b）两种类型。帘布芯结构制造方便、价格低廉，抗拉强度高，应用较广；绳芯结构柔韧性好、抗弯强度高，适用于转速高、载荷不大、带轮直径较小的场合。

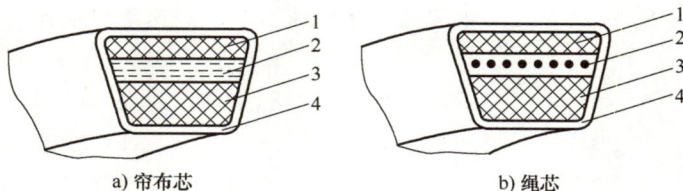

a) 帘布芯　　　　　　　　　　b) 绳芯

图 5-18　普通 V 带的结构

1—顶胶层　2—抗拉层　3—底胶层　4—包布层

普通 V 带已标准化，按其截面尺寸由小到大分 Y、Z、A、B、C、D、E 七种型号，其截面尺寸见表 5-7，相同条件下，截面尺寸越大，V 带的承载能力越强。

表 5-7　普通 V 带截面尺寸

	型号	节宽 b_p/mm	顶宽 b/mm	高度 h/mm	截面面积 A/mm²	带长质量 q/(kg/m)	楔角 α
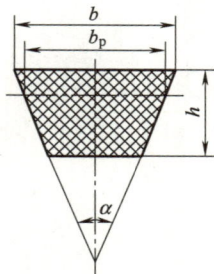	Y	5.3	6.0	4.0	18	0.02	
	Z	8.5	10.0	6.0	47	0.06	
	A	11.0	13.0	8.0	81	0.10	
	B	14.0	17.0	11.0	138	0.17	40°
	C	19.0	22.0	14.0	230	0.30	
	D	27.0	32.0	19.0	476	0.62	
	E	32.0	38.0	23.0	692	0.90	

在 V 带绕到带轮上发生弯曲时，带的顶胶层伸长而变窄，底胶层缩短而变宽，V 带中长度及宽度尺寸与自由状态时相比保持不变的面称为带的节面，如图 5-19 所示，节面的宽度称为节宽，用 b_p 表示；节面上带的长度称为基准长度，用 L_d 表示，带的基准长度已标准化。

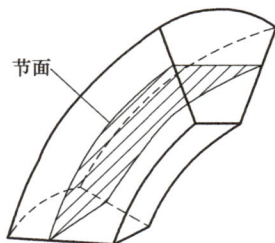
图 5-19　V 带的节面

V 带的标记：型号—L_d 国家标准号。V 带的标记通常压印在带的外表面上，以便识别。

例：A—1400 GB/T 11544—2012。表示 A 型普通 V 带，基准长度为 1400mm。

2. V 带轮的结构

（1）V 带轮的材料　V 轮材料常采用灰铸铁、钢、铝合金或工程塑料，其中灰铸铁应用最广。当 V 带轮的圆周速度在 25m/s 以下时，用 HT150 或 HT200；当转速较高时，可采用铸钢或钢板冲压焊接结构；传递小功率时可用铸铝或塑料，以减轻 V 带轮重量。

（2）V 带轮的结构　V 带轮由轮缘、轮辐和轮毂组成。轮缘上制有梯形轮槽，用于安装 V 带，因普通 V 带采用基准宽度制，以基准线的位置和基准宽度来确定带轮的槽型、基准直径和 V 带在槽中的位置，所以轮缘结构尺寸和槽数应与所用 V 带的型号、根数相对应；轮毂是与轴配合的部分；轮辐是连接轮缘和轮毂的部分。在 V 带轮上，与所配用的 V 带节宽 b_p 相对应的 V 带轮直径称为 V 带轮基准直径，用 d_d 表示，表 5-8 为普通 V 带轮基准直径系列。

表 5-8　普通 V 带轮基准直径系列　（单位：mm）

型号	Y	Z	A	B	C	D	E
V 带轮最小直径 d_{dmin}	20	50	75	125	200	355	500
V 带轮基准直径系列	28　31.5　35.5　40　45　50　56　63　71　80　90　100　112　125　140　150　160　180　200　224　250　280　315　355　400　450　500　560　630　710　800　1000　…						

表 5-9 为 V 带轮轮槽结构与尺寸，因普通 V 带的楔角均为 40°，当带绕上 V 带轮而弯曲时，带外表面受拉而变窄，内表面受压而变宽，带的截面楔角变小，这种现象随着 V 带轮直径越小越明显。因此，为了保证带的两侧面与轮槽面保持良好的接触，应使轮槽角小于带的楔角，按 V 带轮基准直径 d_d 不同分别规定为 32°、34°、36°、38°。

表 5-9　V 带轮轮槽结构与尺寸

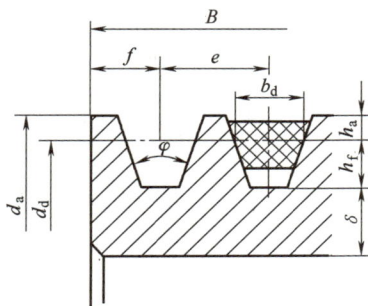

（续）

尺寸参数			V带型号						
			Y	Z	A	B	C	D	E
基准宽度 b_d/mm			5.3	8.5	11.0	14.0	19.0	27.0	32.0
基准线至槽顶高度 h_{amin}/mm			1.6	2.0	2.75	3.5	4.8	8.1	9.6
基准线至槽底高度 h_{fmin}/mm			4.7	7.0	8.7	10.8	14.3	19.9	23.4
第一槽对称线至端面距离 f/mm			7	8	10	12.5	17	23	29
槽间距 e/mm			8	12	15	19	25.5	37	45.5
轮缘厚度 δ_{min}/mm			5	5.5	6	7.5	10	12	15
轮缘宽度 B/mm			$B=(z-1)e+2f$, z 为带的根数						
槽角 φ	32°	基准直径 d_d	≤60	—	—	—	—	—	—
	34°		—	≤80	≤118	≤190	≤315	—	—
	36°		>60	—	—	—	—	≤475	≤600
	38°		—	>80	>118	>190	>315	>475	>600

V带轮根据轮辐结构不同，分为实心式、腹板式、孔板式、轮辐式。设计 V 带轮的要求是结构合理、重量轻、质量分布均匀，轮槽两侧工作面光滑，以减轻带的磨损。当 V 带轮基准直径 $d_d \leqslant (2.5 \sim 3) d_s$（$d_s$ 为轴径）时，可采用实心式（图 5-20a）；当 V 带轮直径 $d_d \leqslant 300$mm 时，可采用腹板式（图 5-20b）或孔板式（当 $d_r - d_h \geqslant 100$mm 时，图 5-20c）；当 V 带轮直径 $d_d > 300$mm 时，可采用轮辐式（图 5-20d）。

5-9 带轮结构

二、带传动的工作情况分析

1. 带传动的受力分析

带传动是利用摩擦力来传递运动和动力的。为使带与带轮间产生摩擦力，带在安装时，必须绷紧套在两个带轮上，使其保持有初拉力 F_0，从而在带和带轮的接触面上产生必要的正压力。带传动未工作时，带上下两边的拉力相等，均为初拉力 F_0，如图 5-21a 所示。

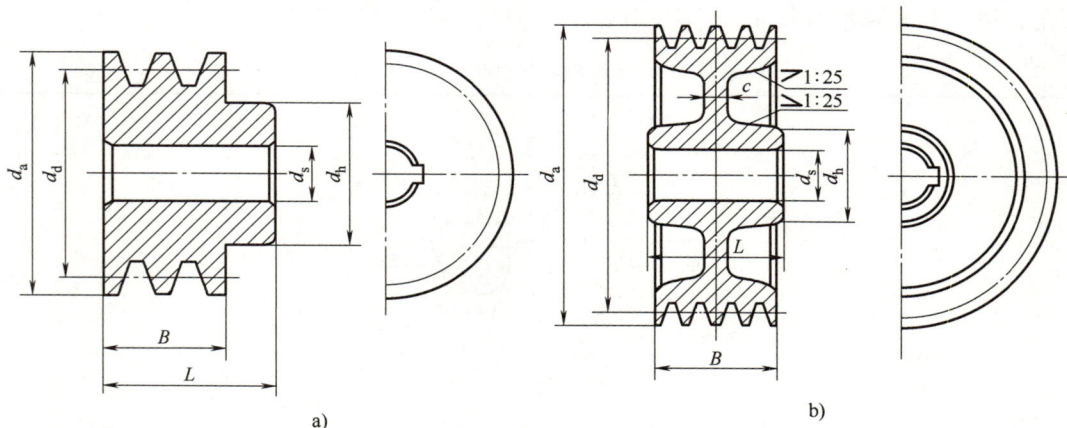

a)   b)

图 5-20　V 带轮的结构

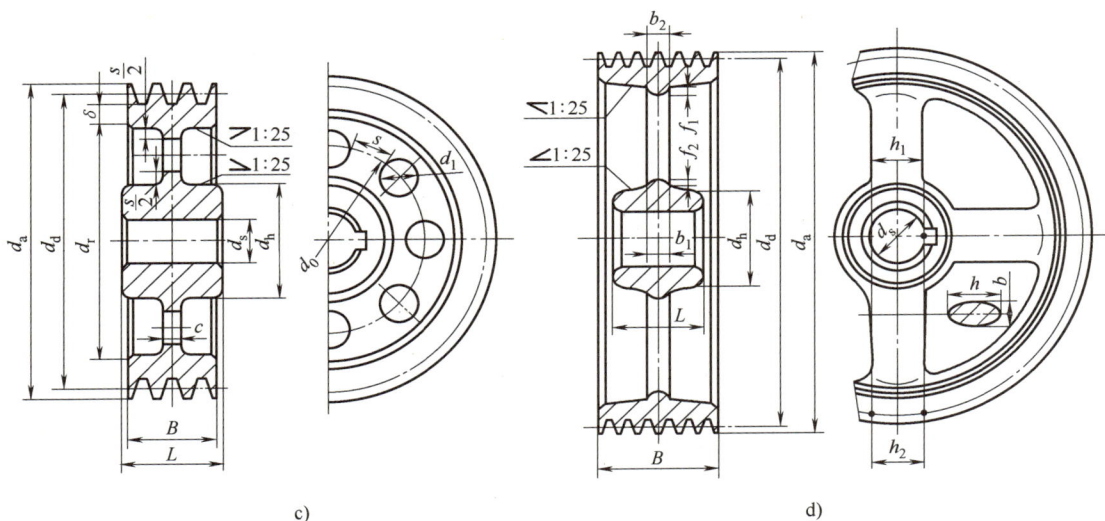

c)   d)

$$d_h = (1.8 \sim 2)d_s \; ; \; d_0 = 0.5(d_r + d_h) \; ; \; d_1 = (0.2 \sim 0.3)(d_r - d_h) \; ;$$

$$c = s = (1/7 \sim 1/4)B \; ; \; L = (1.5 \sim 2)d_s , \; \text{当} B < 1.5d_s \text{时}, \; L = B \; ;$$

$$h_1 = 290\sqrt[3]{P/(nz_a)} \; ; \; h_2 = 0.8h_1 \; ; \; b_1 = 0.4h_1 \; ; \; b_2 = 0.8b_1 \; ; \; f_1 = 0.2h_1 \; ; \; f_2 = 0.2h_2$$

式中，P 为带传递的功率(kW)；n 为V带轮的转速(r/min)；z_a 为轮辐数。

图 5-20 V 带轮的结构 （续）

带传动工作时，由于带和带轮接触面上的摩擦力作用，主动轮作用在带上的力与其转向相同，而从动轮作用在带上的作用力与其转向相反，这就造成带两边的拉力发生变化，其中进入主动轮一边的带被拉紧，称为紧边，其拉力由 F_0 增加到 F_1；绕出主动轮一边的带被放松，称为松边，其拉力由 F_0 减小到 F_2，如图 5-21b 所示。假设带工作时的总长不变，即两边带长度的增减量相等，则紧边拉力的增量应等于松边拉力的减量，即

$$F_1 - F_0 = F_0 - F_2$$

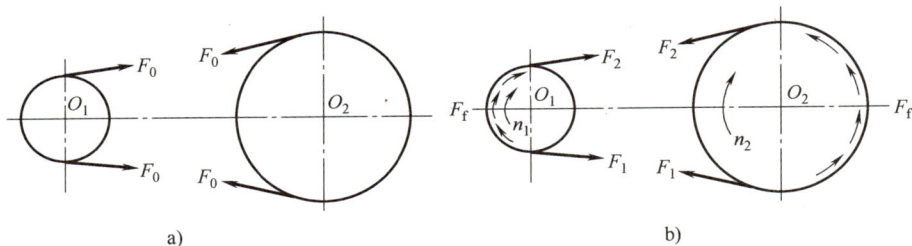

a)   b)

图 5-21 带传动的受力分析

带紧边和松边的拉力差称为带的有效拉力 F。在最大静摩擦力范围内，带的有效拉力 F 等于带与带轮间摩擦力的总和 F_f，即

$$F = F_1 - F_2 = F_f$$

实际工作中，带传动的有效拉力 $F(\text{N})$、带速 $v(\text{m/s})$ 和带传递的功率 $P(\text{kW})$ 之间的关系是

$$P = \frac{Fv}{1000}$$

由上式可知，当功率 P 一定时，带速 v 增大，则有效拉力 F 减小；当带速 v 一定时，传递的有效拉力 F 随功率的增加而增大，需要带与带轮之间的摩擦力也增大。

当带传动处于打滑临界状态时，摩擦力达到最大值，带传动所传递的有效拉力最大。根据柔性体摩擦的欧拉公式，此时带的紧边拉力 F_1 和松边拉力 F_2 之间的关系为

$$\frac{F_1}{F_2} = e^{f\alpha}$$

式中　e——自然对数底（$e = 2.718$）；

　　　f——带与带轮间的摩擦因数；

　　　α——包角（即带与带轮接触弧所对的圆心角）。

综上可得，带传动有效拉力的最大值为

$$F_{max} = 2F_0 \frac{e^{f\alpha_1} - 1}{e^{f\alpha_1} + 1}$$

F_{max} 越大，带的传动能力越强，从上式中可知，F_{max} 的影响因素有：

1）初拉力 F_0。F_{max} 与 F_0 成正比。增大初拉力，有效拉力增大，但初拉力过大会加剧带的磨损，致使带过快松弛，缩短其工作寿命。

2）摩擦因数 f。F_{max} 随 f 的增大而增大。摩擦因数与带和带轮的材料、表面状况等有关。

3）小带轮的包角 α_1。F_{max} 随 α_1 的增大而增大。包角增大，带与带轮接触面积增大，摩擦力的总和增大，所以传动能力增强。由于大带轮的包角 α_2 总是大于小带轮的包角 α_1，所以打滑先发生在小带轮上，只需考虑小带轮的包角。

2. 带传动的应力分析

带传动工作时，在带的横截面上存在三种应力。

（1）离心应力　当传动带沿着带轮轮缘做圆周运动时，带本身的质量将引起离心力，离心力将在带的截面上产生离心应力 σ_c，其大小为

$$\sigma_c = \frac{qv^2}{A}$$

式中　q——带单位长度的质量（kg/m）；

　　　v——带速（m/s）；

　　　A——带的横截面积（mm^2）。

由上式可知，同一型号 V 带，v 越大，σ_c 越大，故传动带的速度不宜过高。

（2）拉应力　带传动工作时，紧边和松边的拉应力分别为

紧边拉应力　　　　　　　　　　　　$\sigma_1 = \dfrac{F_1}{A}$

松边拉应力　　　　　　　　　　　　$\sigma_2 = \dfrac{F_2}{A}$

（3）弯曲应力　带绕过带轮时，由于弯曲变形而产生弯曲正应力。弯曲应力 σ_b 的大

小为

$$\sigma_b = E \frac{h}{d_d}$$

式中　E——带的弹性模量（MPa）；

　　　h——带的高度（mm），参考表 5-7；

　　　d_d——带轮基准直径（mm）。

显然，弯曲应力只发生在带的弯曲部分，且带在小带轮上产生的弯曲应力 σ_{b1} 大于大带轮上产生的弯曲应力 σ_{b2}，设计时应限制小带轮的最小基准直径。

上述三种应力在带上的分布情况如图 5-22 所示，最大应力发生在带的紧边进入小带轮处，其值为

$$\sigma_{max} = \sigma_c + \sigma_1 + \sigma_{b1}$$

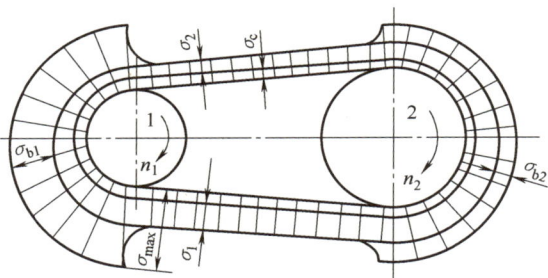

图 5-22　传动带的应力分析

由此可知，带在工作时，带截面上的应力是随着带的运转而变化的，在交变应力状态下，当应力循环次数达到一定值后，带将产生疲劳破坏。

3. 带传动的弹性滑动和打滑

带传动工作时，带受到拉力会产生弹性变形，但由于紧边和松边受到的拉力不同，因而产生的弹性变形也不同。如图 5-23 所示，小带轮为主动轮，当带进入主动轮时，带由紧边运动到松边，其所受的拉力由 F_1 减小至 F_2，带的弹性变形量随之逐渐减小，即带一方面由于摩擦力的作用随着带轮前进，同时因弹性变形的减小而向后收缩，使带的速度 $v_带$ 小于主动轮的圆周速度 v_1，带与主动轮之间发生了相对滑动。同样，当带绕过从动轮时，带由松边运动到紧边，其所受的拉力由 F_2 增大到 F_1，带的弹性变形量随之逐渐增大，即带一方面由于摩擦力的作用随着带轮前进，同时因弹性变形的增大而向前伸长，使带的速度 $v_带$ 大于从动轮的圆周速度 v_2，带与从动轮之间也发生了相对滑动。这种由带的弹性变形和紧边、松边的拉力差引起的滑动，称为弹性滑动。

弹性滑动不同于打滑。弹性滑动是在 $F < F_{max}$ 的情况下，带与带轮之间局部微小的相对滑动，是带传动正常工作时不可避免的固有特性，不影响带的正常工作。打滑是在 $F > F_{max}$，即过载时，带在带轮上发生的明显相对滑动的现象，会使传动失效，同时也加剧了带的磨损，应尽量避免。

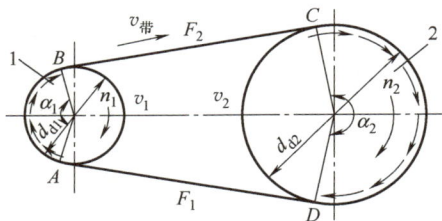

图 5-23　带传动的弹性滑动

5-10　弹性滑动

由于弹性滑动的存在，从动轮的圆周速度低于主动轮，传动比不准确，传动效率下降，增加带的磨损。由弹性滑动引起的从动轮圆周速度的相对降低率称为滑动率，用 ε 表示，即

$$\varepsilon = \frac{v_1 - v_2}{v_1} \times 100\%$$

若主、从动轮的转速分别为 n_1、n_2（单位为 r/min），带轮基准直径分别为 d_{d1}、d_{d2}（单位为 mm），则两轮的圆周速度分别为

$$v_1 = \frac{\pi d_{d1} n_1}{60 \times 1000} \qquad v_2 = \frac{\pi d_{d2} n_2}{60 \times 1000}$$

因此，带传动的传动比为

$$i = \frac{n_1}{n_2} = \frac{d_{d2}}{d_{d1}(1-\varepsilon)}$$

V 带传动的滑动率通常为 1%~2%，因其值很小，故在一般计算中可不予考虑，取传动比为

$$i = \frac{n_1}{n_2} \approx \frac{d_{d2}}{d_{d1}}$$

三、V 带传动的设计

1. V 带传动的失效形式和设计准则

带传动的主要失效形式有：

1）过载打滑，不能传递动力。

2）带由于疲劳产生脱层、撕裂、拉断等破坏。

3）带工作面发生磨损。

因此，带传动的设计准则为：在保证带传动不打滑的条件下，使带具有一定的疲劳强度和使用寿命。

2. 单根 V 带的额定功率

依据设计准则，V 带不打滑的条件为

$$F = \frac{1000P}{v} \leqslant F_{max} = F_1\left(1 - \frac{1}{e^{f_v \alpha_1}}\right) = \sigma_1 A\left(1 - \frac{1}{e^{f_v \alpha_1}}\right)$$

式中　f_v——普通 V 带的当量摩擦因数。

保证带具有足够的疲劳强度和使用寿命的条件为

$$\sigma_{max} = \sigma_c + \sigma_1 + \sigma_{b1} \leqslant [\sigma]$$

得　　　　　　　　　　　　$$\sigma_1 \leqslant [\sigma] - \sigma_{b1} - \sigma_c$$

式中　$[\sigma]$——带的许用应力，与带的材质等有关。

因此，单根 V 带既不打滑又有一定疲劳强度时，所能传递的功率为

$$P_0 = \frac{Fv}{1000} = \left([\sigma] - \sigma_{b1} - \sigma_c\right)\left(1 - \frac{1}{e^{f_v \alpha_1}}\right)\frac{Av}{1000}$$

根据上式，在载荷平稳、小带轮包角 $\alpha_1 = 180°$、带长 L_d 为特定长度、抗拉层为化学纤维绳芯结构等实验条件下，通过实验和理论计算，确定单根 V 带传递的基本额定功率 P_0，见表 5-10。

表 5-10 单根 V 带的基本额定功率 P_0　　　　　　（单位：kW）

型号	d_d /mm	小带轮转速 n_1/(r/min)							
		400	700	800	950	1200	1450	1600	2000
Z	50	0.06	0.09	0.10	0.12	0.14	0.16	0.17	0.20
	56	0.06	0.11	0.12	0.14	0.17	0.19	0.20	0.25
	63	0.08	0.13	0.15	0.18	0.22	0.25	0.27	0.32
	71	0.09	0.17	0.20	0.23	0.27	0.30	0.33	0.39
	80	0.14	0.20	0.22	0.26	0.30	0.35	0.39	0.44
A	75	0.26	0.40	0.45	0.51	0.60	0.68	0.73	0.84
	90	0.39	0.61	0.68	0.77	0.93	1.07	1.15	1.34
	100	0.47	0.74	0.83	0.95	1.14	1.32	1.42	1.66
	112	0.56	0.90	1.00	1.15	1.39	1.61	1.74	2.04
	125	0.67	1.07	1.19	1.37	1.66	1.92	2.07	2.44
B	125	0.84	1.30	1.44	1.64	1.93	2.19	2.33	2.64
	140	1.05	1.64	1.82	2.08	2.47	2.82	3.00	3.42
	160	1.32	2.09	2.32	2.66	3.17	3.62	3.86	4.40
	180	1.59	2.53	2.81	3.22	3.85	4.39	4.68	5.30
	200	1.85	2.96	3.30	3.77	4.50	5.13	5.46	6.13
C	200	2.41	3.69	4.07	4.58	5.29	5.84	6.07	6.34
	224	2.99	4.64	5.12	5.78	6.71	7.45	7.75	8.06
	250	3.62	5.64	6.23	7.04	8.21	9.04	9.38	9.62
	280	4.32	6.76	7.52	8.49	9.81	10.72	11.06	11.04
	315	5.14	8.09	8.92	10.05	11.53	12.46	12.72	12.14
	355	6.05	9.50	10.46	11.73	13.31	14.12	14.19	12.59

当实际工作条件与上述条件不同时，如包角、工况等，应对 P_0 进行修正，得到与实际条件相符的单根普通 V 带的额定功率，即

$$[P_0] = (P_0 + \Delta P_0) K_\alpha K_L$$

式中　ΔP_0——单根 V 带的额定功率增量，见表 5-11；

　　　K_α——包角修正系数，见表 5-12；

　　　K_L——带长修正系数，见表 5-13。

表 5-11 单根 V 带的额定功率增量 ΔP_0　　　　　　（单位：kW）

型号	小带轮转速 n_1/(r/min)	传动比 i								
		1.00 ~1.01	1.02 ~1.04	1.05 ~1.08	1.09 ~1.12	1.13 ~1.18	1.19 ~1.24	1.25 ~1.34	1.35 ~1.51	1.52 ~1.99	≥2.00
Z	400	0.00	0.00	0.00	0.00	0.00	0.00	0.00	0.00	0.01	0.01
	700	0.00	0.00	0.00	0.00	0.00	0.00	0.01	0.01	0.01	0.02
	800	0.00	0.00	0.00	0.00	0.01	0.01	0.01	0.01	0.02	0.02
	950	0.00	0.00	0.00	0.01	0.01	0.01	0.01	0.02	0.02	0.02
	1200	0.00	0.00	0.01	0.01	0.01	0.01	0.02	0.02	0.02	0.03
	1450	0.00	0.00	0.01	0.01	0.01	0.02	0.02	0.02	0.02	0.03
	1600	0.00	0.01	0.01	0.01	0.01	0.02	0.02	0.02	0.03	0.03
	2000	0.00	0.01	0.01	0.02	0.02	0.02	0.02	0.03	0.03	0.04

（续）

型号	小带轮转速 n_1/(r/min)	传动比 i									
		1.00~1.01	1.02~1.04	1.05~1.08	1.09~1.12	1.13~1.18	1.19~1.24	1.25~1.34	1.35~1.51	1.52~1.99	≥2.00
A	400	0.00	0.01	0.01	0.02	0.02	0.03	0.03	0.04	0.04	0.05
	700	0.00	0.01	0.02	0.03	0.04	0.05	0.06	0.07	0.08	0.09
	800	0.00	0.01	0.02	0.03	0.04	0.05	0.06	0.08	0.09	0.10
	950	0.00	0.01	0.03	0.04	0.05	0.06	0.07	0.08	0.10	0.11
	1200	0.00	0.02	0.03	0.05	0.07	0.08	0.10	0.11	0.13	0.15
	1450	0.00	0.02	0.04	0.06	0.08	0.09	0.11	0.13	0.15	0.17
	1600	0.00	0.02	0.04	0.06	0.09	0.11	0.13	0.15	0.17	0.19
	2000	0.00	0.03	0.06	0.08	0.11	0.13	0.16	0.19	0.22	0.24
B	400	0.00	0.01	0.03	0.04	0.06	0.07	0.08	0.10	0.11	0.13
	700	0.00	0.02	0.05	0.07	0.10	0.12	0.15	0.17	0.20	0.22
	800	0.00	0.03	0.06	0.08	0.11	0.14	0.17	0.20	0.23	0.25
	950	0.00	0.03	0.07	0.10	0.13	0.17	0.20	0.23	0.26	0.30
	1200	0.00	0.04	0.08	0.13	0.17	0.21	0.25	0.30	0.34	0.38
	1450	0.00	0.05	0.10	0.15	0.20	0.25	0.31	0.36	0.40	0.46
	1600	0.00	0.06	0.11	0.17	0.23	0.28	0.34	0.39	0.45	0.51
	2000	0.00	0.07	0.14	0.21	0.28	0.35	0.42	0.49	0.56	0.63
C	400	0.00	0.04	0.08	0.12	0.16	0.20	0.23	0.27	0.31	0.35
	700	0.00	0.07	0.14	0.21	0.27	0.34	0.41	0.48	0.55	0.62
	800	0.00	0.08	0.16	0.23	0.31	0.39	0.47	0.55	0.63	0.71
	950	0.00	0.09	0.19	0.27	0.37	0.47	0.56	0.65	0.74	0.83
	1200	0.00	0.12	0.24	0.35	0.47	0.59	0.70	0.82	0.94	1.06
	1450	0.00	0.14	0.28	0.42	0.58	0.71	0.85	0.99	1.14	1.27
	1600	0.00	0.16	0.31	0.47	0.63	0.78	0.94	1.10	1.25	1.41
	2000	0.00	0.20	0.39	0.59	0.78	0.98	1.17	1.37	1.57	1.76

表 5-12　包角修正系数 K_α

包角 α/(°)	修正系数 K_α	包角 α/(°)	修正系数 K_α	包角 α/(°)	修正系数 K_α	包角 α/(°)	修正系数 K_α
180	1.00	157	0.94	133	0.87	106	0.77
174	0.99	151	0.93	127	0.85	99	0.73
169	0.97	145	0.91	120	0.82	91	0.70
163	0.96	139	0.89	113	0.80	83	0.65

表 5-13　带长修正系数 K_L

普通 V 带

Y L_d/mm	K_L	Z L_d/mm	K_L	A L_d/mm	K_L	B L_d/mm	K_L	C L_d/mm	K_L	D L_d/mm	K_L	E L_d/mm	K_L
200	0.81	405	0.87	630	0.81	930	0.83	1565	0.82	2740	0.82	4660	0.91
224	0.82	475	0.90	700	0.83	1000	0.84	1760	0.85	3100	0.86	5040	0.92
250	0.84	530	0.93	790	0.85	1100	0.86	1950	0.87	3330	0.87	5420	0.94
280	0.87	625	0.96	890	0.87	1210	0.87	2195	0.90	3730	0.90	6100	0.96
315	0.89	700	0.99	990	0.89	1370	0.90	2420	0.92	4080	0.91	6850	0.99
355	0.92	780	1.00	1100	0.91	1560	0.92	2715	0.94	4620	0.94	7650	1.01
400	0.96	920	1.04	1250	0.93	1760	0.94	2880	0.95	5400	0.97	9150	1.05
450	1.00	1080	1.07	1430	0.96	1950	0.97	3080	0.97	6100	0.99	12230	1.11
500	1.02	1330	1.13	1550	0.98	2180	0.99	3520	0.99	6840	1.02	13750	1.15
		1420	1.14	1640	0.99	2300	1.01	4060	1.02	7620	1.05	15280	1.17
		1540	1.54	1750	1.00	2500	1.03	4600	1.05	9140	1.08	16800	1.19
				1940	1.02	2700	1.04	5380	1.08	10700	1.13		
				2050	1.04	2870	1.05	6100	1.11	12200	1.16		
				2200	1.06	3200	1.07	6815	1.14	13700	1.19		
				2300	1.07	3600	1.09	7600	1.17	15200	1.21		
				2480	1.09	4060	1.13	9100	1.21				
				2700	1.10	4430	1.15	10700	1.24				
						4820	1.17						
						5370	1.20						
						6070	1.24						

3. V 带传动的设计计算

设计 V 带传动的已知条件：带传动的工作条件；传动位置与总体尺寸限制；传递功率 P；小带轮转速 n_1；大带轮转速 n_2 或传动比 i。

设计内容：V 带的型号、基准长度、根数；传动中心距；带轮的基准直径、材料以及结构尺寸；带的初拉力及压轴力等。

V 带传动设计的步骤与方法如下。

（1）确定计算功率 P_c　计算功率 P_c 是根据所传递的功率 P 以及带传动的工作条件而确定的，即

$$P_c = K_A P$$

式中　P——V 带传递的功率（kW）；

K_A——工作情况系数，查表 5-14。

表 5-14　工作情况系数 K_A

工况		K_A					
		空、轻载起动			重载起动		
		每天工作时间/h					
		<10	10~16	>16	<10	10~16	>16
载荷变动很小	液体搅拌机、通风机和鼓风机（≤7.5kW）、离心式水泵和压缩机、轻负载输送机	1.0	1.1	1.2	1.1	1.2	1.3

（续）

工况		K_A					
		空、轻载起动			重载起动		
		每天工作时间/h					
		<10	10~16	>16	<10	10~16	>16
载荷变动小	带式输送机（不均匀负载）、通风机（>7.5kW）、旋转式水泵和压缩机（非离心式）、发电机、金属切削机床、印刷机、旋转筛、锯木机和木工机械	1.1	1.2	1.3	1.2	1.3	1.4
载荷变动较大	制砖机、斗式提升机、往复式水泵和压缩机、起重机、磨粉机、冲剪机床、橡胶机械、振动机、重载输送机	1.2	1.3	1.4	1.4	1.5	1.6
载荷变动大	破碎机（旋转式、颚式等）、磨碎机（球磨、棒磨、管磨）	1.3	1.4	1.5	1.5	1.6	1.8

（2）选择 V 带型号　根据带传动计算功率 P_c 和小带轮的转速 n_1，由图 5-24 选择 V 带型号。若所选带型临近两种型号的交界线，可按两种型号分别计算，分析比较后择优选定。

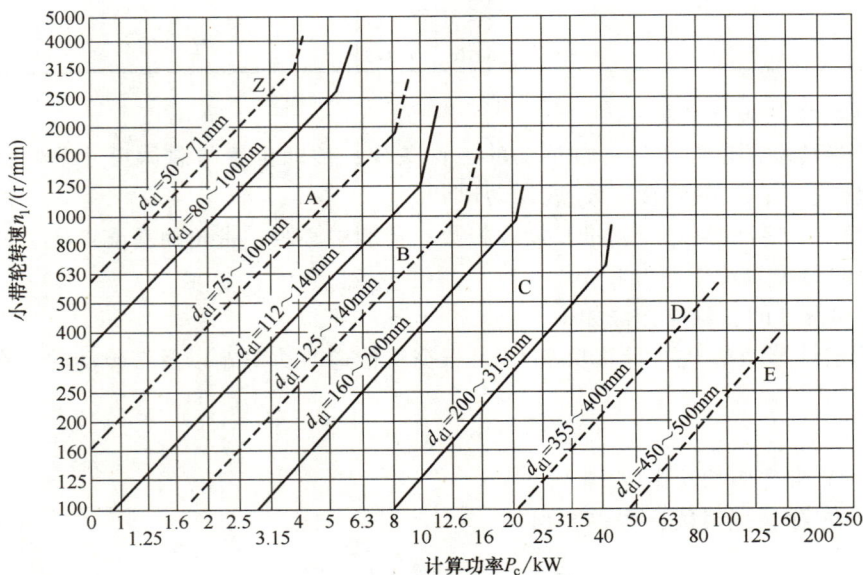

图 5-24　普通 V 带选型图

（3）确定带轮基准直径 d_{d1}、d_{d2}　带轮直径小可使传动结构紧凑，但会增大带的弯曲应力，缩短带的使用寿命，所以带轮直径不宜过小。设计时，先选取小带轮的基准直径 d_{d1}，$d_{d1} \geq d_{dmin}$，再根据传动比初步计算大带轮的基准直径，$d_{d2} = id_{d1}$，最后查表确定大带轮的基准直径。带轮最小基准直径 d_{dmin} 及普通 V 带轮基准直径系列查表 5-8。要注意，d_{d2} 确定之后，还要计算出带传动的实际传动比 $i_{实}$，并且保证从动轮实际转速的误差率在 ±5% 以内。

（4）验算带速 v

$$v = \frac{\pi d_{d1} n_1}{60 \times 1000}$$

若带速太高，则离心力增大，使带与带轮之间的压紧力减小，摩擦力减小，会降低传动能力；若带速太低，在传递相同功率时，要求有效拉力增大，所需 V 带的根数增多。所以，V 带带速一般控制在 5～25m/s 的范围。

（5）确定传动中心距 a 和带的基准长度 L_d　中心距的大小关系到带长和包角的大小，从而影响传动能力。若中心距小，结构紧凑，但因带长较短，使带单位时间绕过带轮的次数增加，从而缩短带的寿命，同时，中心距小还会使包角减小，导致使用能力下降；若中心距过大，外廓尺寸增大，结构不紧凑，在带速较高时，还会引起带的颤动。一般可按下面方法确定。

1）初定中心距 a_0。若中心距未给出，可按下式初定中心距 a_0：

$$0.7(d_{d1} + d_{d2}) \leqslant a_0 \leqslant 2(d_{d1} + d_{d2})$$

2）初算带长 L_0。

$$L_0 = 2a_0 + \frac{\pi}{2}(d_{d1} + d_{d2}) + \frac{(d_{d2} - d_{d1})^2}{4a_0}$$

根据 L_0 查表 5-13，选取相近的基准长度 L_d。

3）确定实际中心距 a。

$$a \approx a_0 + \frac{L_d - L_0}{2}$$

考虑安装调试要求，带传动中心距的变动范围为

$$a_{min} = a - 0.015 L_d$$
$$a_{max} = a + 0.03 L_d$$

（6）验算小带轮包角 α_1

$$\alpha_1 = 180° - \frac{d_{d2} - d_{d1}}{a} \times 57.3°$$

若小带轮包角过小，将影响带的传动能力，一般要求 $\alpha_1 \geqslant 120°$。当 $\alpha_1 < 120°$ 时，可通过加大中心距、减小两带轮直径差或增设张紧轮等措施进行改进。

（7）确定 V 带的根数 z

$$z \geqslant \frac{P_c}{[P_0]} = \frac{P_c}{(P_0 + \Delta P_0) k_\alpha k_L}$$

带的根数应取整数。为避免载荷分布不均匀，带的根数不应过多，一般取 2～5 根为宜，最多不应超过 8 根，否则应改选较大型号的普通 V 带重新进行设计。

（8）计算初拉力 F_0　适当的初拉力是保证带传动正常工作的前提。初拉力不足，摩擦力小，易发生打滑；初拉力过大，带的寿命缩短，并且对轴和轴承的压力增大。单根 V 带初拉力计算公式为

$$F_0 = 500 \frac{P_c}{vz} \left(\frac{2.5}{K_\alpha} - 1 \right) + qv^2$$

（9）计算压轴力 F_Q　计算 V 带对轴的压力 F_Q 是为了设计安装带轮的轴和轴承。为了

简化计算，忽略带两边的拉力差，近似按两边初拉力 F_0 合力的方法来近似计算，如图 5-25 所示。

$$F_Q = 2zF_0 \sin \frac{\alpha_1}{2}$$

（10）带轮结构设计　带轮结构设计主要是选择带轮材料；根据带轮基准直径的大小确定结构形式；根据带的类型确定轮缘尺寸；根据经验公式确定其他结构尺寸，并绘制带轮零件图。V 带轮的结构参考图 5-20。

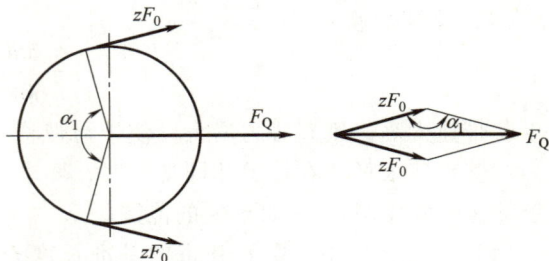

图 5-25　压轴力

四、带传动的张紧、安装和维护

1. 带传动的张紧

带不是完全的弹性体，工作一段时间后，会发生塑性变形而松弛，再加上磨损的存在，使初拉力 F_0 减小，传动能力下降，甚至失效。为了保证带传动正常工作，必须适时张紧。带传动常用的张紧装置有定期张紧装置、自动张紧装置等。

（1）定期张紧装置　图 5-26a 所示为滑道式张紧装置，通过调节螺钉调整安装在滑轨上电动机的位置，以改变带传动的中心距，达到重新张紧的目的。这种方式适合于水平安装的带传动。

图 5-26b 所示为摆架式张紧装置，电动机安装在可以绕支点摆动的支架上，通过调整螺母使摆架摆动，以此改变带传动的中心距，从而张紧带轮。

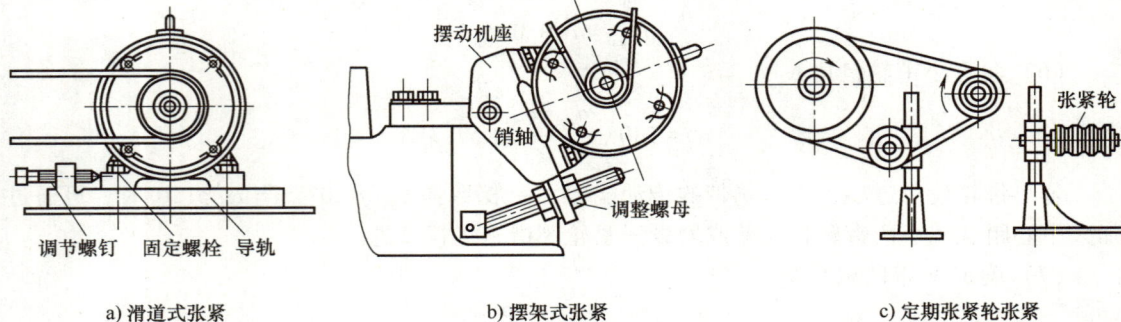

a) 滑道式张紧　　　　　　　　　b) 摆架式张紧　　　　　　　　　c) 定期张紧轮张紧

图 5-26　定期张紧装置

图 5-26c 所示为定期张紧轮张紧装置，当带传动的中心距不可调节时，可以用张紧轮张紧 V 带。安装张紧轮时，应注意尽量避免 V 带承受更大的工作应力，避免 V 带承受双向的弯曲应力，并尽量降低小带轮包角的减少量。因此，张紧轮应该放置在松边的内侧并靠近大带轮。张紧轮的轮槽尺寸与带轮相同，直径应小于小带轮直径。

（2）自动张紧装置　图 5-27a 所示为浮动摆架式张紧装置，电动机安装在浮动的摆动机座上，利用电动机的自重或配重使摆动机座绕支点摆动，从而改变中心距，使 V 带始终保持张紧状态。

图 5-27b 所示为浮动张紧轮张紧装置，是采用平衡锤和张紧轮的自动张紧方法。

2. 带传动的安装和维护

正确安装、使用和妥善保养，是保证带传动正常工作、延长带寿命的有效措施。一般应注意以下几点。

1）带传动安装或拆卸时，应通过调节中心距的办法，将中心距缩小后将带套入。不可强行将带撬入或撬出，以免损坏带的工作表面和降低带的弹性。

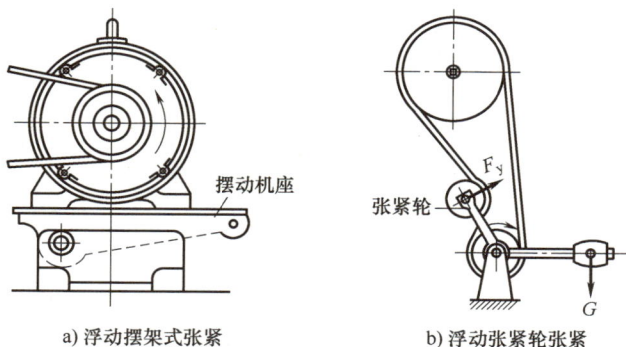

a) 浮动摆架式张紧　　　　　b) 浮动张紧轮张紧

图 5-27　自动张紧装置

2）带传动安装时，两带轮轴线应相互平行，两带轮相对应的 V 轮槽的对称面应重合，误差不得超过 20′。

3）为保证安全，带传动应安装防护罩，并避免与酸、碱和油接触，且避免高温。

4）带传动应定期检查，发现一根带损坏，成组带都要更换，避免新旧带混用。成组带的配组公差应一致。

5）存放时，应平放或悬挂在架子上，避免受压变形。

【任务实施】

从上一任务的计算结果中可知，电动机的输出功率为 3.84kW，满载转速 $n_m = 1440$r/min，从动轮的转速 $n_1 = 480$r/min，传动比 $i_0 = 3$。在此基础上，带式输送机传动装置的带传动设计见表 5-15。

表 5-15　带式输送机传动装置的带传动设计

序号	任务名称	分析过程
1	确定计算功率 P_c	由表 5-14，查得工况系数 $K_A = 1.2$，则 $P_c = K_A P_d = 1.2 \times 3.84$kW $= 4.6$kW
2	选择 V 带的型号	根据 $P_c = 4.6$kW，$n_m = 1440$r/min，查图 5-24 普通 V 带选型图，选用 A 型普通 V 带
3	确定带轮的基准直径 d_{d1}、d_{d2}	（1）确定 d_{d1}　查表 5-8 和表 5-10，A 型 V 带选取 $d_{d1} = 100$mm$> d_{dmin} = 75$mm （2）确定 d_{d2}　$d_{d2} = d_{d1} \times \dfrac{n_m}{n_1} = 100 \times \dfrac{1440}{480}$mm $= 300$mm 查表 5-8，选取标准直径 $d_{d2} = 315$mm，实际传动比为 $i_{0实} = \dfrac{d_{d2}}{d_{d1}} = \dfrac{315}{100} = 3.15$ （3）验算误差率　从动轮的实际转速 $n_{1实} = \dfrac{n_m}{i_{0实}} = \dfrac{1440}{3.15}$r/min $= 457$r/min 误差率为 $\dfrac{480-457}{480} \times 100\% \approx 4.8\% < 5\%$，在误差范围内
4	验算带速	$v = \dfrac{\pi d_{d1} n_m}{60 \times 1000} = \dfrac{3.14 \times 100 \times 1440}{60000}$m/s $= 7.536$m/s 带速度在 5～25m/s 范围内

序号	任务名称	分析过程
5	确定中心距 a 和带的基准长度 L_d	（1）初定中心距　$0.7(d_{d1}+d_{d2})<a_0<2(d_{d1}+d_{d2})$ 按结构设计要求初步确定中心距 $a_0=400\text{mm}$ （2）确定带的基准长度 $$L_0=2a_0+\frac{\pi}{2}(d_{d1}+d_{d2})+\frac{(d_{d2}-d_{d1})^2}{4a_0}$$ $$=\left[2\times400+\frac{3.14}{2}\times(100+315)+\frac{(315-100)^2}{4\times400}\right]\text{mm}$$ $$=1480\text{mm}$$ 查表 5-13，选取基准长度 $L_d=1400\text{mm}$ （3）计算实际中心距 $$a\approx a_0+\frac{L_d-L_0}{2}=\left(400+\frac{1400-1480}{2}\right)\text{mm}=360\text{mm}$$ 中心距 a 的变动范围为 $a_{\min}=a-0.015L_d=(360-0.015\times1400)\text{mm}=339\text{mm}$ $a_{\max}=a+0.03L_d=(360+0.03\times1400)\text{mm}=402\text{mm}$
6	验算小带轮包角 α_1	$$\alpha_1=180°-\frac{d_{d2}-d_{d1}}{a}\times57.3°$$ $$=180°-\frac{315-100}{360}\times57.3°$$ $$=145.8°>120°$$ 小带轮包角满足要求
7	确定 V 带根数 z	（1）确定单根 V 带基本额定功率 P_0　A 型普通 V 带的 $d_{d1}=100\text{mm}$，$n_m=1440\text{r/min}$，查表 5-10，得 $P_0=1.313\text{kW}$ （2）确定功率增量 ΔP_0　查表 5-11，得 $\Delta P_0=0.17\text{kW}$ （3）确定包角系数 K_α　由 $\alpha_1=145.8°$查表 5-12 得 $K_\alpha=0.91$ （4）确定带长修正系数 K_L　由 $L_d=1400\text{mm}$ 查表 5-13 得 $K_L=0.96$ （5）计算普通 V 带根数 z $$z\geqslant\frac{P_c}{[P_0]}=\frac{P_c}{(P_0+\Delta P_0)K_\alpha K_L}$$ $$=\frac{4.6}{(1.313+0.17)\times0.91\times0.96}$$ $$=3.55$$ 取 $z=4$ 根
8	单根 V 带的初拉力 F_0	由表 5-7 查得，A 型普通 V 带的每米质量 $q=0.1\text{kg/m}$，得单根 V 带的初拉力为 $$F_0=500\frac{P_c}{vz}\left(\frac{2.5}{K_\alpha}-1\right)+qv^2$$ $$=\left[500\times\frac{4.6}{7.536\times4}\left(\frac{2.5}{0.91}-1\right)+0.1\times7.536^2\right]\text{N}$$ $$=139\text{N}$$
9	带传动作用在带轮轴上的压力 F_Q	$F_Q=2zF_0\sin\frac{\alpha_1}{2}=2\times4\times139\text{N}\times\sin\frac{145.8°}{2}\approx1062.84\text{N}$

（续）

序号	任务名称	分析过程
10	带轮结构设计	综上所述,设计结果为:选用 4 根 A-1400 普通 V 带,带轮基准直径 $d_{d1}=100mm$, $d_{d2}=315mm$,中心距 $a=360mm$,初拉力 $F_0=139N$,轴上压力 $F_Q=1062.84N$ （1）带轮材料　由于带轮的圆周速度 $v=7.536m/s<25m/s$,故材料选用 HT150 （2）带轮结构设计　小带轮基准直径 $d_{d1}=100mm$,由于小带轮安装在电动机轴上,从表 5-5 的步骤 2 中可以查出电动机轴径为 $\phi28mm$,即小带轮轮毂的基本直径为 $d_s=28mm$。因为 $(2.5\sim3)d_s<d_{d1}<300mm$,所以小带轮选用腹板式结构,参考图 5-20b。大带轮基准直径 $d_{d2}=315mm>300mm$,选用轮辐式结构,参考图 5-20d 小带轮结构设计如下: 1）轮缘尺寸。查表 5-9,A 型普通 V 带的轮缘尺寸如下: $b_d=11mm$, $h_{amin}=2.75mm$, $h_{fmin}=8.7mm$, $f=10mm$, $e=15mm$, $\delta_{min}=6mm$, $B=65mm$, $\varphi=34°$ 2）轮毂尺寸。 孔径: $d_s=28mm$ 键槽:查附录 F, $b=11mm$, $t_2=3.3mm$ 宽度: $L=55mm$ 3）轮腹尺寸。 $d_h=54mm$, $c=15mm$ 4）小带轮零件图。小带轮零件图如图 5-28 所示。大带轮结构设计可参考小带轮结构设计

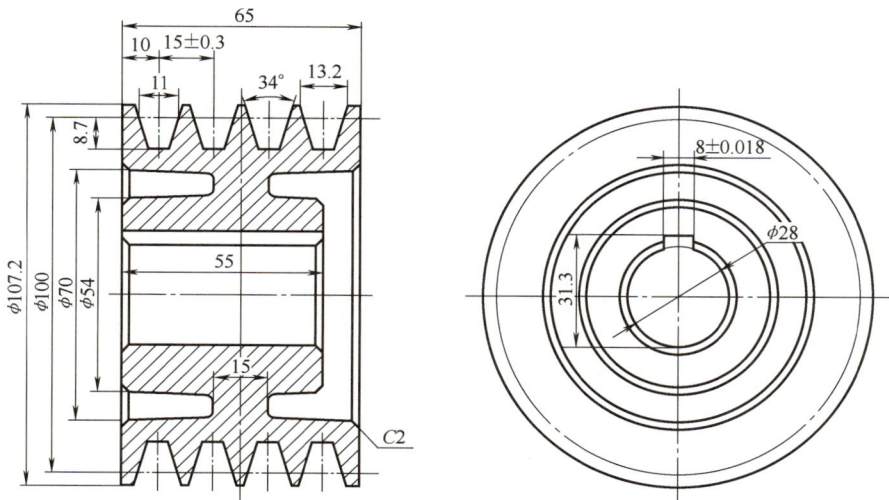

图 5-28　小带轮零件图

【实践训练】

完成表 5-16 所列实践训练。

实践任务	每位同学根据自己的计算数据及结果,完成带传动的设计,并利用 CAD 软件画出带轮的零件图。查找计算数据,记录如下:电动机的输出功率为 _____ kW,满载转速 $n_m =$ _____ r/min,从动轮的转速 $n_1 =$ _____ r/min,传动比 $i_0 =$ _____	
实践准备	计算器、机械设计手册、SolidWorks 或其他 CAD 软件	
序号	任务名称	计算分析过程

【习题与思考】

一、判断题

1. 带传动中紧边与小带轮相切处,带中应力最大。　　　　　　　　　　　　　　　（　　）

2. 要提高传动能力,不应将带轮工作面加工粗糙,增加摩擦系数,而应降低加工表面的表面粗糙度值。　　　　　　　　　　　　　　　　　　　　　　　　　　　　（　　）

3. 中心距一定,小带轮直径越小,包角越大。　　　　　　　　　　　　　　　　　（　　）

4. 带传动的从动轮圆周速度低于主动轮圆周速度的原因是带的弹性滑动。　　　　　（　　）

5. 带传动应及时清理带轮槽内及传动带上的油污,并定期往带上加润滑油或润滑脂。

（　　）

6. 带传动的打滑多发生在大带轮上。　　　　　　　　　　　　　　　　　　　　　（　　）

7. 带的弹性滑动是由于过载引起的,可以避免。　　　　　　　　　　　　　　　　（　　）

8. 通常 V 带传动的中心距都做成不可调的。　　　　　　　　　　　　　　　　　（　　）

9. 在 V 带传动设计计算中,限制带的根数,主要是为了保证每根带受力比较均匀。

（　　）

10. 带传动中,要求小带轮的直径不宜过小,主要是为了保证带中弯曲应力不要过大。

（　　）

二、选择题

1. V 带的型号和（　　）,都压印在胶带的外表面。

A. 计算长度　　　　　B. 标准长度　　　　　C. 假想长度　　　　　D. 实际长度

2. 为使 V 带的两侧工作面与轮槽的工作面能紧密贴合,轮槽的夹角 θ 必须比 $40°$ 略（　　）。

A. 大一些　　　　　　B. 小一点　　　　　　C. 一样大　　　　　　D. 可以随便

3. 带传动采用张紧轮的目的是（　　）。

A. 减轻带的弹性滑动　　　　　　　　　　B. 提高带的寿命

C. 改变带的运动方向　　　　　　　　D. 调节带的初拉力

4. 选取 V 带型号，主要取决于（　　　）。

A. 带传递的功率和小带轮转速　　　　B. 带的线速度

C. 带的紧边拉力　　　　　　　　　　D. 带的松边拉力

5. V 带传动中，小带轮直径的选取取决于（　　　）。

A. 传动比　　　　B. 带的线速度　　　　C. 带的型号　　　　D. 带传递的功率

6. 带轮是采用轮辐式、腹板式或实心式，主要取决于（　　　）。

A. 带的横截面尺寸　　B. 传递的功率　　　C. 带轮的线速度　　D. 带轮的直径

7. V 带传动中，若带传动的计算功率为 11kW，小带轮的转速为 1000r/min，应该选用（　　　）型普通 V 带。

A. Z　　　　　　　B. A　　　　　　　C. B　　　　　　　D. C

8. 下列普通 V 带中，（　　　）带的截面尺寸最小。

A. A 型　　　　　　B. E 型　　　　　　C. Z 型　　　　　　D. B 型

三、分析题

1. 带传动产生弹性滑动和打滑的原因是什么？是否可以避免？

2. 何为带轮包角？包角的大小对带传动能力有何影响？若小带轮包角过小，可通过什么措施增大？

3. 已知普通 V 带传动中采用了 A 型 V 带，两个 V 带轮的基准直径分别为 100mm 和 250mm，初定 $a_0 = 400mm$，试求带的基准长度和实际中心距。

4. 试设计某车床上电动机和主轴箱间的普通 V 带传动。已知电动机的功率 $P = 4kW$，转速 $n_1 = 1440r/min$，从动轴的转速 $n_2 = 680r/min$，两班制工作，根据机床结构，要求两带轮的中心距在 950mm 左右。

5. 图 5-29 所示为磨碎机的传动系统图。已知电动机功率 $P = 30kW$，转速 $n_1 = 1470r/min$，带传动比为 1.15，试设计 V 带传动。

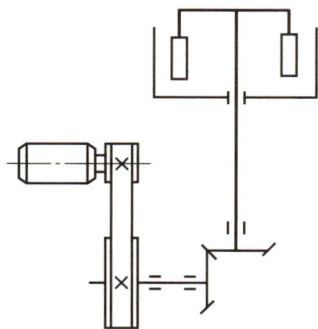

图 5-29　分析题 5

任务三　分析与设计齿轮传动

【学习目标】

1）熟悉渐开线齿廓的特性。

2）掌握渐开线标准直齿圆柱齿轮的基本参数、几何尺寸计算方法。

3）掌握渐开线标准直齿圆柱齿轮传动的啮合特性。

4）熟悉渐开线齿轮的加工方法和根切现象。

5）熟悉齿轮系，掌握齿轮系传动比的计算方法及齿轮的受力分析方法。

6）掌握齿轮的失效形式和设计准则。

7）能够进行齿轮传动的设计计算、选型及零件图绘制。

8）树立团队合作意识，具备一定的沟通能力。

【任务描述】

在项目五的前述任务数据基础上，完成带式输送机传动装置减速器中齿轮传动的设计，确定齿轮的模数、齿数等，校核强度，并计算齿轮的几何尺寸，画出齿轮的零件图。

【相关知识】

齿轮传动的类型与特点在项目五任务一中已进行介绍，这里不再重复。

一、渐开线齿廓及其啮合特性

1. 渐开线的形成及其性质

如图 5-30 所示，当直线 NK 沿一圆周做纯滚动时，直线上任意点 K 的轨迹线 AK，称为该圆的渐开线。这个圆称为渐开线的基圆，其半径用 r_b 表示。直线 NK 称为渐开线的发生线，θ_K 称为展角，r_K 称为向径，α_K 为压力角。

根据渐开线的形成，可知渐开线具有以下特性：

1）发生线沿基圆滚过的长度，等于该基圆上被滚过圆弧的长度，即 $NK = \widehat{NA}$。

2）发生线 NK 是基圆的切线，也是渐开线在 K 点的法线。

3）发生线与基圆的切点 N 是渐开线在点 K 的曲率中心，而线段 NK 是渐开线在 K 点的曲率半径。渐开线上各点的曲率半径不等，越接近基圆的点，其曲率半径越小，渐开线在基圆上点 A 的曲率半径为零。

4）渐开线的形状取决于基圆的大小。如图 5-31 所示，在相同展角处，基圆半径越大，其渐开线的曲率半径越大，当基圆半径趋于无穷大时，其渐开线变成直线。齿条的齿廓就是变成直线的渐开线。

5-11 渐开线
的形成

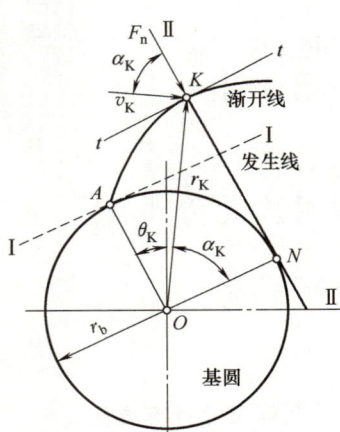

图 5-30 渐开线的形成

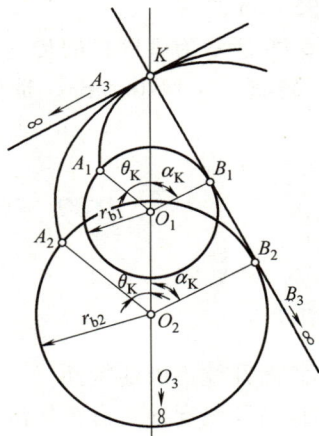

图 5-31 基圆的大小对渐开线的影响

5）同一基圆生成的任意两条渐开线间的公法线长度处处相等。如图 5-32 所示，反向公法线 $A_1B_1 = A_2B_2$，同向公法线 $A_1C_1 = A_2C_2$。

6）基圆内没有渐开线。

2. 渐开线齿廓的啮合特性

（1）渐开线齿廓满足啮合基本定律，具有定传动比性　图 5-33 所示为一对互相啮合的齿轮，主动轮 1 以角速度 ω_1 转动，并推动从动轮 2 以角速度 ω_2 反向转动，O_1、O_2 分别为两轮的回转中心，r_{b1}、r_{b2} 为两轮基圆半径。两轮的齿廓在 K 点接触，过 K 点作两齿廓的公法线 nn，它与连心线 O_1O_2 的交点 C 称为节点。以 O_1、O_2 为圆心，以 O_1C（r_1'）、O_2C（r_2'）为半径所作的圆称为节圆，两节圆在 C 点相切，并且 C 点处两轮的圆周速度相等，即 $\omega_1\overline{O_1C}=\omega_2\overline{O_2C}$，故两齿轮啮合传动可视为两轮的节圆在做纯滚动。由此可推得

图 5-32　公法线长度

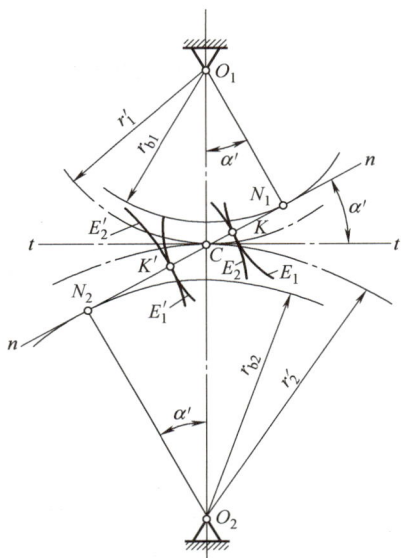

$$i_{12}=\frac{\omega_1}{\omega_2}=\frac{O_2C}{O_1C}=\frac{r_2'}{r_1'}$$

由于两轮的基圆为定圆，其在同一方向只有一条内公切线。因此，两齿廓在任意点 K 啮合，其公法线 nn 为定直线，其与 O_1O_2 线交点为定点，则两轮的传动比为常数，渐开线齿廓啮合传动的这一特性称为定传动比性，在工程实际中具有重要意义，可减少因传动比变化而引起的动载荷、振动和噪声，提高传动精度和齿轮使用寿命。

（2）渐开线齿廓传动具有可分性
图 5-33 中，由渐开线的性质可知，公法线 nn 与两基圆相切，切点为 N_1、N_2，即 N_1N_2 为两基圆的内公切线。从图中可以分析得到，$\triangle O_1N_1C\backsim\triangle O_2N_2C$，因此两轮的传动比又可写成：

$$i_{12}=\frac{\omega_1}{\omega_2}=\frac{O_2C}{O_1C}=\frac{r_2'}{r_1'}=\frac{r_{b2}}{r_{b1}}$$

由此可知，渐开线齿轮的传动比与两轮基圆半径成反比。渐开线齿轮加工完毕之后，其基圆的大小是不变的，所以当两齿轮的实际中心距与设计中心距不一致时，而齿轮的传动比保持不变，这一特性称为传动的可分性，它对齿轮的加工和装配是十分重要的。

5-12　齿轮的啮合

图 5-33　渐开线齿廓的啮合

（3）渐开线齿廓间的正压力方向不变，具有受力平稳性　由于一对渐开线齿轮的齿廓在任意啮合点处的公法线都是同一直线 N_1N_2，因此两齿廓上所有啮合点均在 N_1N_2 上，线段 N_1N_2 是两齿廓啮合点的轨迹，N_1N_2 线又称为啮合线。在齿轮传动中，由于啮合齿廓间的正压力方向是啮合点公法线方向，所以两啮合齿廓间的正压力方向始终不变。这一特性称为渐开线齿轮传动的受力平稳性，它有利于延长渐开线齿轮的使用寿命。

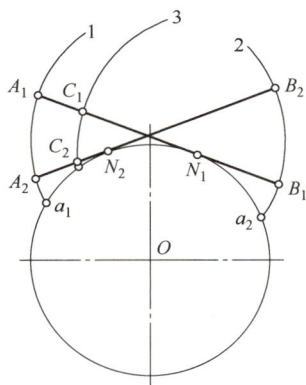

二、渐开线标准直齿圆柱齿轮

1. 齿轮各部分名称和符号

图 5-34 所示为渐开线标准直齿圆柱齿轮各部分的名称和符号。

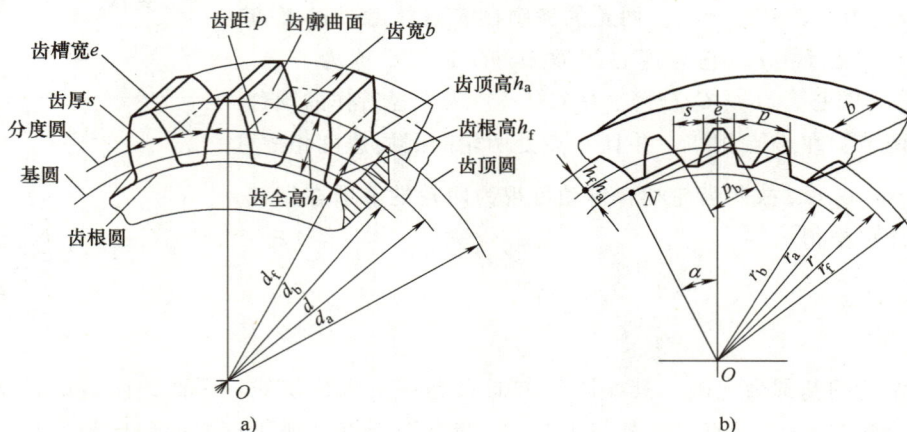

图 5-34　齿轮各部分的名称和符号

（1）齿顶圆　齿轮所有齿的顶端都在同一个圆上，这个过齿轮各齿顶端的圆称为齿顶圆，其直径和半径分别用 d_a 和 r_a 表示。

（2）齿根圆　齿轮所有齿槽底部也在同一圆上，这个圆称为齿根圆，其直径和半径分别用 d_f 和 r_f 表示。

（3）基圆　形成渐开线的基础圆，其直径和半径分别用 d_b 和 r_b 表示。

（4）分度圆　用于齿轮几何尺寸的计算、测量所规定的一个基准圆，处于齿顶圆和齿根圆之间，其直径和半径分别用符号 d 和 r 表示。

（5）齿厚　轮齿在任意圆周上的弧长，用 s_i 表示。分度圆上的齿厚用 s 表示。

（6）齿槽宽　齿槽在任意圆周上的弧长，用 e_i 表示。分度圆上的齿槽宽用 e 表示。

（7）齿距　任意圆周上相邻两齿间同侧齿廓之间的弧长，用 p_i 表示，显然，$p_i = s_i + e_i$。分度圆上的齿距用 p 表示，$p = s + e$。

（8）齿顶高　分度圆与齿顶圆之间的径向高度，用 h_a 表示。

（9）齿根高　分度圆与齿根圆之间的径向高度，用 h_f 表示。

（10）齿全高　齿顶圆与齿根圆之间的径向高度，用 h 表示，$h = h_a + h_f$。

（11）齿宽　轮齿沿轴线方向的宽度，用 b 表示。

2. 齿轮基本参数

（1）齿数 z　在齿轮整个圆周上轮齿的总数。

（2）模数 m　模数是分度圆作为齿轮几何尺寸计算的基准而引入的参数。

齿轮分度圆周长为

$$\pi d = zp$$

所以

$$d = \frac{p}{\pi} z$$

上式中，由于 π 是无理数，计算而得的 d 也是无理数，不便于计算、制造和检测，故

将 $\dfrac{p}{\pi}$ 取为标准值，称为模数，用 m 表示，单位为 mm，即

$$m = \frac{p}{\pi}$$

因此 $d = mz$。

模数 m 是几何尺寸计算的主要参数，当齿数不变时，模数越大则齿轮的尺寸越大，轮齿所能承受的载荷也越大，图 5-35 所示为齿数相同而模数不同的三个齿轮。

齿轮的模数已经标准化，我国规定的标准模数有两个系列，要求优先选用第一系列，括号内的最好不要使用，需要时可以查表 5-17。

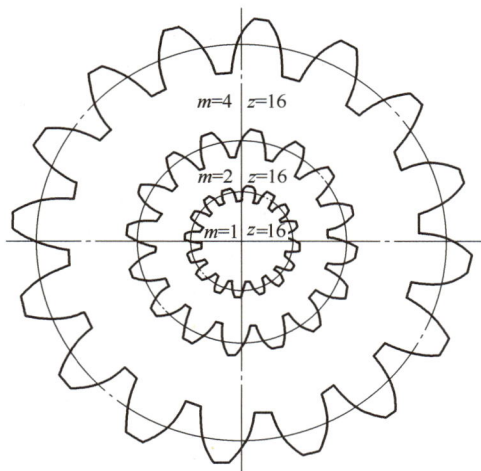

图 5-35 齿轮模数与各部分尺寸的关系

表 5-17 标准模数系列 （单位：mm）

第一系列	1 1.25 1.5 2 2.5 3 4 5 6 8 10 12 16 20 25 32 40 50
第二系列	1.75 2.25 2.75 3.5 4.5 5.5 (6.5) 7 9 11 14 18 22 28 36 45

（3）压力角 α　由渐开线的形成及性质可知，渐开线上各点的压力角是不相等的，齿顶圆上压力角最大，基圆上压力角为零，由图 5-30 可知，渐开线齿廓上任意一点 K 处的压力角为 $\alpha_{\mathrm{K}} = \arccos\left(\dfrac{r_{\mathrm{b}}}{r_{\mathrm{K}}}\right)$。

为了便于设计、制造和互换使用等，国家标准规定分度圆压力角为标准值，用 α 表示，通常所说的齿轮压力角指的就是分度圆上的压力角。一般情况下为 $\alpha = 20°$，个别情况也用 $\alpha = 14.5°$、$15°$、$22.5°$、$25°$ 等，因此基圆半径公式为

$$r_{\mathrm{b}} = r\cos\alpha = \frac{mz}{2}\cos\alpha$$

由上式可知，模数、齿数相同的齿轮，若其压力角不同，则基圆的大小也不同，其齿廓渐开线的形状也不同。因此，压力角是决定渐开线齿廓形状的重要参数。

（4）齿顶高系数 h_{a}^*　为了避免组成轮齿的两个渐开线齿廓交叉，造成齿顶变尖，确定齿顶高 h_{a} 时，计算公式为

$$h_{\mathrm{a}} = h_{\mathrm{a}}^* m$$

式中　h_{a}^*——齿顶高系数。我国标准规定正常齿制的 $h_{\mathrm{a}}^* = 1$，短齿制的 $h_{\mathrm{a}}^* = 0.8$。

（5）顶隙系数 c^*　顶隙是一齿轮齿顶圆与另一齿轮齿根圆之间的径向距离，如图 5-36 所示，其作用是为了保证一对齿轮啮合时，齿顶和齿根之间不发生相互卡死，并且还可以起到储存润滑油的作用。确定顶隙 c 时，规定

图 5-36 顶隙

$$c = c^* m$$

式中　c^*——顶隙系数。我国标准规定正常齿制的 $c^* = 0.25$，短齿制的 $c^* = 0.3$。

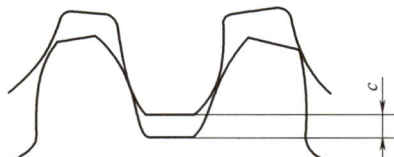

3. 齿轮几何尺寸计算

标准齿轮是指模数 m、压力角 α、齿顶高系数 h_a^*、顶隙系数 c^* 均为标准值，且分度圆上的齿厚等于齿槽宽（$s=e$）的齿轮。渐开线标准直齿圆柱齿轮的几何尺寸计算公式见表 5-18。

表 5-18 渐开线标准直齿圆柱齿轮的几何尺寸计算公式

名称	符号	计算公式
齿顶高	h_a	$h_a = h_a^* m$
齿根高	h_f	$h_f = (h_a^* + c^*)m$
齿全高	h	$h = h_a + h_f = (2h_a^* + c^*)m$
顶隙	c	$c = c^* m$
分度圆直径	d	$d = mz$
基圆直径	d_b	$d_b = mz\cos\alpha$
齿顶圆直径	d_a	外齿轮：$d_a = d + 2h_a = mz + 2h_a^* m$ 内齿轮：$d_a = d - 2h_a = mz - 2h_a^* m$
齿根圆直径	d_f	外齿轮：$d_f = d - 2h_f = mz - 2h_a^* m - 2c^* m$ 内齿轮：$d_f = d + 2h_f = mz + 2h_a^* m + 2c^* m$
齿距	p	$p = \pi m$
齿厚	s	$s = \dfrac{p}{2} = \dfrac{\pi m}{2}$
齿槽宽	e	$e = \dfrac{p}{2} = \dfrac{\pi m}{2}$
标准中心距	a	外啮合：$a = \dfrac{1}{2}(d_1 + d_2) = \dfrac{1}{2}m(z_1 + z_2)$ 内啮合：$a = \dfrac{1}{2}(d_2 - d_1) = \dfrac{1}{2}m(z_2 - z_1)$

三、渐开线标准直齿圆柱齿轮的啮合传动

1. 齿轮传动的啮合过程

图 5-37 所示为齿轮轮齿的啮合过程。设齿轮 1 为主动齿轮，以角速度 ω_1 顺时针方向回转，齿轮 2 为从动齿轮，以角速度 ω_2 逆时针方向回转，$N_1 N_2$ 为啮合线。在两轮轮齿开始进入啮合时，先是主动齿轮 1 的齿根部分与从动齿轮 2 的齿顶部分接触，即主动齿轮 1 的齿根推动从动齿轮 2 的齿顶，而轮齿进入啮合的起点为从动齿轮的齿顶圆与啮合线 $N_1 N_2$ 的交点 B_2。随着啮合传动的进行，轮齿的啮合点沿啮合线 $N_1 N_2$ 移动，即主动齿轮轮齿上的啮合点逐渐向齿根部分移动，而从动齿轮轮齿上的啮合点则逐渐向齿根部分移动。当啮合进行到主动齿轮的齿顶与啮合线的交点 B_1 时，两轮齿即将脱离接触，故 B_1 点为轮齿接触的终点。

啮合线 $N_1 N_2$ 既是两齿轮基圆的内公切线，还是啮合点的公法线，也是轮齿受力方向的

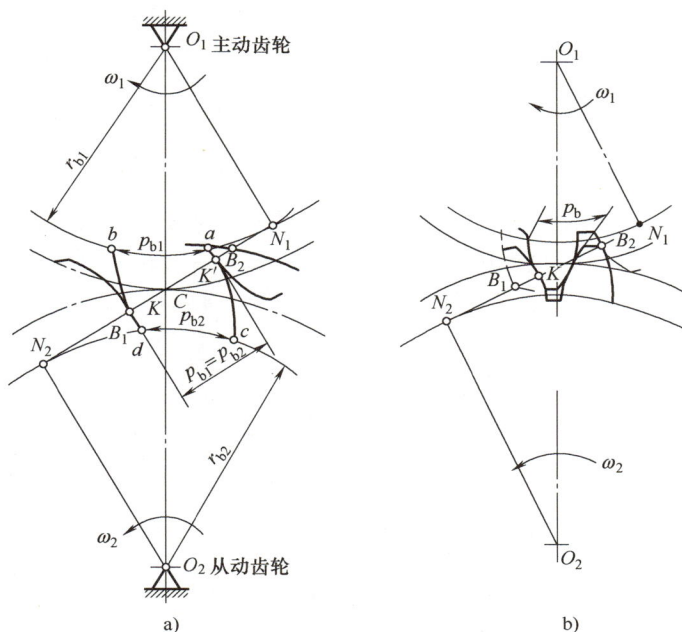

图 5-37 齿轮的啮合过程

作用线，故称为"四线"合一。啮合线 N_1N_2 是理论上可能的最大啮合线段，称为理论啮合线段，N_1、N_2 称为啮合极限点。从一对轮齿的啮合过程来看，啮合点实际走过的轨迹是理论啮合线 N_1N_2 的一部分线段 B_1B_2，故把 B_1B_2 称为实际啮合线段。

2. 正确啮合的条件

一对渐开线齿轮啮合传动时，它们的齿廓啮合点都应该在 N_1N_2 啮合线上。如图 5-37a 所示，当前一对轮齿在 K 点啮合，后一对轮齿同时在 K' 点啮合，若要保证两齿轮正确啮合，两齿轮的法向齿距（相邻两齿同侧齿廓间的法线距离）必须相等，即法向齿距都为 KK'。

根据渐开线的性质，齿轮的法向齿距应该等于其基圆上的齿距 p_b，因此可得到 $KK' = p_{b1} = p_{b2}$。又因为 $p_b = \dfrac{\pi d_b}{z} = \dfrac{\pi d}{2}\cos\alpha = \pi m \cos\alpha$，因此

$$\pi m_1 \cos\alpha_1 = \pi m_2 \cos\alpha_2$$

由于渐开线齿轮的模数 m 和压力角 α 都已标准化，所以两齿轮正确啮合的条件为

$$\begin{cases} m_1 = m_2 = m \\ \alpha_1 = \alpha_2 = \alpha \end{cases}$$

因此，一对渐开线直齿圆柱齿轮正确啮合的条件为：两齿轮的模数和压力角分别相等。由此可得，一对齿轮的传动比公式为

$$i_{12} = \frac{\omega_1}{\omega_2} = \frac{r_{b2}}{r_{b1}} = \frac{mz_2\cos\alpha}{mz_1\cos\alpha} = \frac{z_2}{z_1}$$

3. 连续传动的条件

由齿轮啮合的过程可以看出，一对齿轮的啮合只能推动从动齿轮转过一定的角度，而要使齿轮连续地进行转动，就必须在前一对轮齿尚未脱离啮合时，后一对轮齿能及时地进入啮

合。因此，必须使实际啮合线长度 B_1B_2 大于或等于 KK' 线段长，即 B_1B_2 应大于或等于基圆齿距 p_b，即 $B_1B_2 \geqslant p_b$。通常把实际啮合线长度 B_1B_2 与基圆齿距 p_b 的比称为重合度，以 ε 表示，则齿轮连续传动的条件为

$$\varepsilon = \frac{B_1B_2}{p_b} \geqslant 1$$

如果 $\varepsilon < 1$，则前一对轮齿脱离啮合时，后一对轮齿还未进入啮合，齿轮传动中断，将引起轮齿间的冲击，影响传动的平稳性。当 $\varepsilon = 1$ 时，只有一对轮齿处于啮合状态，传动刚好连续；ε 越大，表明齿轮同时参与啮合的轮齿对数越多，每对轮齿承受的载荷越小，齿轮传动就越平稳。因此，ε 是衡量齿轮传动质量的指标之一。对于标准齿轮，ε 大小主要与齿轮的齿数有关，齿数越多，ε 越大。

由于齿轮的制造、安装误差等因素影响，实际应用中，ε 应满足 $\varepsilon \geqslant [\varepsilon]$，$[\varepsilon]$ 为许用值。一般机械中 $[\varepsilon]$ 可在 $1.1 \sim 1.4$ 范围内选取，如机床上 $[\varepsilon] = 1.3$，也可以查阅相关的手册、标准等资料。

4. 中心距与啮合角

在齿轮传动中，为避免或减小轮齿的冲击，应使两轮齿侧间隙为零；而为防止轮齿受力变形、发热膨胀以及其他因素引起轮齿间的挤轧现象，两齿轮非工作齿廓间又要留有一定的齿侧间隙，这个齿侧间隙一般很小，通常由制造公差来保证。因此，在实际设计中，齿轮的公称尺寸是按无侧隙计算的。

如图 5-38 所示，齿轮啮合时相当于两齿轮节圆做纯滚动，齿轮无侧隙啮合传动的条件是：一个齿轮节圆上的齿厚等于另一个齿轮节圆上的齿槽宽，即 $s_1' = e_2'$ 及 $s_2' = e_1'$。对于标准齿轮，只有在分度圆上才有 $s_1 = e_2$，所以要实现标准齿轮无侧隙传动，齿轮安装时应使两齿轮节圆与分度圆重合，这种安装称为标准安装，其中心距为标准中心距。显然，标准安装时，齿轮啮合角等于分度圆压力角，即 $\alpha' = \alpha$，中心距等于两齿轮分度圆半径之和，即

$$a = r_1 + r_2 = \frac{m}{2}(z_1 + z_2)$$

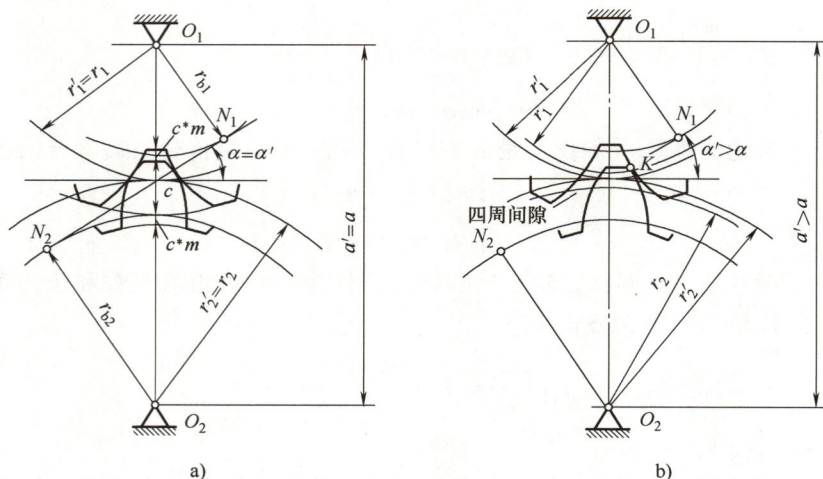

图 5-38　齿轮传动的中心距和啮合角

若由于齿轮制造和安装的误差、运转时径向力引起轴的变形以及轴承磨损等原因，使两齿轮的实际中心距 a' 与标准中心距 a 不一致，分度圆与节圆不重合，如图 5-38b 所示，此时的中心距为

$$a' = r_1' + r_2' = \frac{r_{b1}}{\cos\alpha'} + \frac{r_{b2}}{\cos\alpha'} = (r_1 + r_2)\frac{\cos\alpha}{\cos\alpha'} = a\frac{\cos\alpha}{\cos\alpha'}$$

所以 $a'\cos\alpha' = a\cos\alpha$。

齿轮与齿条的啮合传动，如图 5-39 所示，其啮合线为垂直齿条齿廓并与齿轮基圆相切的直线 N_1N_2，N_2 点在无穷远处。过齿轮轴心并垂直于齿条分度线的直线与啮合线的交点 C 即为节点。当齿轮分度圆与齿条分度线相切时为标准安装，保证了无侧隙啮合，传动啮合角 α' 等于齿轮分度圆压力角 α，也等于齿条的齿形角。当非标准安装时，由于齿条的齿廓是直线，齿条位置改变后其齿廓总是与原始位置平行，故啮合线 N_1N_2 的位置总是不变的，而节点 C 的位置也不变，齿轮节圆大小也不变，并且恒与分度圆重合，其啮合角 α' 也恒等于齿轮分度圆压力角 α，但齿条的节线与其分度线不再重合。

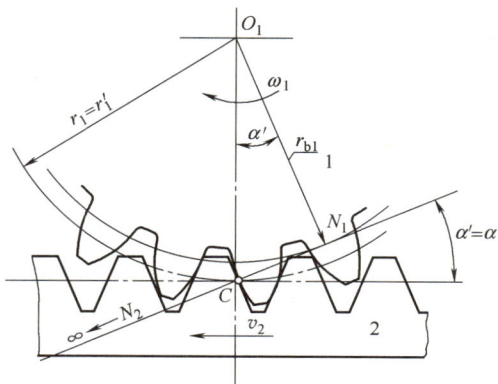

图 5-39 齿轮齿条的啮合传动

四、渐开线齿轮的加工方法和根切现象

1. 渐开线齿轮的加工方法

齿轮的加工方法很多，有铸造法、热轧法、冲压法、模锻法和切削法等。其中最常用的是切削法，按其原理可以分为仿形法和展成法两种。

（1）仿形法　仿形法是利用刀具的轴向剖面切削刃形状与被切齿槽形状相同的特点，在铣床上用成形铣刀切制齿轮的方法，如图 5-40 所示。加工时，铣刀转动，先切出一个齿槽，然后用分度盘将毛坯转过 $\dfrac{360°}{z}$，再继续切削第二个齿槽，依次进行即可切削出所有轮齿。

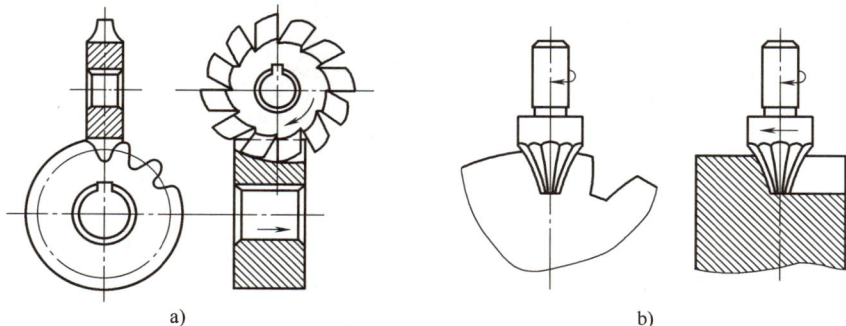

5-13 仿形法加工

a)　　　　　　　　　　　b)

图 5-40 仿形法加工齿轮

常用的加工刀具有盘状铣刀（图 5-40a）和指状铣刀（图 5-40b）等，一般盘状铣刀加工模数 $m \leq 10mm$ 的齿轮；指状铣刀加工模数 $m>10mm$ 的齿轮，并可用于切制人字形齿轮。

由于渐开线齿廓形状与基圆的大小有关，而基圆的半径 $r_b = r\cos\alpha = \dfrac{mz}{2}\cos\alpha$，所以当 m 及 α 一定时，渐开线齿廓的形状将随齿轮齿数的变化而变化。那么，如果想要切出完全准确的齿廓，同一模数的齿轮，每一种齿数就需要一把铣刀，这在实际上显然是做不到的。所以，在工程上，加工相同 m 与 α 的齿轮时，根据齿数不同，一般备有 8 把或 15 把一套的铣刀，来满足不同齿数齿轮的加工需要，见表 5-19，每一号铣刀的齿形与其对应齿数范围中最少齿数的轮齿齿形相同。因此，用该号铣刀切削同组其他齿数的齿轮时，其齿形均有误差。但这种误差都是偏向轮齿齿体的，因此不会引起轮齿传动干涉。

表 5-19　铣刀与轮齿数

刀号	1	2	3	4	5	6	7	8
轮齿数	12～13	14～16	17～20	21～25	26～34	35～54	55～134	≥135

仿形法加工齿轮时，加工精度低，加工不连续，生产效率低；但其加工方法简单，可以用普通铣床加工，主要用于修配和小批量生产。

（2）展成法　展成法是利用一对齿轮互相啮合传动时，两轮的齿廓互为包络线的原理来加工的。设想将一对互相啮合传动的齿轮之一变为刀具，而另一个作为轮坯，二者在传动过程中，刀具的齿廓便在轮坯上包络出与其共轭的齿廓。展成法是目前齿轮加工最常用的方法，只要刀具和被加工齿轮的模数及压力角相同，就可以利用一把刀具来加工。常用的刀具有齿轮插刀（图 5-41a）、齿条插刀（图 5-41b）和齿轮滚刀（图 5-41c）。

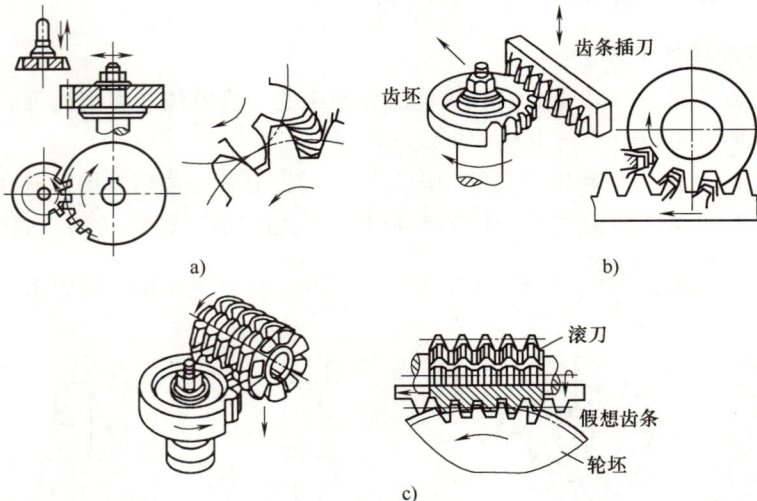

5-14　展成法加工

图 5-41　展成法加工齿轮

1）齿轮插刀。齿轮插刀的外形就像一个具有切削刃的外齿轮。加工时，将插刀和轮坯装在专用的插齿机床上，通过机床的传动系统使插刀与轮坯按恒定的传动比回转，并使插刀沿轮坯的齿宽方向做往复切削运动。这样，刀具的渐开线齿廓就在轮坯上包络出与刀具渐开线齿廓相共轭的渐开线齿廓。

2）齿条插刀。齿条插刀加工齿轮的原理与用齿轮插刀相同，仅仅是展成运动变为齿条与齿轮的啮合运动。

3）齿轮滚刀。齿轮滚刀形状像一个开有刀口的螺旋，且在其轴剖面内的形状相当于一齿条，其加工原理与齿条插刀加工基本相同，但滚刀转动时，切削刃的螺旋运动代替了齿条插刀的展成运动和切削运动。滚刀回转时，还需沿轮坯轴向方向缓慢进给运动，以便切削一定的齿宽。

齿轮插刀、齿条插刀的切削，是不连续的，而齿轮滚刀的切削是连续的，具有高生产率，在大批量生产中应用广泛。

2. 根切现象及标准齿轮不根切的最少齿数

（1）根切现象 用展成法加工齿轮时，如图 5-42 所示的齿条插刀加工标准齿轮，若刀具的齿顶线超过啮合极限点 N，刀具的顶部会切入轮齿的根部，使被加工齿轮齿根附近的渐开线齿廓被切去一部分，这种现象称为根切现象。根切的齿轮会削弱轮齿的抗弯强度、降低传动的重合度和平稳性，所以在设计制造中应避免根切。

（2）渐开线标准齿轮不根切的最少齿数 $z_{\min}$ 如图 5-42 所示，要避免根切，刀具齿顶线不能超过啮合极限点 N，即

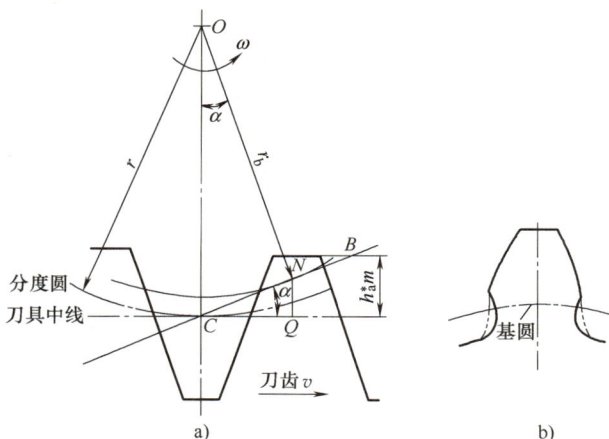

图 5-42 根切现象

$$\overline{NQ} \geq h_a^* m$$

所以

$$r\sin^2\alpha \geq h_a^* m$$

$$\frac{1}{2}mz\sin^2\alpha \geq h_a^* m$$

得

$$z \geq \frac{2h_a^*}{\sin^2\alpha}$$

因此，渐开线标准圆柱齿轮不根切的最少齿数为

$$z_{\min} = \frac{2h_a^*}{\sin^2\alpha}$$

当 $\alpha = 20°$、$h_a^* = 1$ 时，$z_{\min} = 17$。实际应用中，为了使齿轮传动结构紧凑，允许有少量根切时，可取 $z_{\min} = 14$。

五、齿轮系

在实际的机械工程中，仅使用一对齿轮往往不能满足工作需要，如机床中将电动机的一种转速转变为主轴的多级转速，机械式钟表中实现时针、分针、秒针之间确定的转速比例关系等，都是依靠一系列的彼此相互啮合的齿轮所组成的齿轮机构来实现的。这种由一系列齿

轮所组成的传动系统称为齿轮系，简称轮系。齿轮系的应用非常广泛，可获取大的传动比，实现变速、换向、分路传动以及运动的合成和分解。

根据轮系中各齿轮的轴线是否平行，轮系可分为平面轮系和空间轮系；根据轮系中各齿轮轴线相对机架的位置是否都是固定的，轮系可分为定轴轮系、周转轮系和混合轮系。

1. 定轴轮系

所有齿轮轴线相对于机架都是固定不动的轮系称为定轴轮系。定轴轮系分为平面定轴轮系（图 5-43a）和空间定轴轮系（图 5-43b）。

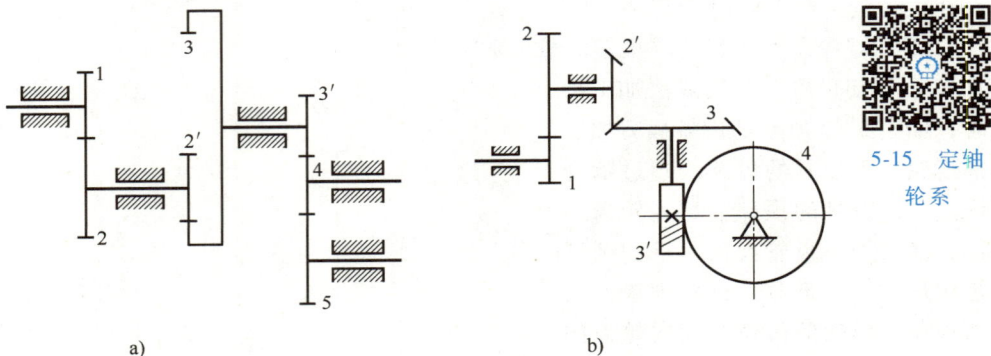

5-15 定轴
轮系

图 5-43　定轴轮系

轮系的传动比是指轮系中的首、末两构件的角速度（或转速）之比。计算传动比时，不仅要确定两构件的角速度比的大小，而且要确定它们的转向关系。

（1）平面定轴轮系　如图 5-43a 所示，设所有齿轮的齿数是已知的，齿轮 1 为首轮（主动轮），齿轮 5 为末轮，则此轮系的传动比为

$$i_{15} = \frac{n_1}{n_5}$$

平面轮系中，一对外啮合齿轮的转向相反，其传动比取"−"；一对内啮合齿轮的转向相同，其传动比取"+"。图 5-43a 所示轮系中各对啮合齿轮的传动比大小和方向为

1、2 齿轮：$i_{12} = \dfrac{n_1}{n_2} = -\dfrac{z_2}{z_1}$　　2′、3 齿轮：$i_{2'3} = \dfrac{n_{2'}}{n_3} = \dfrac{z_3}{z_{2'}}$

3′、4 齿轮：$i_{3'4} = \dfrac{n_{3'}}{n_4} = -\dfrac{z_4}{z_{3'}}$　　4、5 齿轮：$i_{45} = \dfrac{n_4}{n_5} = -\dfrac{z_5}{z_4}$

由于 $n_2 = n_{2'}$、$n_3 = n_{3'}$，将以上四式连乘起来，可得

$$i_{12}i_{2'3}i_{3'4}i_{45} = \frac{n_1}{n_2}\frac{n_{2'}}{n_3}\frac{n_{3'}}{n_4}\frac{n_4}{n_5} = \frac{n_1}{n_5} = \left(-\frac{z_2}{z_1}\right)\frac{z_3}{z_{2'}}\left(-\frac{z_4}{z_{3'}}\right)\left(-\frac{z_5}{z_4}\right)$$

所以　　　　　　　　$$i_{15} = \frac{n_1}{n_5} = (-1)^3\frac{z_2 z_3 z_4 z_5}{z_1 z_{2'} z_{3'} z_4} = -\frac{z_2 z_3 z_5}{z_1 z_{2'} z_{3'}}$$

上式中，由于齿轮 4 既是前一级的从动轮又是后一级的主动轮，它的齿数不影响轮系传动比的大小，但影响其转向，称为惰轮。计算传动比时可以不计它的齿数，但不能从轮系中去掉。

平面定轴轮系中，每出现一对外啮合齿轮，齿轮的转向改变一次，那么如果有 *m* 对外

啮合齿轮，可以用 $(-1)^m$ 表示传动比的正负号。因此，一般平面定轴轮系传动比计算公式为

$$i_{1k} = \frac{n_1}{n_k} = (-1)^m \frac{\text{所有从动轮齿数的乘积}}{\text{所有主动轮齿数的乘积}}$$

（2）空间定轴轮系　空间定轴轮系的传动比大小计算方法与平面定轴轮系相同，但由于齿轮的轴线不是全都平行的，不平行的两个齿轮的转向没有相同或相反的意义，因此一般用箭头法在图上标注出各轮的转向，箭头法对任何一种轮系都是适用的。

图 5-44a 所示的轮系由两对锥齿轮组成，表示方向的箭头应该同时指向节点或同时背离节点，依此可画出各轮的转向。由图 5-44a 可见，该轮系首、末轮的转向相反，其传动比为

$$i_{13} = \frac{n_1}{n_3} = -\frac{z_2 z_3}{z_1 z_{2'}}$$

图 5-44b 所示的轮系由一对圆柱齿轮、一对锥齿轮和一对蜗杆副组成，首轮 1 和末轮 4 的轴线不平行，其转向关系不能用 "+" "−" 号表示，只能在图上用箭头表示，其中的蜗杆副转向可用左右手定则确定。该轮系传动比方向如图 5-44b 所示，大小为

$$i_{14} = \frac{n_1}{n_4} = \frac{z_2 z_3 z_4}{z_1 z_{2'} z_{3'}}$$

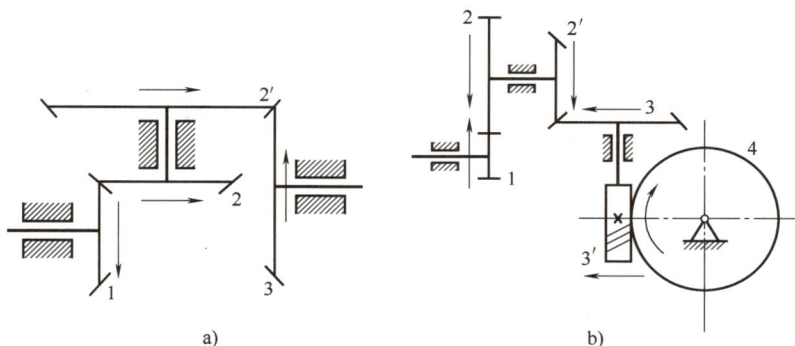

图 5-44　箭头法判断两轮转向关系

[例 5-1]　在图 5-45a 所示的轮系中，已知蜗杆为主动轮，其转速为 $n_1 = 900 \text{r/min}$（顺时针方向），$z_1 = 2$，$z_2 = 60$，$z_{2'} = 20$，$z_3 = 24$，$z_{3'} = 20$，$z_4 = 24$，$z_{4'} = 30$，$z_5 = 35$，$z_{5'} = 28$，$z_6 = 135$。求 n_6 的大小和方向。

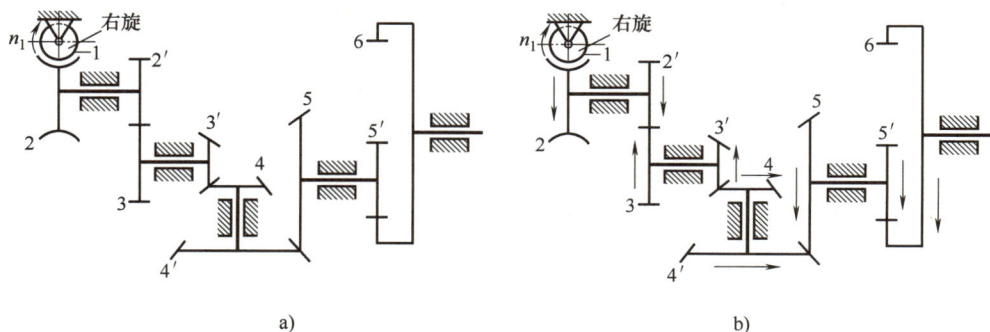

图 5-45　首末两轴线不平行的定轴轮系

解：（1）分析传动关系　蜗杆 1 为主动轮，内齿轮 6 为最末的从动轮，轮系的传动关系为：$1 \rightarrow 2(2') \rightarrow 3(3') \rightarrow 4(4') \rightarrow 5(5') \rightarrow 6$。

（2）计算传动比 i_{16} 大小　$i_{16} = \dfrac{n_1}{n_6} = \dfrac{z_2 z_3 z_4 z_5 z_6}{z_1 z_{2'} z_{3'} z_{4'} z_{5'}} = \dfrac{60 \times 24 \times 24 \times 35 \times 135}{2 \times 20 \times 20 \times 30 \times 28} = 243$。

（3）计算齿轮 6 转速　$n_6 = \dfrac{n_1}{i_{16}} = \dfrac{900}{243} \mathrm{r/min} \approx 3.7 \mathrm{r/min}$。

（4）画出齿轮 6 转动方向　画箭头表示齿轮 6 转动方向，如图 5-45b 所示。

2. 周转轮系

（1）周转轮系的组成及分类　周转轮系是指轮系中一个或几个齿轮的轴线位置相对机架不是固定的，而是绕其他齿轮的轴线转动的。如图 5-46 所示，它由齿轮 1、2、3 和构件 H 组成，其中齿轮 1、3 的轴线固定，工作时，齿轮 2 一方面绕着自身轴线自转，另一方面又随着构件 H 一起绕着齿轮 1、3 的轴线公转，故称齿轮 2 为行星轮，齿轮 1、3 为太阳轮，构件 H 为行星架（或系杆）。

一个基本周转轮系由一个行星架、一个或若干个行星轮、与行星轮啮合的太阳轮及机架组成。其中，一般以太阳轮或行星架作为运动的输入和输出构件，称为基本构件。周转轮系中各基本构件的回转轴线必须重合，否则轮系不能运动。

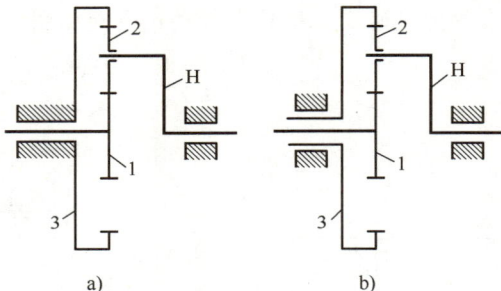

a)　　　　　　　　b)

图 5-46　周转轮系

5-16　行星轮系

5-17　差动轮系

周转轮系按其自由度的不同可分为两类，若自由度为 1，只有一个太阳轮是转动的，称为行星轮系，如图 5-46a 所示；若自由度为 2，两个太阳轮都可以转动，称为差动轮系，如图 5-46b 所示。另外，周转轮系还常根据其中构件的组成情况分为：2K-H 型、3K 型和 K-H-V 型等，其中 K 代表太阳轮，H 代表行星架，V 代表输出构件。

（2）周转轮系传动比的计算　由于周转轮系中行星轮的轴线不固定，故其传动比不能直接用定轴轮系的公式来计算，但是可以根据相对运动原理，先把周转轮系转化为定轴轮系，然后再用定轴轮系的公式，计算出周转轮系的传动比，这个方法称为转化轮系法。

如图 5-47a 所示，假定给整个周转轮系加上一个与行星架 H 转速大小相等、方向相反的公共转速 "$-n_H$"，则轮系中各构件之间的相对运动关系保持不变，但这时行星架的相对转

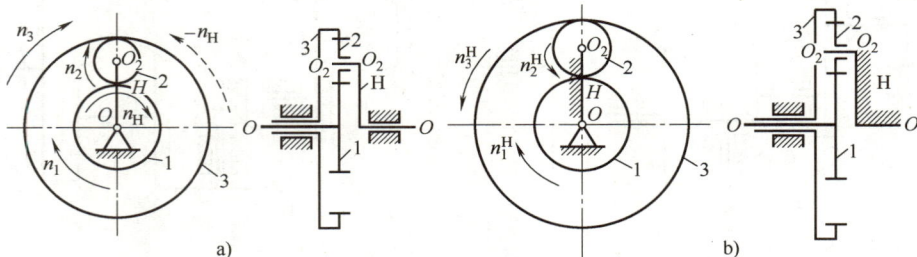

a)　　　　　　　　　　　　　　b)

图 5-47　周转轮系的转化

速变为 $n_H - n_H = 0$，即行星架 H 相对静止不动了，因此，周转轮系便转化为定轴轮系，如图 5-47b 所示。这种经过一定条件转化得到的假想定轴轮系为原周转轮系的转化机构或转化轮系，利用这种方法求解轮系的方法称为转化轮系法。转化前后各构件的转速见表 5-20。

表 5-20　周转轮系转化前后各构件的转速

构件	原有转速	转化轮系中的转速
行星架 H	n_H	$n_H - n_H = 0$
齿轮 1	n_1	$n_1^H = n_1 - n_H$
齿轮 2	n_2	$n_2^H = n_2 - n_H$
齿轮 3	n_3	$n_3^H = n_3 - n_H$

因此，可以求出转化轮系的传动比 i_{13}^H 为

$$i_{13}^H = \frac{n_1^H}{n_3^H} = \frac{n_1 - \omega_H}{n_3 - \omega_H} = -\frac{z_2 z_3}{z_1 z_2} = -\frac{z_3}{z_1}$$

式中，"$-$"号表示在转化轮系中 n_1^H 和 n_3^H 的转向相反。

在行星轮系中，如图 5-46a 所示，太阳轮 3 是固定的，即 $n_3 = 0$，则转化轮系的传动比为

$$i_{13}^H = \frac{n_1^H}{n_3^H} = \frac{n_1 - n_H}{0 - n_H} = -\frac{z_3}{z_1}$$

即

$$i_{1H} = \frac{n_1}{n_H} = 1 - i_{13}^H$$

综上所述，设周转轮系中太阳轮分别为 A、B，行星架为 H，则转化轮系传动比的计算公式为

$$i_{AB}^H = \frac{n_A^H}{n_B^H} = \frac{n_A - n_H}{n_B - n_H} = \pm \frac{\text{转化轮系中 } A \text{ 到 } B \text{ 各从动轮齿数的连乘积}}{\text{转化轮系中 } A \text{ 到 } B \text{ 各主动轮齿数的连乘积}}$$

特别注意：

1）表达式中的"$\pm$"号，不仅表明转化轮系中两太阳轮的转向关系，而且直接影响 n_A、n_B、n_H 之间的数值关系，进而影响传动比计算结果的正确性，因此不能漏判或错判。

2）n_A、n_B、n_H 均为代数值，使用公式时要带相应的"$\pm$"号。

3）式中"$\pm$"号不表示周转轮系中轮 A、B 之间的转向关系，仅表示转化轮系中轮 A、B 之间的转向关系。

[例 5-2]　在图 5-48 所示的轮系中，已知各轮齿数 $z_1 = 50$，$z_2 = 30$，$z_{2'} = 20$，$z_3 = 100$；轮 1 与轮 3 的转速分别为 $n_1 = 100\text{r/min}$，$n_3 = 200\text{r/min}$。试求行星架 H 的转速及转向。

（1）n_1、n_3 同向转动；（2）n_1、n_3 异向转动。

解：这是一个周转轮系，因两中心轮都不固定，其自由度为 2，故属于差动轮系。现给出了两个原动件的转速 n_1、n_3，故可以求得 n_H。根据转化轮系基本公式可得

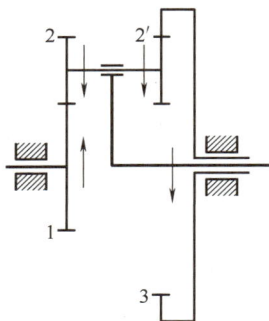

图 5-48　例 5-2

$$i_{13}^{H} = \frac{n_1^{H}}{n_3^{H}} = \frac{n_1 - n_H}{n_3 - n_H} = -\frac{z_2 z_3}{z_1 z_{2'}} = -\frac{30 \times 100}{50 \times 20} = -3$$

（1）当 n_1、n_3 同向转动时，它们的符号相同，取为正，代入上式得 $\frac{100 - n_H}{200 - n_H} = -3$，求得 $n_H = 175 \text{r/min}$。

由于 n_H 符号为正，说明 n_H 的转向与 n_1、n_3 相同。

（2）当 n_1、n_3 异向转动时，它们的符号相反，取 n_1 为正、n_3 为负，代入上式得 $\frac{100 - n_H}{-200 - n_H} = -3$，求得 $n_H = -125 \text{r/min}$。

由于 n_H 符号为负，说明 n_H 的转向与 n_1 相反，而与 n_3 相同。

[例 5-3]　在图 5-49 所示的行星轮系中，已知 $z_1 = z_{2'} = 100$，$z_2 = 99$，$z_3 = 101$，行星架 H 为原动件，试求传动比 i_{H1}。

解：根据式 $i_{13}^{H} = \frac{n_1^{H}}{n_3^{H}}$ 得

$$\frac{n_1 - n_H}{n_3 - n_H} = \frac{n_1 - n_H}{0 - n_H} = \frac{z_2 z_3}{z_1 z_{2'}} = \frac{99 \times 101}{10000}$$

所以

$$i_{1H} = 1 - \frac{99 \times 101}{10000} = \frac{1}{10000}$$

则

$$i_{H1} = 10000$$

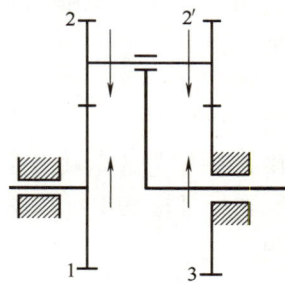

图 5-49　例 5-3

从计算结果可知，这种轮系的传动比极大，系杆 H 转 10000 转，齿轮 1 转过 1 转。

3. 混合轮系

如果轮系中既有定轴轮系又有周转轮系，则称为混合轮系。计算混合轮系传动比时，不能单一地采用定轴轮系传动比或基本周转轮系传动比的计算方法，其求解的方法是：

1）将混合轮系所包含的各个定轴轮系和各个基本周转轮系划分出来。首先找出既有自转、又有公转的行星轮；然后找出支持行星轮做公转的构件——行星架；最后找出与行星轮相啮合的太阳轮，这样就找出了一个基本周转轮系。依此方法，找出所有的基本周转轮系，剩下的就是定轴轮系部分。

2）分别计算各定轴轮系和周转轮系传动比的计算式。

3）找出各基本轮系之间的连接关系，列出补充方程。

4）联立求解各基本轮系传动比的计算式，得出该混合轮系的传动比。

[例 5-4]　图 5-50 所示的轮系中，各轮齿的齿数为 $z_1 = z_{2'} = 20$、$z_2 = 40$、$z_3 = 30$、$z_4 = 80$。试计算传动比 i_{1H}。

解：分析图 5-50，齿轮 3 为行星轮，H 为行星架，与行星轮相啮合的齿轮 2'、4 是太阳轮，故齿轮 2'、3、4 及行星架 H 组成一个基本周转轮系。剩下的齿轮 1 和 2 组成定轴轮系。分别列出传动比方程

定轴轮系部分　$i_{12} = \frac{n_1}{n_2} = -\frac{z_2}{z_1} = -\frac{40}{20} = -2$

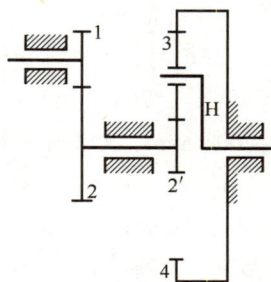

图 5-50　例 5-4

周转轮系部分

$$i_{2'4} = \frac{n_{2'} - n_H}{n_4 - n_H} = -\frac{z_4}{z_{2'}} = -\frac{80}{20} = -4$$

因齿轮 2、2′是同一个构件，故 $n_2 = n_{2'}$；又因齿轮 4 固定不动，故 $n_4 = 0$。将其代入上式，得

$$\frac{n_2 - n_H}{0 - n_H} = -4$$

即

$$i_{2H} = 5$$

所以

$$i_{1H} = \frac{n_1}{n_H} = \frac{n_1}{n_2} \times \frac{n_2}{n_H} = i_{12} \times i_{2H} = -10$$

计算结果为负数，表明行星架 H 与齿轮 1 转向相反。

[例 5-5]　图 5-51 所示为滚齿机中应用的混合轮系，设已知各齿轮的齿数 $z_1 = 30$、$z_2 = 26$、$z_{2'} = z_3 = z_4 = 21$、$z_{4'} = 30$、$z_5 = 2$（右旋蜗杆），齿轮 1 的转速为 $n_1 = 260r/min$（方向如图所示），蜗杆 5 的转速为 $n_5 = 600r/min$（方向如图所示），试求传动比 i_{1H}。

解：由图 5-51 可知，齿轮 2′、3、4 及行星架 H 组成周转轮系，而齿轮 1、2 及蜗轮 4′和蜗杆 5 分别组成两个定轴轮系。各部分的传动比大小分别为

图 5-51　例 5-5

$$i_{12} = \frac{n_1}{n_2} = \frac{z_2}{z_1} = \frac{13}{15}$$

因而得 $n_2 = n_1 \times \frac{15}{13} = 260 \times \frac{15}{13} r/min = 300r/min$，转向如图所示。

$$i_{4'5} = \frac{n_{4'}}{n_5} = \frac{z_5}{z_{4'}} = \frac{1}{15}$$

因而得 $n_{4'} = n_5 \times \frac{1}{15} = 600 \times \frac{1}{15} r/min = 40r/min$，转向如图所示。

而

$$i_{2'4}^H = \frac{n_{2'} - n_H}{n_4 - n_H} = -\frac{z_4}{z_{2'}} = -1$$

由于 $n_{2'} = n_2$、$n_{4'} = n_4$，且转向均相同，将 $n_{2'}$ 及 n_4 的值代入。

$$\frac{300 - n_H}{40 - n_H} = -1$$

求得

$$n_H = 170r/min（转向如图所示）$$

因此，该混合轮系中构件 1 与 H 的传动比为

$$i_{1H} = \frac{n_1}{n_H} = \frac{260}{170} = \frac{26}{17}$$

六、齿轮传动的失效形式和设计准则

1. 失效形式

齿轮传动是靠轮齿的啮合来传递运动和动力的，因此，齿轮的轮齿是传动的关键部位，

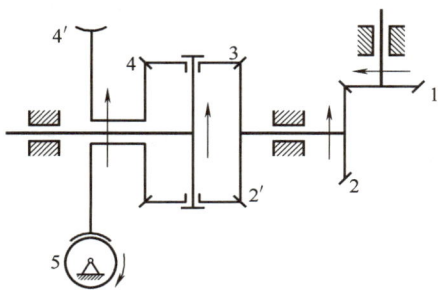

齿轮传动的失效主要是指齿轮轮齿的失效，而齿轮的轮辐、轮毂等部分通常是按经验进行设计，所确定的尺寸对强度、刚度来说都较富裕，在实际工程中极少破坏。

齿轮轮齿的主要失效形式有轮齿折断、齿面点蚀、齿面磨损、齿面胶合和齿面塑性变形等。

（1）轮齿折断　轮齿折断是指齿轮的一个或多个齿的整体或局部断裂，通常有疲劳折断和过载折断两种。

1）疲劳折断。轮齿类似于悬臂梁，受载时齿根部分产生的弯曲应力最大，同时，在齿根过渡部位尺寸发生突变以及加工时沿齿宽方向留下的加工刀痕等均会引起应力集中，当轮齿重复受载，在交变应力作用下，应力值超过齿轮材料的弯曲疲劳强度时，轮齿根部就会产生疲劳裂纹，如图 5-52a 所示，并不断地扩展，致使轮齿疲劳折断。

2）过载折断。齿轮工作时，轮齿短时严重过载或受到较大冲击载荷时发生的突然折断，称为过载折断。淬火钢或铸铁制成的齿轮容易发生过载折断。

对齿宽较小的直齿轮，轮齿一般沿整个齿宽折断；对接触线倾斜的斜齿轮或人字形齿轮及齿宽较大的直齿轮，多发生轮齿的局部折断，如图 5-52b 所示。

轮齿折断是齿轮传动最严重的失效形式。改善措施有：增大齿根圆角半径、消除加工刀痕，以降低齿根的应力集中；

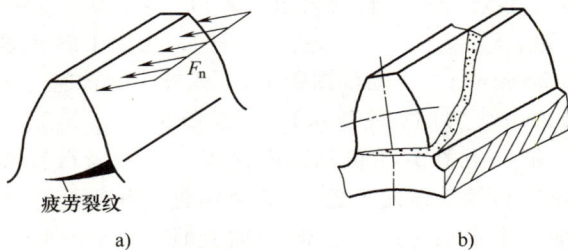

图 5-52　轮齿折断

增大轴及支承物的刚度，改善轮齿上载荷分布的均匀性，以减轻齿面局部过载的程度；对轮齿进行喷丸等强化处理，提高齿面硬度，保持心部的韧性。

（2）齿面点蚀　齿轮啮合时，轮齿工作表面在法向力的作用下将产生脉动循环变化的接触应力，若齿面接触应力超过材料的接触疲劳强度，齿面表层就会产生细微的疲劳裂纹，然后裂纹的蔓延扩展（如有润滑油，会被挤入裂纹中产生高压，使裂纹加快扩展），致使金属微粒剥落下来形成麻点状的凹坑，造成疲劳点蚀，如图 5-53 所示。齿面点蚀使齿面有效承载面积减小，点蚀的扩展将严重损坏齿廓表面精度，引起冲击和噪声，造成传动不平稳而失效。

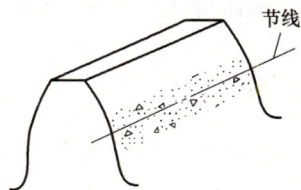

图 5-53　齿面点蚀

齿面点蚀是润滑良好的闭式软齿面齿轮传动的主要失效形式。由于齿廓在节线附近啮合时齿面相对滑动速度较低，不利于形成润滑油膜，而且节线附近通常处于单齿啮合区，齿面承受载荷较大，故齿面点蚀通常首先发生在节线附近的齿根表面处。在开式齿轮传动中，由于齿面磨损速度较快，点蚀还来不及出现或扩展即被磨掉，因此一般看不到点蚀现象。

改善措施有：提高齿面硬度；降低齿面表面粗糙度值；低速时选用黏度大的润滑油，高速时采用喷油润滑等。

（3）齿面胶合　对于高速重载齿轮传动，齿面间的压力大，啮合区会产生很大的摩擦热，导致局部温度过高，使齿面油膜破裂，两个接触齿面金属黏着，而随着齿面的相对运动，黏在一起的地方又被撕开，造成金属从齿面上被撕落，引起严重的伤痕，称为**齿面胶**

合，如图 5-54 所示。在低速重载齿轮传动中，由于不易形成油膜，使接触表面油膜被刺破而黏着，也可能发生胶合破坏，称为冷胶合。

改善措施有：提高齿面硬度；降低齿面的表面粗糙度值；选用加有抗胶合添加剂的合成润滑油等。

（4）齿面磨损 齿轮工作时，当灰尘、砂粒、金属屑等硬质颗粒落入轮齿齿面之间，会对齿面造成刮、擦等作用，引起齿面磨损，如图 5-55 所示。齿面严重磨损后，轮齿将失去正确的齿形，齿侧间隙不断增大，导致严重的噪声和振动，影响轮齿正常工作，最终使传动失效。同时齿面磨损可使轮齿变薄，间接导致轮齿折断。齿面磨损主要发生在开式齿轮传动中。

改善措施有：采用闭式传动，保持良好润滑；提高齿面硬度；降低齿面表面粗糙度值等。

（5）齿面塑性变形 当齿轮材料较软，而载荷及摩擦力又都很大时，齿面材料就会沿着摩擦力的方向产生塑性变形，如图 5-56 所示。由于主动轮齿面上所受的摩擦力方向背离节线，分别朝向齿顶和齿根作用，塑性变形后，齿面节线附近将碾出凹沟；而从动轮齿面摩擦力方向指向节线，故齿面节线附近将挤出凸棱。

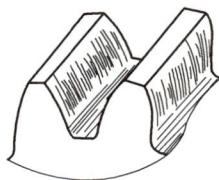

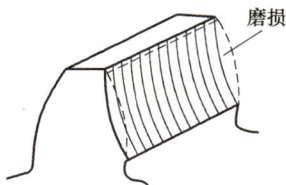

图 5-54 齿面胶合 　　图 5-55 齿面磨损 　　图 5-56 齿面塑性变形

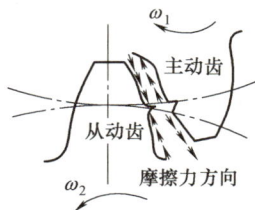

改善措施有：提高齿面硬度；采用高黏度润滑油等。

2. 设计准则

在不同的工作条件下，齿轮传动有不同的失效形式，在设计齿轮传动时，应根据实际工作条件，分析其可能发生的主要失效形式，选择相应的齿轮传动设计准则。齿轮传动中，常将齿轮分为软齿面齿轮和硬齿面齿轮，轮齿表面硬度≤350HBW（HRC≤38）时，称为软齿面；轮齿表面硬度>350HBW（HRC>38）时，称为硬齿面。齿轮设计时，通常包括齿面接触疲劳强度和齿根弯曲疲劳强度两种计算。对于高速大功率的齿轮传动（如航空发动机主传动等），还要进行齿面抗胶合能力计算。对于不同工作条件下的齿轮传动，其设计准则如下。

（1）闭式软齿面齿轮传动 主要失效形式为齿面点蚀，先按齿面接触疲劳强度设计，初步确定齿轮传动的主要参数和尺寸后，再进行齿根弯曲疲劳强度校核，避免发生轮齿折断。

（2）闭式硬齿面齿轮传动 主要失效形式是轮齿折断，先按齿根弯曲疲劳强度设计，初步确定齿轮传动的主要参数和尺寸后，再校核齿面接触疲劳强度，以避免发生齿面点蚀失效。

（3）开式（半开式）齿轮传动 主要失效形式是齿面磨损和轮齿折断，一般不发生齿面点蚀，故只需按齿根弯曲疲劳强度进行设计，并将计算所得的模数增大 10% ~ 20%，以补偿磨损的影响。

七、齿轮常用的材料及热处理

齿轮材料选用的基本要求是：齿面具有足够的硬度和耐磨性，齿心具有较好的韧性，且有良好的加工工艺性、热处理性能及经济性。常用的齿轮材料有锻钢、铸钢、铸铁，在特殊场合也有使用工程塑料等非金属材料。

（1）锻钢　锻钢强度高、韧性好，能通过各种热处理方法来改善材料的力学性能，是使用最广泛的齿轮材料。

（2）铸钢　铸钢的耐磨性及强度均较好，强度稍低。适用于尺寸较大（直径大于400mm）或结构复杂不易锻制的齿轮。

（3）铸铁　铸铁材料抗点蚀、抗胶合性能均较好，但强度低，耐磨性能、抗冲击性能差。铸铁成本低廉，易于加工，宜用于低速、轻载、无冲击的场合。

钢制齿轮要进行适当的热处理以改善材料性能，常用的方法有调质、正火、表面淬火、渗碳淬火、表面渗氮等。

（1）调质　对于45、40Cr等中碳合金钢，经过调质处理后，其机械强度、韧性等综合性能较好。因为硬度不高，故可以在热处理之后精切齿面，以消除热处理的变形。

（2）正火　正火处理后可以使材料晶粒细化，增大机械强度和韧性，消除内应力，改善切削性能。一般用于机械强度要求不高的中碳钢齿轮，对于大直径的齿轮可采用铸钢正火处理。

（3）表面淬火　对于45、40Cr等中碳钢和中碳合金钢齿轮，可以进行表面淬火，齿面硬度达到50HRC以上，心部仍有较高的韧性，故接触强度高、耐磨性好，可承受一定的冲击载荷，适用于无剧烈冲击的齿轮传动。

（4）渗碳淬火　对于20、20Cr等低碳钢和低碳合金钢，可进行渗碳淬火处理，齿面硬度达到56~62HRC，心部仍能保持较高的韧性。这种齿轮的齿面接触强度高、耐磨性好，常用于承受冲击载荷的重要齿轮。但由于渗碳淬火后变形比较大，渗碳淬火后需要磨齿或用硬质合金滚刀滚刮加工。

（5）表面渗氮　表面渗氮是一种化学热处理方法，渗氮后不再进行其他热处理。渗氮齿轮轮齿变形小，齿面硬度比渗碳齿轮高，故适用于尺寸较大的外齿轮或难于磨齿的内齿轮。

常用的齿轮材料、热处理及许用应力见表5-21。

表 5-21　常用的齿轮材料、热处理及许用应力

材料牌号	热处理	抗拉强度 σ_b/MPa	齿面硬度	许用接触应力 $[\sigma_H]$/MPa	许用弯曲应力 $[\sigma_F]$/MPa
45	正火	580	169~217HBW	468~513	280~301
	调质	647	229~286HBW	513~545	301~315
	表面淬火	647	40~50HRC	972~1053	427~504
20Cr	渗碳淬火	650	56~62HRC	1350	645
40Cr	调质	700	241~286HBW	612~675	399~427
	表面淬火		48~55HRC	1035~1098	483~518

（续）

材料牌号	热处理	抗拉强度 σ_b/MPa	齿面硬度	许用接触应力 $[\sigma_H]$/MPa	许用弯曲应力 $[\sigma_F]$/MPa
35SiMn	调质	750	217~269HBW	585~648	388~420
20CrMnTi	渗碳淬火	1100	56~62HRC	1350	645
ZG310-570	正火	580	163~197HBW	270~301	171~189
ZG340-640	正火	650	179~207HBW	288~306	182~196
QT600-3	正火	600	190~270HBW	436~535	262~315
HT300	—	300	187~255HBW	290~347	80~105

注意：

1）软齿面齿轮工艺简单、生产率高，比较经济，但因为齿面硬度不高，限制了承载能力，故适用于载荷、速度、精度要求均不高的场合。硬齿面齿轮承载能力高，但成本也高，故适用于载荷、速度、精度要求高的重要齿轮。

2）相啮合的一对齿轮，小齿轮齿面硬度要比大齿轮齿面硬度高 30~50HBW。

3）由于锻钢的力学性能优于同类铸钢，所以齿轮材料应优先选用锻钢。对于结构复杂的大型齿轮，受锻造工艺和设备的限制，可采用铸钢制造。如低速重载的轧钢设备、矿山机械的大型齿轮等。

4）在小功率和精度要求不高的高速齿轮传动中，为了减少噪声，其小齿轮常用尼龙、夹布胶木、聚甲醛等非金属材料制造，但配对的大齿轮仍用钢或铸铁制造。

八、直齿圆柱齿轮的受力分析及强度计算

1. 受力分析

为了对齿轮传动以及支承齿轮的轴、轴承进行设计计算，需先对齿轮进行受力分析。以渐开线直齿圆柱齿轮为例，如图 5-57 所示，为简化计算，以作用在齿宽中点的集中力来代替沿齿面接触线均匀分布的分布力。当不计齿间的摩擦力时，轮齿上的法向力 F_n 沿啮合线方向且垂直于齿面。在分度圆上，主动轮法向力 F_{n1} 可分解为两个互相垂直的分力，即切于分度圆的圆周力 F_{t1} 和沿半径方向的径向力 F_{r1}，其中圆周力 F_{t1} 方向与主动轮的回转方向相反，径向力 F_{r1} 方向指向主动轮轮心；从动轮与主动轮上的各对分力等值、反向，如图 5-58 所示。由此得到

$$\begin{cases} F_{t1} = \dfrac{2T_1}{d_1} = -F_{t2} \\[2mm] F_{r1} = F_{t1}\tan\alpha = -F_{r2} \\[2mm] F_{n1} = \dfrac{F_{t1}}{\cos\alpha} = \dfrac{2T_1}{d_1\cos\alpha} = -F_{n2} \end{cases}$$

式中　T_1——主动轮上的转矩（N·mm）；

　　　d_1——主动轮分度圆直径（mm）；

　　　α——分度圆上的压力角。

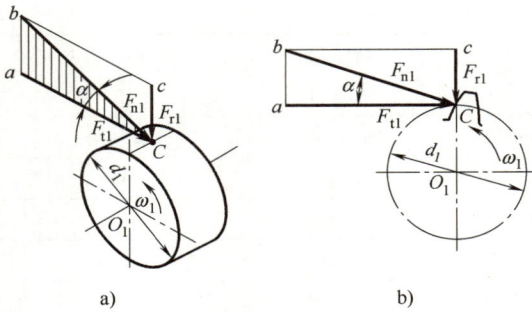

图 5-57　直齿圆柱齿轮的受力分析图

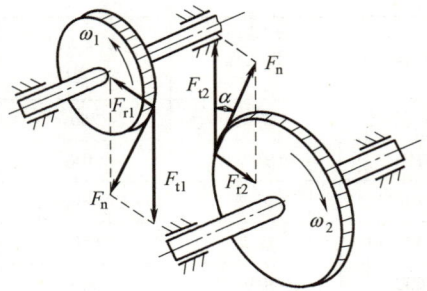

图 5-58　直齿圆柱齿轮受力方向

2. 齿面接触疲劳强度计算

齿面接触疲劳强度计算是针对齿面点蚀失效进行的。齿轮啮合可看作分别以接触处的曲率半径 ρ_1、ρ_2 为半径的两个圆柱体的接触，其最大接触应力可由赫兹公式计算。齿轮啮合时，点蚀通常出现在节线附近，因此，通常按节点处的接触应力计算齿面的接触疲劳强度。

图 5-59 所示为一对标准直齿圆柱齿轮，接触点为节点 C。对于钢制直齿圆柱齿轮，齿面接触疲劳强度的校核公式为

$$\sigma_{H} = 3.52 Z_{E} \sqrt{\frac{KT_1(u \pm 1)}{bd_1^2 u}} \leqslant [\sigma_{H}]$$

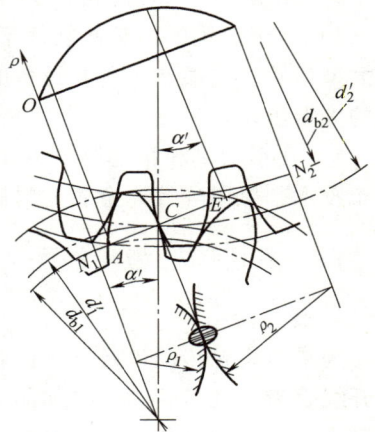

图 5-59　齿面接触应力

式中　σ_{H}——齿面接触应力（MPa）；

Z_{E}——材料弹性系数，见表 5-22；

K——载荷系数，见表 5-23；

u——齿轮齿数比，$u = \dfrac{z_2}{z_1}$；

b——齿宽（mm）；

$[\sigma_{H}]$——许用接触应力，见表 5-21；

±——"+"用于外啮合，"-"用于内啮合。

表 5-22　材料的弹性系数 Z_{E}

两齿轮材料	两齿轮均为钢	钢与铸铁	两齿轮均为铸铁
Z_{E}	189.8	165.4	144

表 5-23　载荷系数 K

工作机械	载荷特性	原动机		
		电动机	多缸内燃机	单缸内燃机
均匀加料的运输机和加料机、轻型卷扬机、发电机、机床辅助传动	平稳、轻微冲击	1~1.2	1.2~1.6	1.6~1.8
不均匀加料的运输机和加料机、重型卷扬机、球磨机、机床主轴箱	中等冲击	1.2~1.6	1.6~1.8	1.8~2.1
压力机、钻床、轧床、破碎机、挖掘机	较大冲击	1.6~1.8	1.8~2.0	2.2~2.4

为了便于设计计算，引入齿宽系数，得到齿面接触疲劳强度的设计公式为

$$d_1 \geqslant \sqrt[3]{\left(\frac{3.52 Z_E}{[\sigma_H]}\right)^2 \cdot \frac{K T_1 (u \pm 1)}{\phi_d u}}$$

式中　ϕ_d——齿宽系数，$\phi_d = b/d_1$，见表 5-24。

表 5-24　齿宽系数 ϕ_d

齿轮相对于轴承的位置	齿面硬度	
	软齿面（≤350HBW）	硬齿面（>350HBW）
对称布置	0.8~1.4	0.4~0.9
不对称布置	0.6~1.2	0.3~0.6
悬臂布置	0.3~0.4	0.2~0.25

应用上述公式时，应注意以下几点：

1）两齿轮齿面的接触应力大小相同，即 $\sigma_{H1} = \sigma_{H2}$。

2）两齿轮的许用应力一般不同，即 $[\sigma_{H1}] \neq [\sigma_{H2}]$，进行强度计算时应选用较小值。

3）齿轮的齿面接触疲劳强度与齿轮的直径或中心距的大小有关，而与模数的大小无关。当一对齿轮的材料、齿宽系数、齿数比一定时，由齿面接触强度所确定的承载能力仅与齿轮的直径或中心距的大小有关。

3. 齿根弯曲疲劳强度计算

齿根弯曲疲劳强度计算是针对轮齿疲劳折断进行的。计算时可将齿轮看作悬臂梁，危险截面用 30°切线法确定，即作与轮齿对称线成 30°并与齿根圆相切的斜线，两个切点的连线即为危险截面的位置，如图 5-60 所示。

结合弯曲应力计算公式 $\sigma_F = M/W$，考虑齿根应力集中及危险截面上压应力的影响，引入齿形系数、应力修正系数，可得齿根弯曲疲劳强度的校核公式为

$$\sigma_F = \frac{2 K T_1}{b m^2 z_1} Y_F Y_S \leqslant [\sigma_F]$$

式中　σ_F——齿根弯曲应力（MPa）；

　　m——齿轮模数（mm）；

　　z_1——主动轮齿数；

　　Y_F——齿形系数，见表 5-25；

　　Y_S——应力修正系数，见表 5-25；

　　$[\sigma_F]$——许用弯曲应力，见表 5-21。

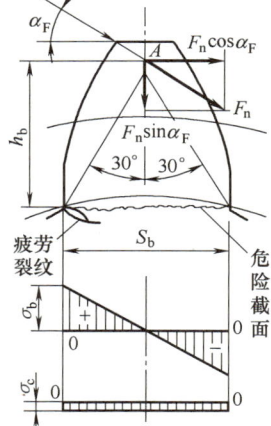

图 5-60　齿根弯曲应力

表 5-25　标准外齿轮的齿形系数 Y_F 和应力修正系数 Y_S

z	17	18	19	20	22	25	28	30
Y_F	2.97	2.91	2.85	2.81	2.75	2.65	2.58	2.54
Y_S	1.53	1.54	1.55	1.56	1.58	1.59	1.61	1.63
z	35	40	45	50	60	80	100	≥200
Y_F	2.47	2.41	2.37	2.35	2.30	2.25	2.18	2.14
Y_S	1.65	1.67	1.69	1.71	1.73	1.77	1.80	1.88

引入齿宽系数，得到齿根弯曲疲劳强度的设计公式为

$$m \geqslant 1.26 \sqrt[3]{\frac{KT_1 Y_F Y_S}{\phi_d z_1^2 [\sigma_F]}}$$

应用上述公式时，应注意以下几点：

1）由于齿数不同，齿形系数 Y_F 和应力修正系数 Y_S 不相等，故两齿轮所受的弯曲应力不相等，即 $\sigma_{F1} = \sigma_{F2}$。

2）两齿轮许用弯曲应力一般不相同，即 $[\sigma_{F1}] \neq [\sigma_{F2}]$。

3）$\dfrac{Y_{F1} Y_{S1}}{[\sigma_{F1}]}$ 和 $\dfrac{Y_{F2} Y_{S2}}{[\sigma_{F2}]}$ 比值大者强度较弱，应作为计算时的代入值。

九、齿轮传动的设计

1. 齿轮材料的选择

根据工况条件，确定传动形式，选定合适的齿轮材料和热处理方法，查表 5-21 确定相应的许用应力。

2. 齿轮的设计计算，确定主要参数

根据设计准则，首先设计计算出齿轮模数 m 或小齿轮分度圆直径 d_1，然后选择齿轮的主要参数。

（1）齿数　对于标准齿轮，为保证不发生根切，小齿轮齿数一般取 $z > z_{min}$。当齿轮分度圆直径一定时，增加齿数则模数减小，齿数越多，重合度越大，传动越平稳，但模数小会导致轮齿的齿厚变小，降低弯曲强度。因此，在保证弯曲强度的前提下，应取较多的齿数为宜。

对于闭式软齿面齿轮，决定其承载能力的主要参数是分度圆直径，为了减小冲击，提高传动平稳性，小齿轮齿数可取多些，一般取 $z_1 = 20 \sim 40$。对于闭式硬齿面齿轮和开式（半开式）齿轮，决定其承载能力的主要参数是模数，为提高齿根弯曲疲劳强度，应适当减少齿数以保证有较大的模数，通常取 $z_1 = 17 \sim 20$。

（2）模数　模数的大小影响轮齿的弯曲强度，设计时应在保证弯曲强度的条件下取较小的模数，但对于传递动力的齿轮，其模数不宜小于 2mm。模数应取标准值，见表 5-17。

（3）齿宽系数　齿宽系数 $\phi_d = b/d_1$，当 d_1 一定时，增大齿宽系数则齿宽增大，齿轮的承载能力提高；但齿宽越大，载荷沿齿宽分布越不均匀，会造成偏载，降低传动能力。齿宽系数一般取 $\phi_d = 0.1 \sim 1.2$，见表 5-24。

在一般精度的圆柱齿轮减速器中，为补偿加工和装配的误差，保证齿轮传动时有足够的接触宽度，一般小齿轮齿宽略宽于大齿轮，通常取 $b_2 = \phi_d d_1$，$b_1 = b_2 + (5 \sim 10)\,\text{mm}$。齿宽 b_1 和 b_2 都应圆整为整数，最好个位数为 0 或 5。

3. 齿轮强度校核

根据设计准则，校核齿轮的齿面接触疲劳强度或齿根弯曲疲劳强度。参考"八、直齿圆柱齿轮的受力分析及强度计算"的内容。

4. 确定齿轮传动的精度等级和润滑方式

确定齿轮传动的精度等级和润滑方式时，需要先校核齿轮的圆周速度 v，计算公式为

$$v = \frac{\pi d_1 n_1}{60 \times 1000}$$

式中　d_1——主动轮分度圆直径（mm）；

　　　n_1——主动轮的转速（r/min）。

（1）齿轮精度等级的选择　渐开线圆柱齿轮分为13个精度等级，其中0~2级齿轮要求非常高，为未来发展级；3~5级为高精度等级；6~8级为最常用的中精度等级；9~12级的精度最低。常用的精度等级为6~9级。在设计齿轮传动时，应根据齿轮的用途、使用条件、传递的圆周速度和功率大小等，选择齿轮精度等级。表5-26为常见机器的齿轮精度等级，表5-27为常用精度等级适用的圆周速度范围。

表 5-26　常见机器的齿轮精度等级

机器名称	精度等级	机器名称	精度等级
测量齿轮	2~5	拖拉机	6~9
汽轮机	3~6	通用减速器	6~9
金属切削机床	3~8	矿用绞车	6~10
轻型汽车	5~8	起重机械	7~10
重型汽车	6~9	农用机械	8~11

表 5-27　常用精度等级适用的圆周速度范围

精度等级	圆周速度 $v/(\text{m/s})$			适用范围
	直齿圆柱齿轮	斜齿圆柱齿轮	直齿锥齿轮	
6	≤15	≤30	≤9	在高速、重载下工作的齿轮传动，如机床、汽车和飞机中的重要齿轮；分度机构的齿轮等
7	≤10	≤20	≤6	在高速中载或中速重载下工作的齿轮传动，如机床进给机构中的齿轮等
8	≤5	≤9	≤3	一般机械中的齿轮传动，如机床中的一般齿轮；农用机械中的重要齿轮等
9	≤3	≤6	≤2.5	粗糙工作机械中的齿轮

（2）润滑方式的选择　齿轮传动的润滑不仅可以减小摩擦、减轻磨损和提高传动效率，还可以起到冷却、散热、防锈、减少振动和噪声的作用。

1）润滑剂。齿轮传动的润滑剂多采用润滑油。通常先根据齿轮材料和圆周速度选取油的运动黏度，见表5-28，再根据选定的黏度确定润滑油的牌号。

表 5-28　齿轮传动润滑油的黏度推荐值

齿轮材料	强度极限 σ_b/MPa	圆周速度 $v/(\text{m/s})$						
		<0.5	0.5~1	1~2.5	2.5~5	5~12.5	12.5~25	>25
		运动黏度 $\nu/(\text{mm}^2/\text{s})$（40℃）						
塑料、青铜、铸铁	—	350	220	150	100	80	55	—
钢	450~1000	500	350	220	150	100	80	55
	1000~1250	500	500	350	220	150	100	80
渗碳或表面淬火的钢	1250~1580	900	500	500	350	220	150	100

注：对于多级齿轮传动，应采用各级圆周速度的平均值来选取润滑油黏度。

2）润滑方式。开式齿轮传动，由于传动速度较低，一般采用润滑油或润滑脂进行人工定期润滑。闭式齿轮传动的润滑方式有浸油润滑和喷油润滑。

浸油润滑：当齿轮的圆周速度 $v \leqslant 12\text{m/s}$ 时，通常采用浸油润滑，如图 5-61 所示。浸入油中的深度约一个齿高，但不小于 10mm，浸油过深会增大运动阻力并使油温升高。浸油齿轮的齿顶圆距离油箱底面一般为 30～50mm，以免搅起箱底的杂质，如图 5-61a 所示。在多级齿轮传动的高速级，可以采用带油轮，如图 5-61b 所示，由大齿轮、带油轮将油带到轮齿面上进行润滑。

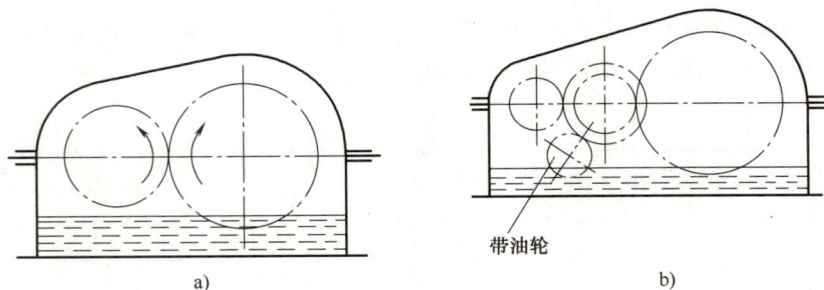

带油轮

a)   b)

图 5-61　浸油润滑

喷油润滑：当齿轮的圆周速度 $v > 12\text{m/s}$ 时，由于圆周速度大，齿轮搅油剧烈，不宜采用浸油润滑，可采用喷油润滑，即用油泵将润滑油直接喷到齿轮啮合面上，如图 5-62 所示。

5. 齿轮主要几何尺寸计算

齿轮主要几何尺寸计算参考表 5-18。

6. 齿轮结构设计

齿轮结构设计的主要任务是确定齿轮的轮缘、轮辐和轮毂部分的尺寸大小和结构形式。通常先按齿轮的直径大小选定合适的结构形式，再根据经验公式和数据进行结构设计。齿轮常用的结构形式有以下四种。

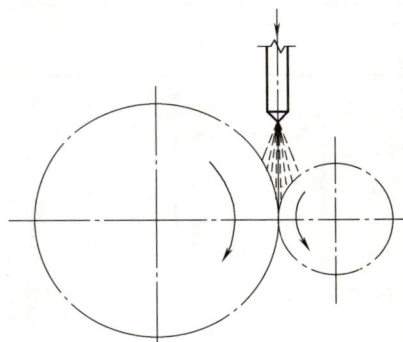

图 5-62　喷油润滑

（1）齿轮轴　对于直径较小的钢制齿轮，其齿根圆直径与轴的直径相差较小，若齿根圆到键槽底部的径向距离 $x < 2.5m$ 时（图 5-64，m 为模数），可以将齿轮与轴制成一体，称为齿轮轴，如图 5-63 所示。

（2）实心式齿轮　当齿轮的齿顶圆直径 $d_a \leqslant 200\text{mm}$ 时，若齿根圆到键槽底部的径向距离 $x \geqslant 2.5m$ 时，可做成实心式结构，如图 5-64 所示。

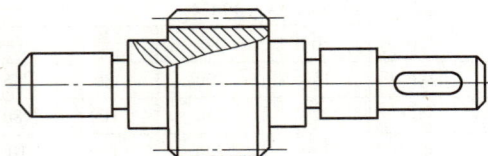

图 5-63　齿轮轴

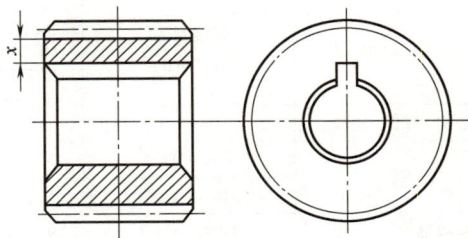

图 5-64　实心式齿轮

（3）腹板式结构　当齿轮的齿顶圆直径 $200\text{mm}<d_a\leqslant 500\text{mm}$ 时，为了减轻重量，节约材料，常采用腹板式结构，如图5-65所示，各部分尺寸由图中经验公式确定。

（4）轮辐式结构　当齿轮的齿顶圆直径 $d_a>500\text{mm}$ 时，一般用铸钢或铸铁齿轮，可采用轮辐式结构，如图5-66所示，各部分尺寸由图中经验公式确定。

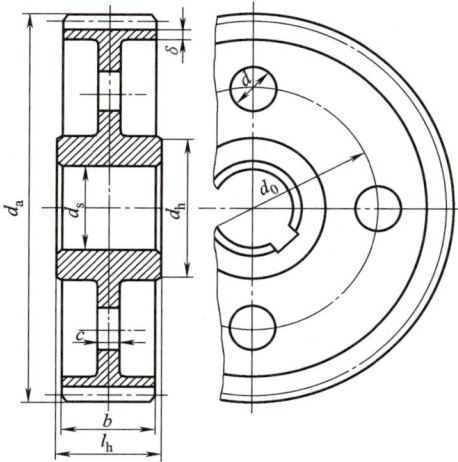

$d_h=1.6d_s$；$l_h=(1.2\sim 1.5)d_s$，并使 $l_h\geqslant b$；$c=0.3b$；

$\delta=(2.5\sim 4)m_n$，但不小于8mm；d_0 和 d 按结构取定，当 d 较小时可不开孔。

图5-65　腹板式齿轮

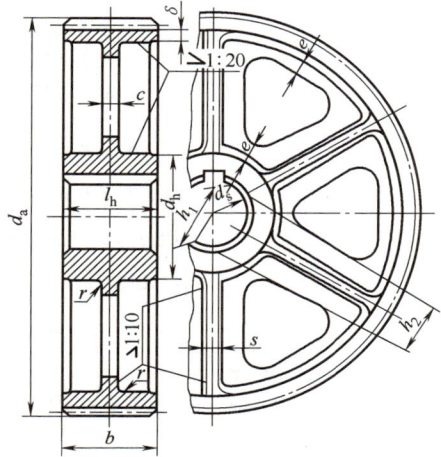

$d_h=1.6d_s$（铸钢）；$d_h=1.8d_s$（铸铁）；$l_h=(1.2\sim 1.5)d_s$，并使 $l_h\geqslant b$；$c=0.2b$，但不小于9mm；$\delta=(2.5\sim 4)m_n$，但不小于8mm；$h_1=0.8d_s$；$h_2=0.8h_1$；$s=0.15h_1$，但不小于9mm；$e=0.8\delta$。

图5-66　轮辐式齿轮

【任务实施】

从任务一传动装置总体设计后得到的各轴参数可知，齿轮高速轴轴 I 的输出功率为 3.65kW，转速为480r/min，齿轮减速器传动比 $i=5$。但因在项目五任务二的带传动设计中，带轮基准直径的标准化选取，使得带传动的实际传动比发生了变化，大带轮的实际转速为 457r/min，所以轴 I 的实际转速为 $n_1=457\text{r/min}$。在此基础上，带式输送机传动装置的齿轮传动设计见表5-29。

表5-29　带式输送机传动装置的齿轮传动设计

序号	任务名称	分析过程
1	选择齿轮材料及精度等级	由于传递功率不大，选用软齿面齿轮。查表5-21，小齿轮选用45钢调质，齿面硬度为229~286HBW；大齿轮选用45钢正火，齿面硬度为169~217HBW 小齿轮许用应力：$[\sigma_H]_1=530\text{MPa}$，$[\sigma_F]_1=310\text{MPa}$ 大齿轮许用应力：$[\sigma_H]_2=500\text{MPa}$，$[\sigma_F]_2=290\text{MPa}$ 因输送机为一般工作机，速度不高，参考表5-26，初选8级精度
2	齿轮的设计计算，确定主要参数	按齿面接触疲劳强度进行设计： $$d_1\geqslant\sqrt[3]{\left(\frac{3.52Z_E}{[\sigma_H]}\right)^2\cdot\frac{KT_1(u+1)}{\phi_d u}}$$ 确定有关参数与系数：

（续）

序号	任务名称	分析过程
2	齿轮的设计计算，确定主要参数	（1）查表 5-22，齿轮材料的弹性系数 $Z_E = 189.8$ （2）转矩 $T_1 = 9.55 \times 10^6 \dfrac{P_1}{n_1} = 9.55 \times 10^6 \times \dfrac{3.65}{457}$ N·mm $= 7.63 \times 10^4$ N·mm （3）查表 5-23，载荷系数 $K = 1.1$ （4）查表 5-24，齿宽系数 ϕ_d，选取 $\phi_d = 1$ （5）取小齿轮齿数 $z_1 = 25$，则大齿轮齿数 $z_2 = iz_1 = 5 \times 25 = 125$。则齿轮实际传动比 $i_实 = i = 5$ （6）齿数比 $u = i = 5$ （7）验算误差。低速轴轴 Ⅱ 的实际转速为 $n_2 = \dfrac{n_1}{i_实} = \dfrac{457}{5}$ r/min $= 91.4$ r/min。所以滚筒轴的实际转速为 91.4 r/min 误差率为 $\left\| \dfrac{n_w - n_2}{n_w} \right\| = \left\| \dfrac{95.5 - 91.4}{95.5} \right\| = 4.3\% < 5\%$，满足要求 将上述参数代入公式中进行计算： $$d_1 \geqslant \sqrt[3]{\left(\dfrac{3.52 Z_E}{[\sigma_H]}\right)^2 \cdot \dfrac{K T_1 (u+1)}{\phi_d u}} = \sqrt[3]{\left(\dfrac{3.52 \times 189.8}{500}\right)^2 \cdot \dfrac{1.1 \times 7.63 \times 10^4 \times (5+1)}{1 \times 5}} \text{mm}$$ $= 56.4$ mm 因此，确定主要参数如下： （1）齿数 小齿轮齿数：$z_1 = 25$ 大齿轮齿数：$z_2 = 125$ （2）模数 因为 $d_1 \geqslant 56.4$ mm 所以 $m \geqslant \dfrac{d_1}{z_1} = \dfrac{56.4}{25}$ mm $= 2.26$ mm 查表 5-17，取标准模数 $m = 2.5$ mm （3）齿宽 齿轮分度圆直径：$d_1 = m z_1 = 2.5 \times 25$ mm $= 62.5$ mm $d_2 = m z_2 = 2.5 \times 125$ mm $= 312.5$ mm 齿轮的宽度：$b = \phi_d d_1 = 1 \times 62.5$ mm $= 62.5$ mm 圆整后，取大齿轮宽度为 $b_2 = 65$ mm，小齿轮宽度为 $b_1 = b_2 + 5$ mm $= 70$ mm
3	齿轮强度校核	按齿根弯曲疲劳强度进行校核： $$\sigma_F = \dfrac{2 K T_1}{b m^2 z_1} Y_F Y_S \leqslant [\sigma_F]$$ （1）查表 5-25，齿形系数 $Y_{F1} = 2.65$，$Y_{F2} = 2.17$ （2）查表 5-25，应力修正系数 $Y_{S1} = 1.59$，$Y_{S2} = 1.82$ 代入公式，得 $$\sigma_{F1} = \dfrac{2 K T_1}{b m^2 z_1} Y_{F1} Y_{S1} = \dfrac{2 \times 1.1 \times 7.63 \times 10^4}{65 \times 2.5^2 \times 25} \times 2.65 \times 1.59 \text{MPa} = 69.64 \text{MPa} \leqslant [\sigma_F]_1$$ $$\sigma_{F2} = \sigma_{F1} \dfrac{Y_{F2} Y_{S2}}{Y_{F1} Y_{S1}} = 69.64 \times \dfrac{2.17 \times 1.82}{2.65 \times 1.59} \text{MPa} = 65.28 \text{MPa} \leqslant [\sigma_F]_2$$ 因此，齿轮弯曲疲劳强度满足要求，设计合理
4	确定齿轮传动的精度等级和润滑方式	验算齿轮的圆周速度 $$v = \dfrac{\pi d_1 n_1}{60 \times 1000} = \dfrac{3.14 \times 62.5 \times 457}{60 \times 1000} \text{m/s} = 1.5 \text{m/s}$$ （1）精度等级：查表 5-27，选 8 级精度合适 （2）润滑方式：因齿轮的圆周速度 $v < 12$ m/s，因此选用浸油润滑，参考图 5-61a

（续）

序号	任务名称	分析过程
5	齿轮几何尺寸计算	（1）小齿轮的几何尺寸计算 分度圆直径：$d_1 = mz_1 = 2.5 \times 25\text{mm} = 62.5\text{mm}$ 基圆直径：$d_{b1} = mz_1 \cos\alpha = 2.5 \times 25\text{mm} \times \cos20° = 58.7\text{mm}$ 齿根圆直径：$d_{f1} = mz_1 - 2(h_a^* + c^*)m = 2.5 \times 25\text{mm} - 2 \times (1+0.25) \times 2.5\text{mm} = 56.25\text{mm}$ 齿顶圆直径：$d_{a1} = mz_1 + 2h_a^* m = 2.5 \times 25\text{mm} + 2 \times 1 \times 2.5\text{mm} = 67.5\text{mm}$ （2）大齿轮的几何尺寸计算 分度圆直径：$d_2 = mz_2 = 2.5 \times 125\text{mm} = 312.5\text{mm}$ 基圆直径：$d_{b2} = mz_2 \cos\alpha = 2.5 \times 125\text{mm} \times \cos20° = 293.7\text{mm}$ 齿根圆直径： $$d_{f2} = mz_2 - 2(h_a^* + c^*)m = 2.5 \times 125\text{mm} - 2 \times (1+0.25) \times 2.5\text{mm} = 306.25\text{mm}$$ 齿顶圆直径：$d_{a2} = mz_2 + 2h_a^* m = 2.5 \times 125\text{mm} + 2 \times 1 \times 2.5\text{mm} = 317.5\text{mm}$ （3）齿轮中心距计算 $$a = \frac{1}{2}m(z_1 + z_2) = \frac{1}{2} \times 2.5 \times (25 + 125)\text{mm} = 187.5\text{mm}$$
6	齿轮结构设计	（1）小齿轮结构 因为 $d_{a1} = 67.5\text{mm}$，所以采用齿轮轴结构，零件图见图 5-101 （2）大齿轮结构 因为 $d_{a2} = 317.5\text{mm}$，所以采用腹板式结构，参考图 5-65，齿轮结构尺寸如下： ① $d_s = 56\text{mm}$（该尺寸在下一任务的低速轴设计中得到） ② $d_h = 1.6d_s = 1.6 \times 56\text{mm} \approx 90\text{mm}$ ③ $b_2 = 65\text{mm}$ ④ $l_h = 1.5d_s = 1.5 \times 56\text{mm} = 84\text{mm}$ ⑤ $c = 0.3b_2 = 0.3 \times 65\text{mm} \approx 19\text{mm}$ ⑥ $\delta = 4m = 4 \times 2.5\text{mm} = 10\text{mm}$，设计时可进行微调 ⑦ 键槽尺寸参考附录 F，$b = 16\text{mm}$，$D + t_2 = 60.3\text{mm}$ 因此，大齿轮的零件图见图 5-67

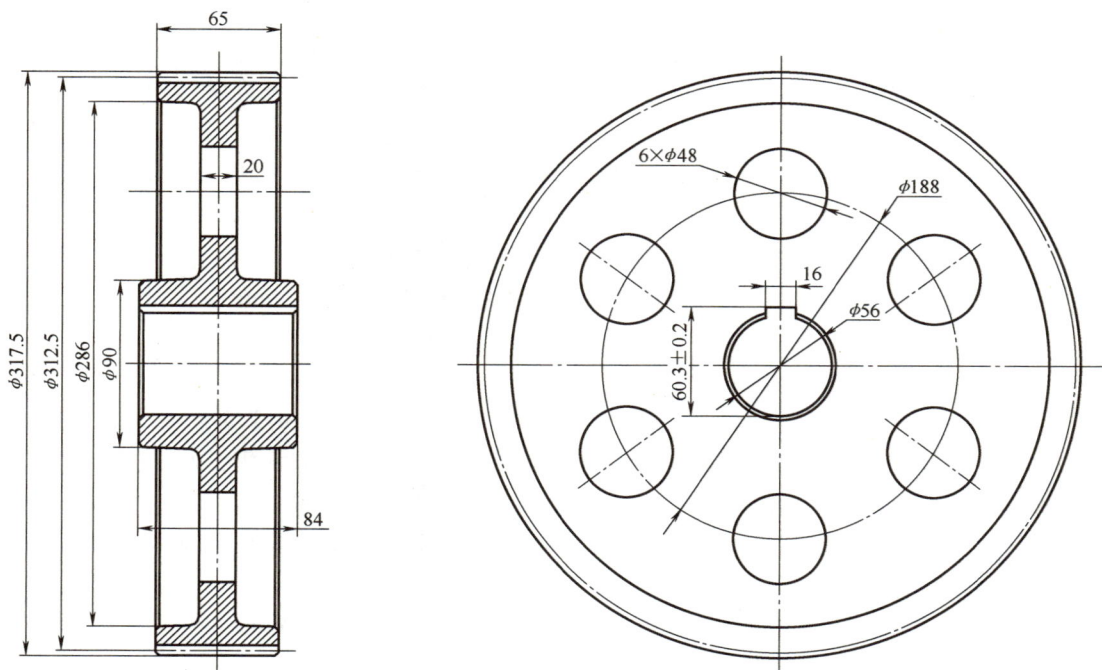

图 5-67　大齿轮零件图

【实践训练】

完成表 5-30 所列实践训练。

表 5-30 带式输送机传动装置的齿轮传动设计实践训练

实践任务	每位同学根据自己的计算数据及结果，完成齿轮传动的设计，并利用 CAD 软件画出大齿轮的零件图。查找前面的计算数据，记录如下：齿轮高速轴轴 I 的输出功率为_____ kW，转速为_____ r/min，齿轮减速器传动比 $i=$_____。但因在项目五任务二的带传动设计中，带轮基准直径的标准化选取，使得带传动的实际传动比可能发生了变化，因此轴 I 的实际转速为 $n_1=$_____ r/min	
实践准备	计算器、机械设计手册、SolidWorks 或其他 CAD 软件	
序号	任务名称	计算分析过程

【习题与思考】

一、判断题

1. 渐开线的形状与基圆的大小无关。　　　　　　　　　　　　　　　　　　（　　）

2. 模数没有单位，只有大小。　　　　　　　　　　　　　　　　　　　　　（　　）

3. 齿轮的标准压力角和标准模数都在分度圆上。　　　　　　　　　　　　　（　　）

4. 节圆是一对齿轮相啮合时才存在的量。　　　　　　　　　　　　　　　　（　　）

5. 展成法切削渐开线齿轮时，一把模数为 m、压力角为 α 的刀具可以切削相同模数和压力角的任何齿数的齿轮。　　　　　　　　　　　　　　　　　　　　　　　（　　）

6. 有一对传动齿轮，已知主动轮的转速 $n_1=960\text{r/min}$，齿数 $z_1=20$，从动齿轮的齿数 $z_2=50$，这对齿轮的传动比 $i_{12}=2.5$，那么从动轮的转速应当为 $n_2=2400\text{r/min}$。（　　）

7. 直齿圆柱标准齿轮的正确啮合条件：只要两齿轮模数相等即可。　　　　　（　　）

8. 为了便于装配，通常取小齿轮的宽度比大齿轮的宽度宽 5~10mm。　　　　（　　）

二、选择题

1. 一对渐开线齿轮连续传动的条件为（　　　）。

A. $\varepsilon \geqslant 1$　　　　　B. $\varepsilon \geqslant 2$　　　　　C. $\varepsilon \leqslant 1$　　　　　D. $\varepsilon \geqslant 1.3$

2. 对于齿数相同的齿轮，模数越大，齿轮的几何尺寸和齿轮的承载能力（　　　）。

A. 越大　　　　　B. 越小　　　　　C. 不变化　　　　　D. 无关

3. 一对标准直齿圆柱齿轮传动，模数为 2mm，齿数分别为 20、30，则两齿轮传动的中心距为（　　　）。

A. 100mm　　　　　B. 200mm　　　　　C. 50mm　　　　　D. 25mm

4. 低速重载软齿面齿轮传动，主要失效形式是（　　　）。

A. 齿面胶合　　　　　　　　　　　B. 齿面疲劳点蚀

C. 齿面塑性变形　　　　　　　　　　　D. 齿面磨损或轮齿疲劳折断

5. 一般开式齿轮传动的主要失效形式是（　　　）。

A. 齿面胶合　　　　　　　　　　　　　B. 齿面疲劳点蚀

C. 轮齿塑性变形　　　　　　　　　　　D. 齿面磨损或轮齿疲劳折断

6. 对于齿面硬度≤350HBW 的闭式齿轮传动，设计时一般（　　　）。

A. 先按接触强度条件计算　　　　　　　B. 先按弯曲强度条件计算

C. 先按磨损条件计算　　　　　　　　　D. 先按胶合条件计算

7. 对于正常齿制的标准直齿圆柱齿轮而言，避免根切的最小齿数为（　　　）。

A. 16　　　　　　　B. 17　　　　　　　C. 18　　　　　　　D. 19

8. 设计闭式软齿面直齿轮传动时，选择齿数 z_1 的原则是（　　　）。

A. z_1 越多越好

B. z_1 越少越好

C. $z_1 \geqslant 17$，不产生根切即可

D. 在保证轮齿有足够的抗弯疲劳强度的前提下，齿数选多些有利

9. 在周转轮系中，把兼有自转和公转的齿轮称为（　　　）。

A. 行星轮　　　　　　B. 中心轮　　　　　　C. 惰轮　　　　　　D. 太阳轮

10. 惰轮在轮系中的主要作用是改变（　　　）。

A. 传动方向　　　　　　　　　　　　　B. 传动比大小

C. 传动方向和传动比大小　　　　　　　D. 传动布局

三、分析题

1. 渐开线齿轮齿廓上各点的压力角是否相等？哪一点的压力角为标准值？哪一点的压力角最大？哪一点的压力角最小？

2. 根切现象产生的原因是什么？如何避免根切？

3. 有一个正常齿的标准渐开线直齿圆柱齿轮，测得顶圆直径 $d_a = 257.5\text{mm}$，齿数 $z = 101$，其模数是多少？请计算齿轮的分度圆直径、基圆直径、齿全高以及齿距。

4. 某企业拟使用现有的两个标准直齿圆柱齿轮，已测得齿数 $z_1 = 24$，$z_2 = 89$，小齿轮齿顶圆直径 $d_{a1} = 130\text{mm}$，大齿轮的齿高 $h = 11.25\text{mm}$，这两个齿轮能否正确啮合？

5. 某企业技改需选配一对标准直齿圆柱齿轮，已知主动轴的转速 $n_1 = 640\text{r/min}$，要求从动轴转速 $n_2 = 160\text{r/min}$，两轮中心距为 125mm，齿数 $z_1 \geqslant 17$。试确定这对齿轮的模数和齿数。

6. 一闭式直齿圆柱齿轮传动，已知传递功率 $P = 3\text{kW}$，转速 $n_1 = 960\text{r/min}$，模数 $m = 2\text{mm}$，齿数 $z_1 = 28$，$z_2 = 90$，齿宽 $b_1 = 65\text{mm}$，$b_2 = 60\text{mm}$。小齿轮材料为 45 钢调质，大齿轮材料为 ZG45 正火。载荷平稳，电动机驱动，单向转动，预期使用寿命 10 年，两班制。试校核这对齿轮传动的强度。

7. 图 5-68 所示为一提升装置，求传动比 i_{15}，并标出该装置提升重物时各轮的转向。

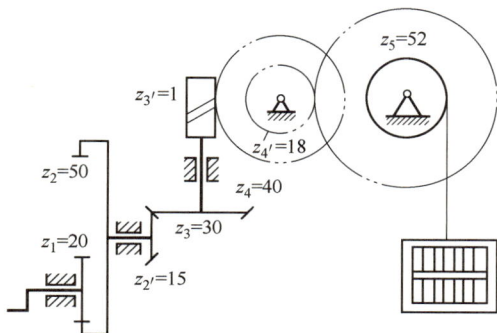

图 5-68　分析题 7

8. 图 5-69 所示的行星轮系中，已知电动机转速 $n_1 = 300 \text{r/min}$（顺时针方向转动），$z_1 = 17$，$z_3 = 85$，分别求当 $n_3 = 0$ 和 $n_3 = 120 \text{r/min}$（顺时针方向转动）时的 n_H。

9. 已知 $z_1 = 17$，$z_2 = 34$，$z_{2'} = 21$，$z_3 = 18$，$z_{3'} = 42$，$z_4 = 48$，$n_1 = 160 \text{r/min}$，$n_H = 10 \text{r/min}$，转向如图 5-70 所示。求 n_4 的大小和方向。

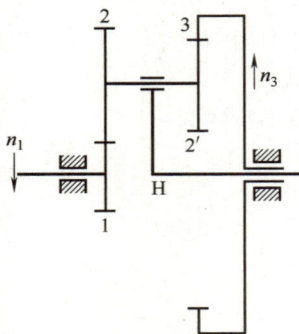

图 5-69　分析题 8　　　　　　　　　　　图 5-70　分析题 9

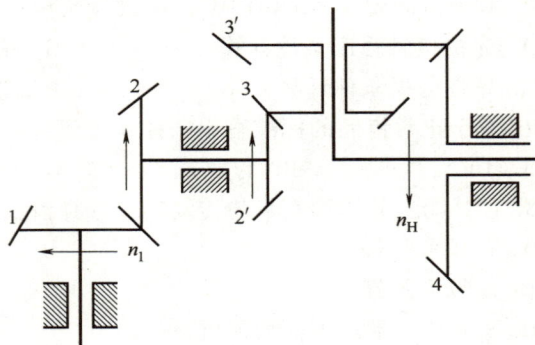

任务四　分析与设计轴及轴系零件

【学习目标】

1）熟悉轴的类型和材料。
2）熟悉轴承的类型与应用，掌握其选用方法。
3）熟悉联轴器的类型与应用，掌握其选用方法。
4）熟悉键连接的类型与应用，掌握其选用方法。
5）了解减速器中挡油环等其他轴系零件。
6）能够进行减速器中轴的设计计算及零件图绘制。
7）树立质量意识，遵守岗位职业规范、法律规范和行为规范。

【任务描述】

在项目五前述任务数据基础上，完成带式输送机传动装置减速器里的高速轴和低速轴的结构设计，确定对应轴上的轴承、联轴器、键等标准件的型号，并画出轴的零件图。

【相关知识】

一、轴的类型和材料

轴是组成机器的重要零件之一，轴的主要功能是支承回转零件并且传递运动和动力。

1. 轴的分类和作用

轴的类型很多，按轴线形状不同，可以分为直轴（图 5-71）、曲轴（图 5-72）和挠性轴（又称为钢丝软轴）（图 5-73）。直轴按外形又可以分为光轴（图 5-71a）和阶梯轴（图 5-

71b），光轴形状简单，主要用作传动轴，阶梯轴便于轴上零件的拆装和定位，为了减轻重量或满足某种功能，还可以做成空心轴（图5-71c）。曲轴常用于往复式机械中，例如内燃机、空气压缩机等，可以实现直线运动与旋转运动的转换。挠性轴不受空间的限制，可以将扭转或旋转运动灵活地传到任何所需的位置，常用于医疗设备、操纵机构、仪表等机械中。

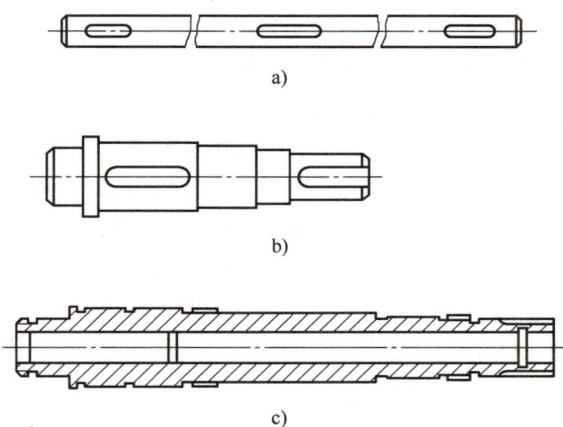

图 5-71 直轴

根据承载情况不同，轴可以分为心轴、传动轴和转轴。心轴只需承受弯矩而不传递转矩，按轴旋转与否分为转动心轴和固定心轴两种，例如铁路车辆的轴（图5-74a）、自行车的前轴（图5-74b）等。传动轴只承受转矩而不承受弯矩或承受弯矩较小，如图5-75所示的汽车传动轴。转轴同时承受弯矩和转矩的作用，如齿轮减速器中的轴，如图5-76所示。

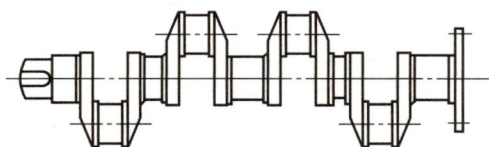

图 5-72 曲轴

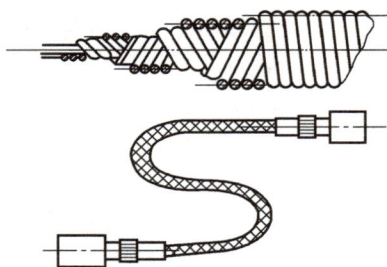

图 5-73 挠性轴

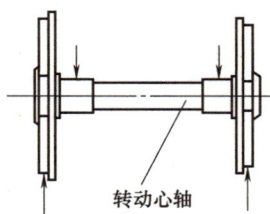

a)

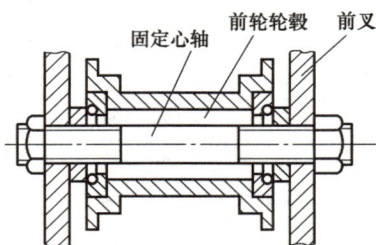

b)

图 5-74 心轴

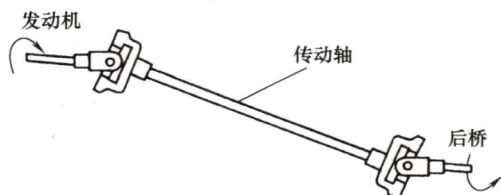

图 5-75 传动轴

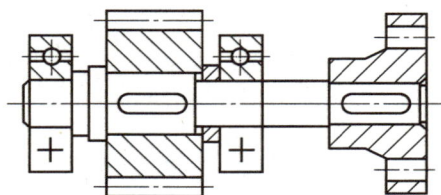

图 5-76 转轴

2. 轴的材料

轴工作时产生的应力多为变应力，故主要失效形式是疲劳破坏，因此轴的材料应具有足够的疲劳强度，较小的应力集中敏感性，以及良好的工艺性和经济性等。轴的材料主要是碳素钢和合金钢，钢轴的毛坯多用轧制圆钢或锻件。

碳素钢价格低廉，对应力集中的敏感性较低，可以利用热处理提高其耐磨性和抗疲劳强度。常用的有 35、40、45、50 钢，其中以 45 钢应用最广，对于受力较小或不太重要的轴，可以使用 Q235、Q275 等普通碳素钢。

合金钢比碳素钢力学性能、热处理性能好。对于要求强度较高、尺寸较小、具有较好耐磨性和耐蚀性等特殊要求的轴，可以采用合金钢材料。如耐磨性要求较高的可以采用 20Cr、20CrMnTi 等低碳合金钢。但是合金钢对应力集中敏感性高，且价格较贵，设计时应注意从结构上避免或降低应力集中，提高表面质量。

对于形状复杂的轴，如曲轴、凸轮轴等，可采用球墨铸铁或高强度铸造材料来进行铸造加工，易于得到所需形状，而且具有较好的吸振性能和好的耐磨性，对应力集中的敏感性也较低。

此外，在一般工作温度下，各种碳素钢和合金钢的弹性模量相差不大，故在选择钢的种类和热处理方法时，所依据的主要是强度和耐磨性，而不是轴的弯曲刚度和扭转刚度等。

轴的常用材料及主要力学性能见表 5-31。

表 5-31　轴的常用材料及主要力学性能

材料牌号	热处理	毛坯直径 /mm	硬度 （HBW）	抗拉强度 σ_b	屈服强度 σ_s	许用弯曲应力 $[\sigma_{-1}]$	备注
					MPa		
Q235A	—	—	—	400	225	40	用于不重要的轴
45	正火	≤100	170~217	590	295	55	应用最广泛
	调质	≤200	217~255	640	355	60	
40Cr	调质	≤100	241~286	735	540	70	用于载荷较大而无很大冲击的重要轴
		>100~300		685	490		
40CrNi	调质	≤100	270~300	900	735	75	用于很重要的轴
		>100~300	240~270	785	570		
38SiMnMo	调质	≤100	229~286	735	590	70	用于重要的轴,性能接近 40CrNi
		>100~300	217~269	685	540		
38CrMoAlA	调质	≤60	293~321	930	785	75	用于要求高耐磨性、高强度且热处理变形很小的轴
		>60~100	277~302	835	685		
		>100~160	241~277	785	590		
20Cr	渗碳淬火回火	≤60	表面 56~62HRC	640	390	60	用于要求强度及韧性均较高的轴

二、滚动轴承的类型与选用

轴承的作用是支承轴和轴上的零件，按照轴承工作时摩擦性质的不同，轴承可分为滚动轴承和滑动轴承两大类。滚动轴承是依靠主要元件间的滚动接触来支承转动零件的，具有摩擦阻力小、起动灵敏、工作稳定、效率高等优点，且已标准化，选用、润滑、密封、维护都很方便，在机器中得到了广泛使用，它的缺点是抗冲击能力差，高速时会出现噪声，工作寿命不及液体摩擦的滑动轴承。滑动轴承具有承载能力强、良好的抗冲击性和吸振性、工作平稳、回转精度高等优点，缺点是起动摩擦阻力大，润滑、维护要求高等。这里主要介绍滚动轴承。

1. 滚动轴承的结构

滚动轴承的结构如图 5-77a 所示，主要由外圈 1、内圈 2、滚动体 3 和保持架 4 组成，内圈采用过盈配合装在轴颈上，外圈装在轴承座或机架座孔内。工作时，多数情况下内圈与轴一起转动，外圈保持不动，滚动体在内外圈滚道间滚动，保持架将滚动体均匀地隔开，避免相邻滚动体之间的接触，以减少滚动体之间的摩擦和磨损。常用的滚动体形状有球、圆柱滚子、圆锥滚子等，如图 5-77b 所示。滚动轴承是标准件，可根据需要直接选用。

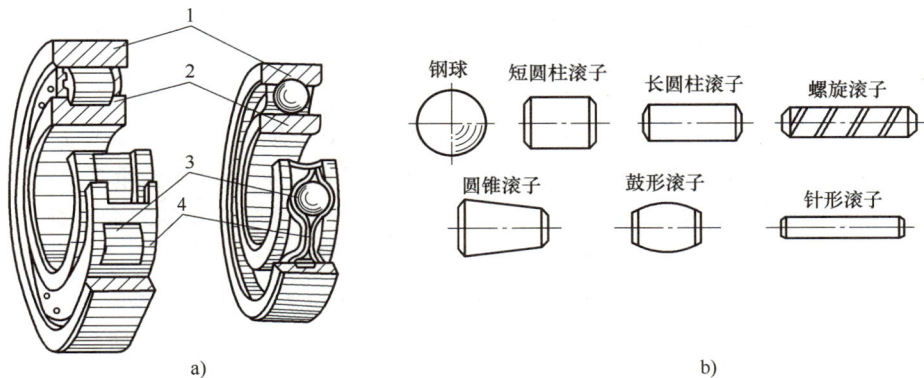

图 5-77　滚动轴承的结构
1—外圈　2—内圈　3—滚动体　4—保持架

滚动轴承的内、外圈和滚动体一般采用强度高、耐磨性好的含铬合金钢（如 GCr9、GCr15、GCr15SiMn 等）经淬火制成，硬度 60HRC 以上。保持架有冲压式和实体式两种，冲压式保持架是用低碳钢采用冲压方式制成的，实体式保持架是用铜合金、铝合金或工程塑料制成的，具有较好的定心精度，适用于较高速的轴承。

2. 滚动轴承的主要类型及特性

（1）滚动轴承的结构特性

1）接触角。滚动体与外圈滚道接触处的公法线与轴承径向平面之间的夹角 α 称为接触角，如图 5-78 所示。α 越大，轴承承受轴向载荷的能力就越大。

2）角偏差。内、外圈相对摆动后，其轴线之间的夹角称 θ 为角偏差，如图 5-79 所示。θ 越大，轴承适应轴弯曲变形或制造误差的能力越强，调心性能越好。

3）游隙。轴承内、外圈之间沿径向或轴向的最大相对位移量，称为径向或轴向游隙。游隙对轴承的寿命、噪声、温升及轴的旋转精度有很大的影响。

（2）滚动轴承的类型和特点

1）滚动轴承按其所能承受载荷的方向或公称接触角的不同，分为向心轴承和推力轴承。

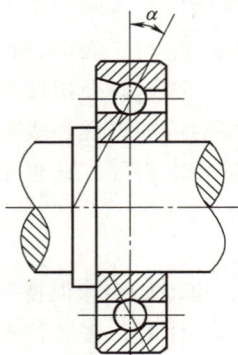

图 5-78　滚动轴承的接触角

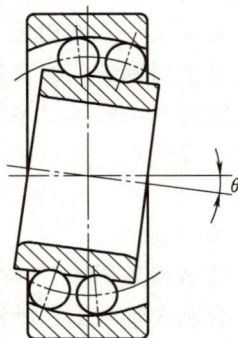

图 5-79　滚动轴承的角偏差

　　向心轴承主要承受径向载荷。按公称接触角的不同可以分为径向接触轴承和向心角接触轴承，径向接触轴承的公称接触角 $\alpha = 0°$，主要承受径向载荷，有些可承受较小的轴向载荷，如深沟球轴承、圆柱滚子轴承等；向心角接触轴承的公称接触角 $\alpha = 0° \sim 45°$，能同时承受径向载荷和轴向载荷。

　　推力轴承主要承受轴向载荷。按公称接触角的不同分为轴向接触轴承和推力角接触轴承，轴向接触轴承的公称接触角为 $90°$，只能承受轴向载荷，如推力球轴承等；推力角接触轴承的公称接触角 $\alpha = 45° \sim 90°$，主要承受轴向载荷，也可以承受较小的径向载荷。

　　2）滚动轴承按滚动体的种类不同可分为球轴承和滚子轴承。

　　球轴承的滚动体为球，球与滚道表面的接触为点接触；滚子轴承的滚动体为滚子，滚子与滚道表面的接触为线接触。在外轮廓尺寸相同的条件下，滚子轴承比球轴承的承载能力和抗冲击能力强，但球轴承摩擦小，高速性能好。

　　常用滚动轴承的类型及特性见表 5-32。

表 5-32　常用滚动轴承的类型及特性

轴承名称和代号	结构简图和承载方向	极限转速	允许角偏差	主要特性
调心球轴承 1000		中	$2° \sim 3°$	主要承受径向载荷，同时也能承受较小的双向轴向载荷。外圈滚道表面是以轴承中点为中心的球面，具有自动调心性能
调心滚子轴承 2000		低	$0.5° \sim 2°$	主要承受径向载荷，同时也能承受较小的双向轴向载荷。承载能力大，具有调心性能
圆锥滚子轴承 3000		中	$2'$	能同时承受较大的径向载荷和轴向载荷，内外圈可分离，安装时可调整游隙，通常成对使用，对称安装

（续）

轴承名称和代号	结构简图和承载方向	极限转速	允许角偏差	主要特性
推力球轴承 5000	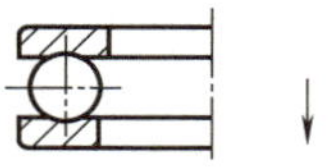 a) 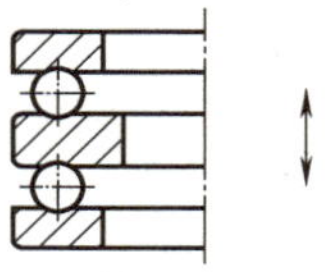 b)	低	不允许	图 a 只能承受单向轴向载荷，图 b 可承受双向轴向载荷。高速时离心力大，钢球和保持架磨损、发热严重，用于轴向载荷较大、转速较低的场合
深沟球轴承 6000	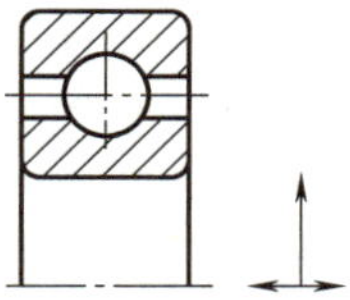	高	8′~16′	主要承受径向载荷，也能承受较小的双向轴向载荷，可以调心。当转速很高而轴向载荷不大时，可代替推力球轴承承受纯轴向载荷
角接触球轴承 7000	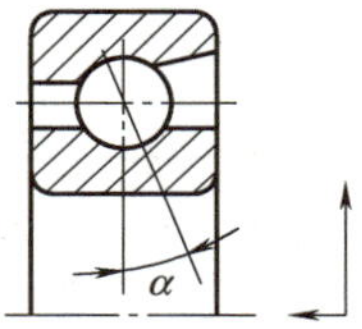	较高	8′~16′	能同时承受较大的径向载荷和轴向载荷。接触角越大，轴向承载能力越强
推力圆柱滚子轴承 8000	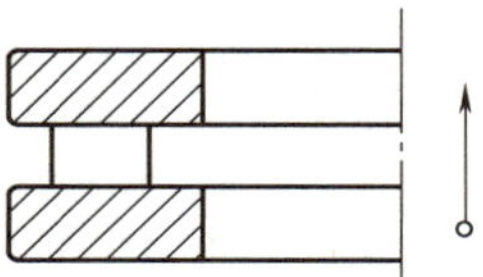	低	不允许	只能承受单向轴向载荷，承载能力强
圆柱滚子轴承 N000	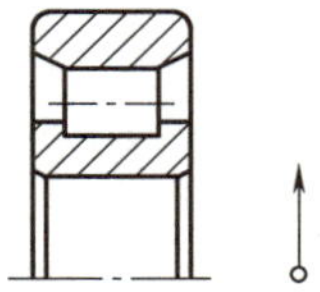	较高	2′~4′	只能承受径向载荷，承载能力强
滚针轴承 NA	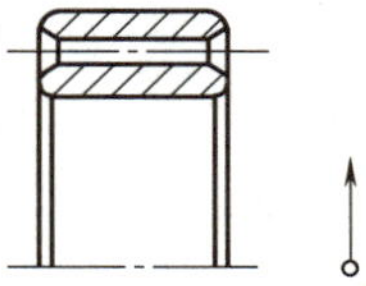	低	不允许	只能承受径向载荷，承载能力强，径向尺寸小。一般无保持架，因滚针间有摩擦，极限转速低

3. 滚动轴承的代号

为了便于组织生产、管理、选择和使用，表征各类轴承的不同特点，国家标准规定滚动轴承的代号由前置代号、基本代号和后置代号构成，代号一般印刻在外圈端面上。

（1）前置代号　前置代号为轴承分部件代号，用字母表示，如用 L 表示可分离轴承的可分离套圈。一般轴承无此说明，则前置代号可以省略。

（2）后置代号　后置代号用字母或字母—数字来表示，用来说明轴承在结构、公差和材料等方面的特殊要求。它基于基本代号的右边，并与基本代号空半个汉字距或用符号"－""／"分隔。下面是后置代号中的几个常用代号。

1）内部结构代号。表示同一类轴承的不同内部结构，用字母紧跟着基本代号表示。如公称接触角为15°、25°、40°的角接触球轴承，分别用C、AC、B表示。

2）公差等级代号。轴承的公差等级分为普通、6、6X、5、4、2共6个级别，精度由低到高，其代号依次为/PN、/P6、/6X、/P5、/P4、/P2。公差等级中6X级仅适用于圆锥滚子轴承；普通级的代号可省略不标。

3）游隙代号。轴承的游隙共分为1组、2组、0组、3组、4组和5组共6个组别，依次由小到大，其代号为/C1、/C2、/C0、/C3、/C4和/C5，0组为常用游隙组，可省略不标。

（3）基本代号　基本代号表示轴承的基本类型、结构和尺寸，是轴承代号的基础，其格式如图5-80所示。

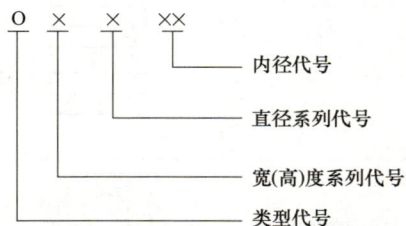

图 5-80　滚动轴承的基本代号

1）内径代号。用自右到左的第一、二位数字表示，表示方法见表5-33。

表 5-33　轴承的内径代号

轴承的公称内径/mm		内径代号	示例
0.6~10（非整数）		用公称内径毫米数直接表示，在其与尺寸系列代号之间用"/"分开	深沟球轴承 617/0.6　$d=0.6$mm 深沟球轴承 618/2.5　$d=2.5$mm
1~9（整数）		用公称内径毫米数直接表示，对深沟及角接触球轴承直径系列7、8、9，内径与尺寸系列代号之间用"/"分开	深沟球轴承 625　$d=5$mm 深沟球轴承 618/5　$d=5$mm 角接触球轴承 707　$d=7$mm 角接触球轴承 719/7　$d=7$mm
10~17	10	00	深沟球轴承 6200　$d=10$mm
	12	01	调心球轴承 1201　$d=12$mm
	15	02	圆柱滚子轴承 NU 202　$d=15$mm
	17	03	推力球轴承 51103　$d=17$mm
20~480 （22、28、32除外）		公称内径除以5的商数，商数为个位数，需在商数左边加"0"，如08	调心滚子轴承 23208　$d=40$mm 圆柱滚子轴承 NU 1096　$d=480$mm
≥500 以及 22、28、32		用公称内径毫米数直接表示，在其与尺寸系列代号之间用"/"分开	调心滚子轴承 230/500　$d=500$mm 深沟球轴承 62/22　$d=22$mm

2）尺寸系列代号。由轴承的直径系列代号和宽（高）度系列代号组合而成，用两位数字表示。直径系列表示同一类型、相同内径的轴承在外径和宽度上的变化系列，用基本代号右起第三位数字表示，按7、8、9、0、1、2、3、4、5顺序外径尺寸依次增大。宽度系列是指径向轴承或向心推力轴承的结构、内径和直径相同，而宽度为一系列不同尺寸，依8、0、1、2、3、4、5、6次序递增（推力轴承的高度依7、9、1、2依次递增）。当宽度系列为0系列时，多数轴承在代号中可不标出（调心轴承需要标出）。图5-81所示为不同尺寸系列的深沟球轴承对比示意图，滚动轴承的尺寸系列代号见表5-34。

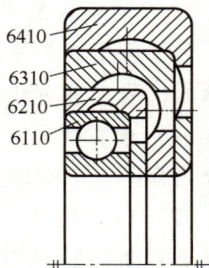

6410
6310
6210
6110

图 5-81　直径系列代号

3）类型代号。滚动轴承的类型代号用数字或字母表示，部分类型代号见表5-32。

表 5-34　尺寸系列代号

直径系列代号	向心轴承								推力轴承			
	宽度系列代号								高度系列代号			
	8	0	1	2	3	4	5	6	7	9	1	2
7	—	—	17	—	37	—	—	—	—	—	—	—
8	—	08	18	28	38	48	59	68	—	—	—	—
9	—	09	19	29	39	49	59	69	—	—	—	—
0	—	00	10	20	30	40	50	60	70	90	10	—
1	—	01	11	21	31	41	51	61	71	91	11	—
2	82	02	12	22	32	42	52	62	72	92	12	22
3	83	03	13	23	33	—	—	—	73	93	13	23
4	—	04	—	24	—	—	—	—	74	94	14	24
5	—	—	—	—	—	—	—	—	—	95	—	—

[例5-6]　试说明轴承代号6206、32315E、7312C及51410/P6的含义。

解：6206：（从左至右）6表示深沟球轴承；2为尺寸系列代号，表示直径系列为2，宽度系列为0（省略）；06表示轴承内径为30mm；公差等级为0级。

32315E：（从左至右）3表示圆锥滚子轴承；23为尺寸系列代号，表示直径系列为3、宽度系列为2；15表示轴承内径为75mm；E表示加强型；公差等级为0级。

7312C：（从左至右）7表示角接触球轴承；3为尺寸系列代号，表示直径系列为3、宽度系列为0（省略）；12表示轴承内径为60mm；C表示公称接触角 $\alpha = 15°$；公差等级为0级。

51410/P6：（从左至右）5表示双向推力轴承；14为尺寸系列代号，表示直径系列为4、宽度系列为1；10表示轴承直径为50mm；P6前有"/"，表示轴承公差等级为6级。

4. 滚动轴承的选择

滚动轴承的选择，一般先根据机器的工作条件和使用要求选择合适的类型，然后再选择具体型号和尺寸。选择轴承类型时，应考虑以下几方面因素。

1）载荷条件。当轴承主要承受径向载荷时应选深沟球轴承；同时承受径向载荷和轴向载荷时应选用角接触轴承；只承受轴向载荷时应选用推力轴承；承受的轴向载荷比径向载荷大很多时，应选用推力轴承和深沟球轴承的组合结构。承受载荷较大时，应选用滚子轴承，或承载大的尺寸系列。当载荷平稳时，可选用球轴承；当承受冲击载荷时应选用滚子轴承。

2）转速条件。转速较高或旋转精度要求较高时，应优先选用球轴承。

3）调心性能。跨距较大，难以保证轴的刚度或安装精度时，应选用具有调心性能的调心轴承。

4）装调性能。为便于安装、拆卸和调整轴承游隙，根据工作要求可选用内、外圈可分离的圆锥（或圆柱）滚子轴承。

5）经济性。在满足使用要求的情况下，尽量选用价格低廉的轴承，以降低成本。一般球轴承比滚子轴承的价格低，普通结构的轴承比特殊结构的轴承价格低，精度低的轴承比精度高的轴承便宜。

三、键的类型与选用

键连接是轴毂连接中最常用的一种方法，具有结构简单、装拆方便、工作可靠等特点，主要用来实现轴与轴上零件间的周向固定并传递转矩，有些类型的键还能实现轴上零件的轴向固定或轴向滑动及导向作用。

1. 键连接的类型

键连接的主要类型有平键连接、半圆键连接、楔键连接和切向键连接等。

（1）平键连接　平键连接以键的两侧面为工作面，上表面与轮槽底之间留有间隙，工作时靠键与键槽的侧面挤压来传递转矩，如图5-82a所示。平键连接具有结构简单、装拆方便、对中性好等优点，但不能承受轴向载荷，故对轴上的零件不能起到轴向固定作用。常用的平键有普通平键、导向平键和滑键等。

1）普通平键。普通平键主要用于静连接，按端部形状不同可分为A型（圆头）、B型（方头）和C型（单圆头）3种，分别如图5-82b～d所示。

A型平键应用最广，C型平键常用于轴端，轴上的键槽用键槽铣刀铣出，键在槽中固定良好，但当轴工作时，轴上键槽端部的应力集中较大。B型平键的轴上键槽可用盘铣刀铣出，键槽两端的应力集中较小，但键尺寸大时容易松动，故需用紧定螺钉固定。

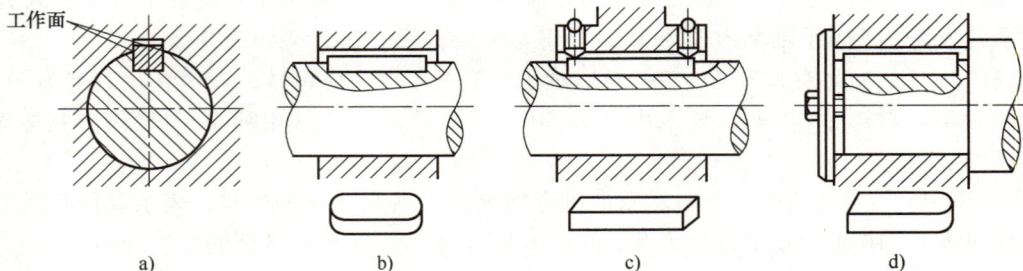

图5-82　普通平键连接

2）导向平键。导向平键用于动连接，如图5-83所示，按端部形状分为A型和B型两种形式。导向平键比轮毂长，为防止键体在轴槽中松动，需用螺钉将键体固定在轴上的键槽中，且在键的中部制有起键螺孔，以便于键的拆卸。键与轮毂的键槽采用间隙配合，轮毂可以沿键做轴向滑动，但行程较小，例如变速器中滑移齿轮与轴的动连接。

3）滑键。当轴上零件需要滑移的距离较大时，一般采用滑键。滑键连接也属于动连接，如图5-84所示，滑键固定在轮毂上，轮毂带动滑键在轴上的键槽中轴向滑移，因此，需要在轴上铣出较长的键槽，如车床溜板箱与光轴之间即采用了滑键连接。

（2）半圆键连接　半圆键连接如图5-85所示。轴上键槽用尺寸与半圆键相同的半圆键铣刀铣出，因而键在槽中能绕其几何中心摆动以适应毂上键槽的倾斜度。半圆键用于静连接，其两侧面是工作面，优点是工艺性好，装拆方便，缺点是轴上的键槽较深，对轴的强度影响较大，所以一般用于轻载时的锥形轴端连接。

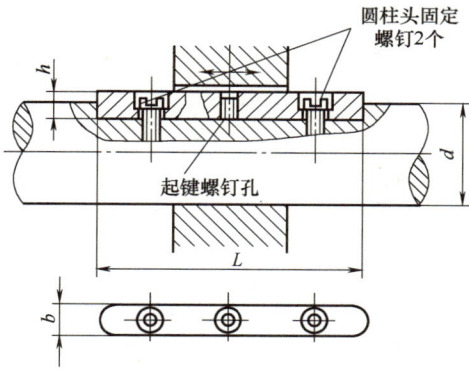

图 5-83 导向平键连接

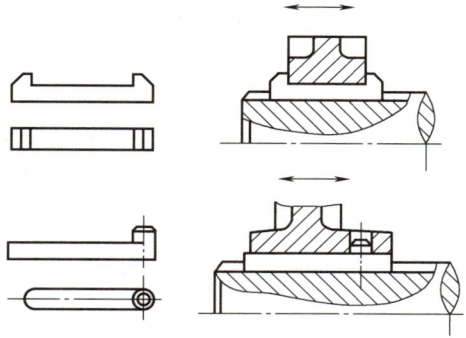

图 5-84 滑键连接

（3）楔键连接 楔键的上下两面是工作面，楔键的上表面和轮毂键槽底部各有1:100的斜度。装配时，通常是先将轮毂装好，然后再把楔键放入并打紧，使其楔紧在轴与毂的键槽中。工作时，主要靠键、轴和毂之间的摩擦力传递转矩，并可承受单向轴向载荷，对轮毂起到单向轴向定位作用。但因楔紧力会使轴和轮毂的配合产生偏心和倾斜，故楔键的定心性差，只适用于定心精度要求不高及低速的场合。

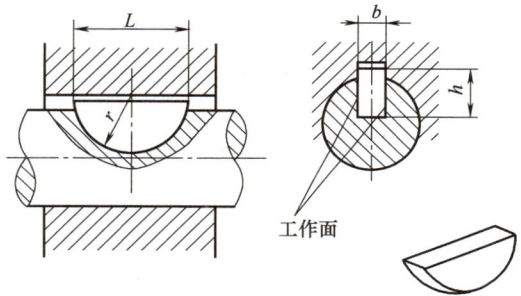

图 5-85 半圆键连接

楔键分为普通楔键和钩头型楔键两种，如图 5-86 所示。普通楔键也有 A 型、B 型、C 型三种形式。钩头型楔键的钩头供拆卸用，如果安装在外露的轴端时，应注意加装防护罩。

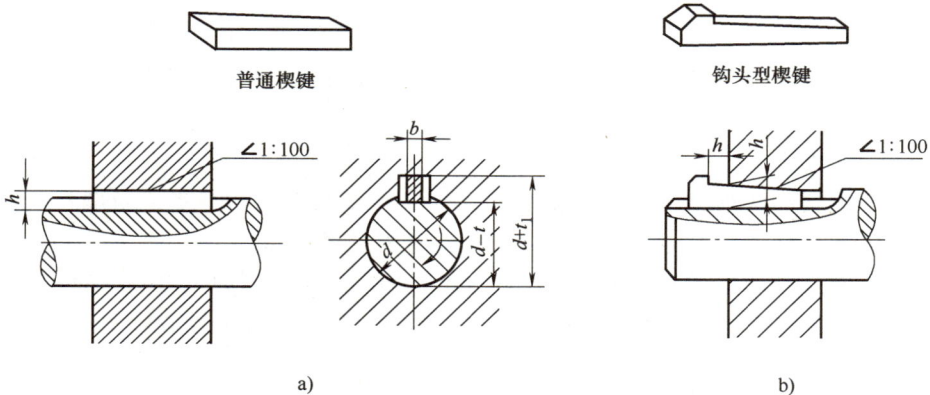

普通楔键

钩头型楔键

a)

b)

图 5-86 楔键连接

（4）切向键连接 如图 5-87 所示，切向键连接是由一对斜度为 1:100 的楔键组成的。装配时，先将轮毂装好，然后将两楔键从轮毂两端装入键槽并打紧，使两个键的斜面相互贴合，楔紧在轴与毂的键槽中。切向键的上下两面为工作面，其中一个工作面在通过轴线的平面上。工作时，靠工作面上的挤压应力及轴与毂间的摩擦力来传递转矩。一对切向键时只能传递单向转矩，如果要传递双向转矩，需使用两对切向键，两个切向键之间的夹角为120°~130°。

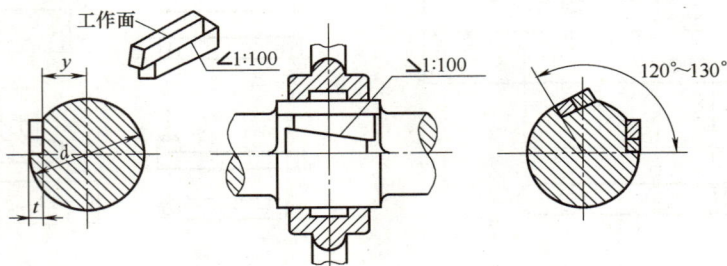

图 5-87　切向键连接

切向键连接承载能力强，但定心性差，键槽对轴的强度削弱较大，故多用于直径大于100mm、低速且对中性要求不高的重型轴上。

2. 键的选择

键是标准件，键的选择包括键的类型和尺寸选择；键的尺寸应按强度和标准规格来确定。

（1）键的类型选择　键的类型选择应根据需要传递转矩的大小、载荷性质、转速高低、安装空间大小、轮毂在轴上的轴向位置、轮毂的轴向位置是否需要移动、是否需要键连接实现与轮毂的轴向固定、定心精度等要求进行选择。

（2）键的尺寸选择　键连接的断面尺寸（键宽 b、键高 h、轴槽深 t_1、轮毂槽深 t_2）可以根据轴的直径和有关设计资料在国家标准规定的尺寸系列中进行选择。键的长度 L 根据轮毂长度确定，键长通常略短于轮毂长度，而导向键的长度则按轮毂的长度及滑移距离确定，所选定的键长应符合标准规定的长度系列。普通平键的主要尺寸见附录 F。

四、联轴器的类型与选用

联轴器用于两轴的连接，使它们共同回转并传递动力。用联轴器连接的两轴，须在机器停止运转后才能拆卸分离。

1. 联轴器的类型

联轴器所连接的两轴，由于制造及安装误差、承受载荷后的变形以及温度变化的影响等，往往不能保证严格的对中，存在某种程度的相对位移，如图 5-88 所示，这就要求所设计的联轴器，要从结构上采取各种措施，使之具有适应一定范围的相对位移的性能。根据对两轴的相对位移是否具有补偿能力，联轴器可分为刚性联轴器和挠性联轴器。

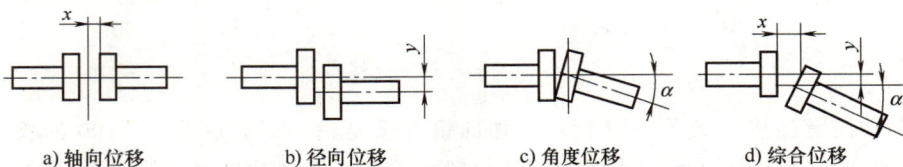

a) 轴向位移　　　　b) 径向位移　　　　c) 角度位移　　　　d) 综合位移

图 5-88　两轴的位移误差

（1）刚性联轴器　刚性联轴器具有结构简单、成本低的优点；但各零件之间不能做相对运动，且零件都是刚性的，对被连接的两轴间的相对位移缺乏补偿能力，故对两轴对中性要求很高，也不能缓冲减振。如果两轴线发生相对位移时，就会在轴、联轴器和轴承上引起附加的载荷，使工作情况恶化，一般用于振动冲击小、轴的对中性好的场合。常用的刚性联轴器有套筒联轴器和凸缘联轴器等。

套筒联轴器用一个圆柱型套筒通过键将两轴连接在一起，并用紧定螺钉实现轴向固定（图 5-89a），或者用销穿过套筒与轴（图 5-89b），从而传递转矩。套筒联轴器结构简单、径向尺寸小，适用于轴径小于 70mm 的场合。

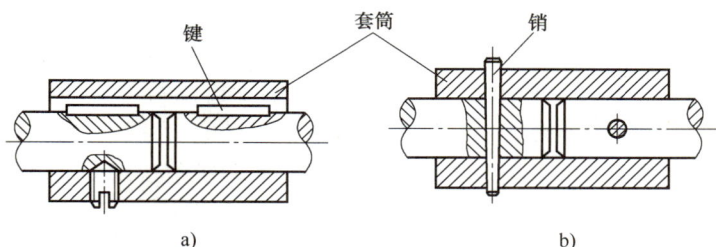

图 5-89　套筒联轴器

凸缘联轴器是刚性联轴器中应用最广的，已经标准化，把两个带有凸缘的半联轴器用键分别与两轴连接，然后用螺栓把两个半联轴器连成一体，以传递运动和动力，如图 5-90 所示。凸缘联轴器有两种对中方式，即靠凸肩和凹槽对中（图 5-90a）和靠铰制孔用螺栓对中（图 5-90b），适用于刚性大、转速低、转矩大的场合。

（2）挠性联轴器　挠性联轴器可分为无弹性元件和有弹性元件两种类型。挠性联轴器对两轴间的相对位移补偿方式有两种：一种是依靠连接元件间的相对可移动性使两半联轴器发生相对运动，从而补偿被连接两轴安装时的对中误差以及工作时的相对位移；另一种是在联轴器中安

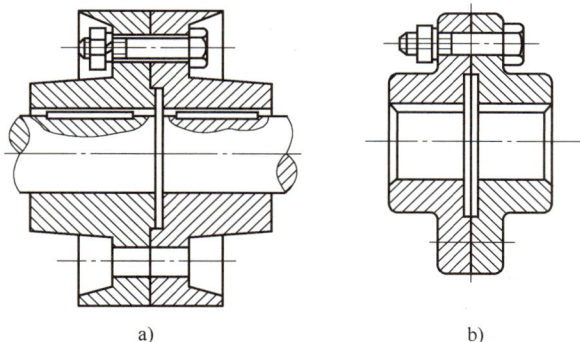

图 5-90　凸缘联轴器

置弹性元件，弹性元件在受载时能产生显著的弹性变形，从而使两半联轴器发生相对运动，以补偿两轴间的相对位移，同时弹性元件还具有一定的缓冲减振能力。

1）无弹性元件的挠性联轴器。常用的无弹性元件的挠性联轴器有十字滑块联轴器、万向联轴器和齿式联轴器等。

十字滑块联轴器由两个端面带槽的半联轴器 1、3 和两侧面各具有凸块的中间盘 2 组成，如图 5-91 所示。中间盘两侧的凸块相互垂直，分别嵌装在两个半联轴器的凹槽中，构成移动副，故可补偿两轴间较大的径向位移。为了减少摩擦及磨损，十字滑块联轴器中间盘设置油孔，以方便注油润滑。这种联轴器结构简单、径向尺寸小，但两轴间有相对位移时，中间盘会产生较大离心力，从而增大摩擦磨损。十字滑块联轴器主要用于轴的刚性较大、无剧烈冲击、低速的场合。选择时应注意其工作转速不得大于规定值。

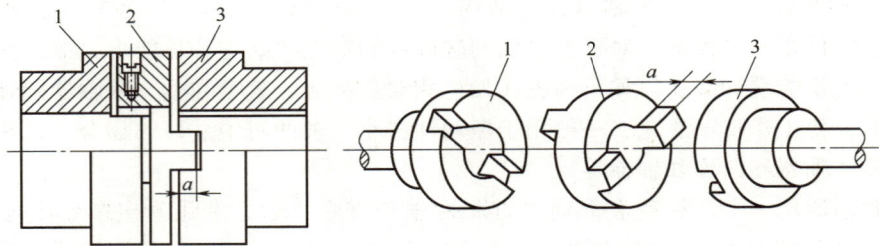

图 5-91　十字滑块联轴器

1、3—半联轴器　2—中间盘

万向联轴器用于传递两相交轴之间的动力和运动，且在传动过程中，两轴之间的夹角还可以改变。如图 5-92 所示，它利用中间连接件十字轴 3 连接两边的半联轴器，两轴线间夹角 α 可达 40°～45°。单个十字轴万向联轴器的主动轴 1 做等角速转动时，其从动轴 2 做变角速转动，为改善这种情况，可采用两个万向联轴器，使两次角速度变动的影响相互抵消，从而使主动轴 1 与从动轴 2 同步转动，如图 5-93 所示。这种联轴器广泛应用于汽车、机床的机械传动系统中。

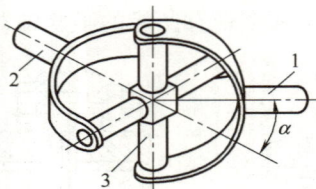

图 5-92　万向联轴器

1—主动轴　2—从动轴　3—十字轴

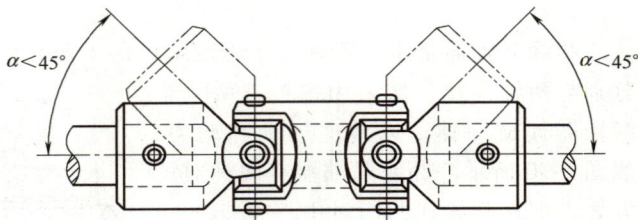

图 5-93　双十字轴式万向联轴器

齿式联轴器如图 5-94a 所示，由两个有内齿、带凸缘的外壳和两个有外齿的内套筒组成。内套筒与轴用键连接，两外壳用螺栓连接。内外齿齿数相同、模数相同，通过内外齿啮合来传递转矩。外齿做成球形齿顶的鼓形齿，如图 5-94b 所示，并保证啮合后具有适当的顶隙与侧隙，故在传动时可补偿两轴的综合位移，如图 5-94c 所示。为减小齿面磨损，联轴器两端装有密封圈，空腔内储存润滑油。齿式联轴器同时啮合的齿数多，承载能力大，外廓尺寸较紧凑，可靠性高，但结构复杂，制造成本高，通常在高速重载的重型机械中使用。

2）有弹性元件的挠性联轴器。因联轴器中装有弹性元件，不仅可以补偿两轴间的相对位移，而且具有缓冲减振的能力。弹性元件所能储蓄的能量越多，则联轴器的减振能力越强，适用于频繁起动、经常正反转、变载荷及高速运转的场合。常用的有弹性套柱销联轴器、弹性柱销联轴器和轮胎式联轴器等。

弹性套柱销联轴器的结构与凸缘式联轴器很近似，不同的是用装有弹性套的柱销代替连接螺栓，如图 5-95 所示。弹性套的变形可以补偿两轴线的径向位移和角位移，并且有缓冲和吸振作用。这种联轴器结构简单、容易制造、装拆方便、成本较低，但弹性套容易磨损、寿命较短，适用于经常正反转、起动频繁、载荷平稳的高速运动场合。

弹性柱销联轴器是用若干个弹性柱销将两个半联轴器连接而成的，如图 5-96 所示。为

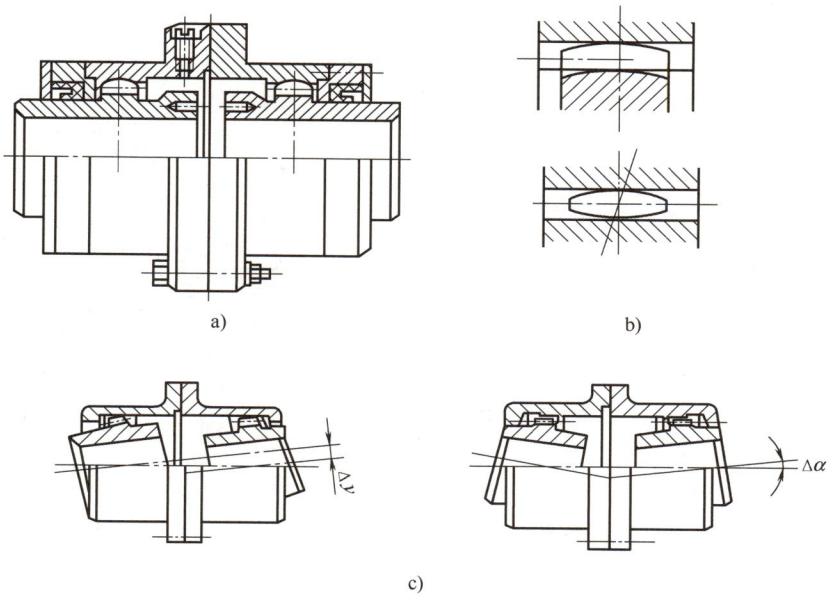

a)　　　　　　　　　　　　　　　　b)

c)

图 5-94　齿式联轴器

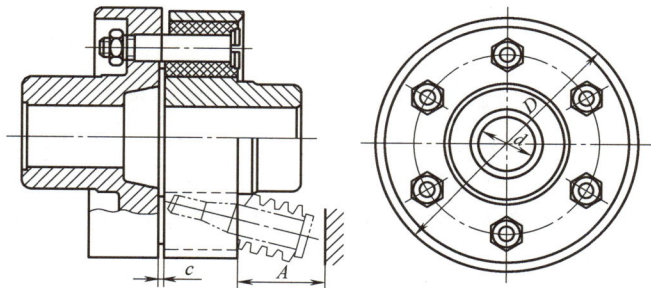

图 5-95　弹性套柱销联轴器

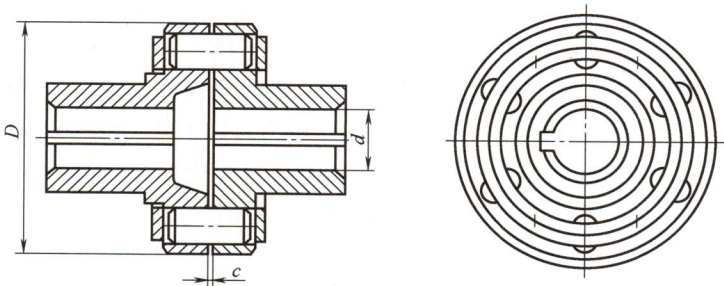

图 5-96　弹性柱销联轴器

了防止柱销滑出，两侧用挡环封闭。为了增加补偿量，常将柱销的一端制成鼓形。这种联轴器结构简单，两半联轴器可以互换，加工容易，维修方便，尼龙柱销的弹性不如橡胶，但强度高、耐磨性好。当两轴相对位移不大时，这种联轴器的性能比弹性套柱销联轴器还要好些，特别是寿命长，结构尺寸紧凑，适用于轴向窜动较大、冲击不大，经常正反转的中、低速以及较大转矩的传动轴系。由于尼龙柱销对温度比较敏感，故使用温度限制在−20～70℃的范围内。

轮胎式联轴器如图5-97所示，利用橡胶或橡胶织物制成轮胎状的弹性元件2，用螺栓与两半联轴器1、3连接在一起。轮胎环中的橡胶织物元件与低碳钢制成的骨架硫化粘结在一起，骨架上焊有螺母，装配时用螺栓与两半联轴器的凸缘连接，依靠拧紧螺栓在轮胎环与凸缘端面之间产生的摩擦力来传递转矩。它的特点是弹性强、补偿位移能力大，有良好的阻尼和减振能力，绝缘性能好，运转时没有噪声，而且结构简单、不需要润滑，装拆和维护方便。其缺点是承载能力小，外形尺寸较大，当转矩较大时会因为过大的扭转变形而产生附加轴向载荷。

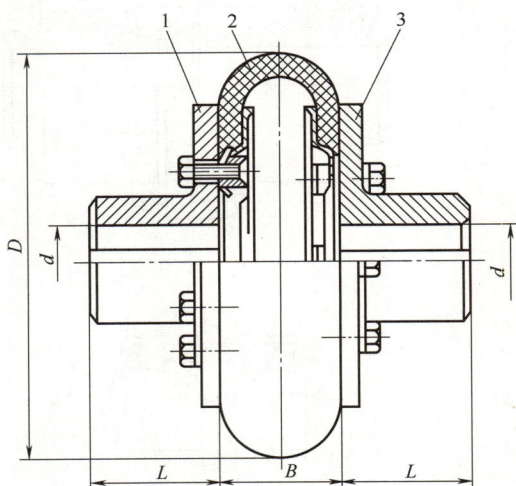

图 5-97 轮胎式联轴器

1、3—半联轴器 2—弹性元件

2. 联轴器的选择

绝大多数的联轴器已经标准化，在选择时可根据工作要求，选定合适的类型，再按被连接轴的直径、转矩和转速从有关手册中查取适用的型号和尺寸，必要时再作进一步的验算。

（1）选择联轴器的类型　根据传递的转矩的大小、轴转速的高低、被连接两部件的安装精度，参考各种类型联轴器的特性，选择一种合用的联轴器。具体如下：

1）所需传递的转矩的大小和性质以及对缓冲减振功能的要求。例如，对大功率的重载传动，可选用齿式联轴器；对严重冲击载荷或要求消除轴系扭转振动的传动，可选用轮胎式联轴器等具有较高弹性的联轴器。

2）联轴器的工作转速高低和引起的离心力大小。对于高转速传动轴，应选用平衡精度高的联轴器，如膜片联轴器等，而不宜选用存在偏心的滑块联轴器等。

3）两轴相对位移的大小和方向。当安装调整后，难以保持两轴严格精确对中，或者工作过程中两轴将产生较大的附加相对位移时，应选用有补偿作用的联轴器。例如当径向位移较大时，可选用滑块联轴器，角位移较大时或相交两轴的连接可用万向联轴器等。

4）联轴器的可靠性和工作环境。通常由金属元件制成的不需要润滑的联轴器比较可靠；需要润滑的联轴器，其性能易受润滑条件的影响，且可能污染环境。含有橡胶等非金属元件的联轴器对温度、腐蚀性介质及强光等比较敏感，而且容易老化。

5）联轴器的制造、安装、维护和成本。在满足使用性能的前提下，应选用拆装方便、维护简单、成本低的联轴器。例如，刚性联轴器不但简单，而且拆装方便，可用于低速、刚性大的传动轴。一般的非金属弹性元件联轴器，由于具有良好的综合性能，适用于一般中小功率传动。

（2）计算联轴器的计算转矩　由于机器起动时的动载荷和运转中可能出现过载现象，所以应当按轴上的最大转矩作为计算转矩 T_{ca}，其计算公式为

$$T_{ca} = K_A T$$

式中 T——公称转矩（N·m）；

K_A——工况系数，可以查阅有关设计资料得到。

（3）确定联轴器的型号 根据计算转矩 T_{ca} 及所选的联轴器类型，按照 $T_{ca} \leq [T]$ 的条件由联轴器标准中选定联轴器型号。

（4）校核最大转速 被连接轴的转速 n 不应超过所选联轴器的允许最高转速 n_{max}，即 $n \leq n_{max}$。

（5）协调轴孔直径 多数情况下，每一型号联轴器适用的轴的直径均有一个范围。标准中或者给出轴直径的最小值和最大值，或者给出适用直径的尺寸系列，被连接两轴的直径应当在此范围内。一般情况下被连接两轴的直径可能不同，两个轴端的形状也可能是不同的，如主动轴轴端为圆柱形，所以连接的从动轴的轴端是圆锥形。

（6）规定部件相应的安装精度 根据所选联轴器允许轴的相对位移偏差，规定部件相应的安装精度。通常标准中只给出单项位移偏差的允许值。如果有多项位移偏差存在，则必须根据联轴器的尺寸大小计算出相互影响的关系，依此作为规定部件安装精度的依据。

（7）进行必要的校核 对联轴器的主要传动零件进行必要的强度校核。使用非金属弹性元件的联轴器时，还应注意联轴器所在部位的工作温度不要超过该弹性元件材料允许的最高温度。

五、其他轴系零件

1. 挡油环

挡油环一般是安装在旋转的轴上，并与轴同步转动，它利用旋转产生的离心力将油甩回回油方向，防止油外漏。故应向回油方斜置，即采用圆锥面等。设计时，根据安装位置的空间来设定，安装空间若允许，可稍大一点，离心力变大，能更好地将油挡住。

2. 密封圈

密封圈是一种用于防止液体或气体泄漏的装置，通常由弹性材料制成，具有密封作用。毡圈密封是接触式密封中的一种，属于填料密封，其结构简单、价格低廉，但寿命较低。毡圈的剖面为矩形，工作时将毡圈嵌入剖面为梯形的环形槽中并压在轴上，以获得较好的密封效果。毡圈的接触面易磨损，一般用于圆周速度小于 4m/s 的场合。

3. 套筒

套筒主要用于调整轴承安装的轴向距离，故在设计时需根据具体尺寸进行不同的尺寸设计。

4. 轴承盖

减速器中的高、低速轴上，有两种轴承盖，分别是透盖和闷盖。轴端如果需要连接外部机械零部件，则在轴承盖设计中需要使用透盖，以保证其功能实现；如果无需连接外部机械零部件，为了避免减速器中的润滑油泄漏，在轴承盖设计中需要使用闷盖。轴承盖在设计时需根据具体尺寸进行设计，凸缘式轴承盖的结构尺寸参考表5-35。

六、轴的结构设计

轴的结构一般由轴头、轴颈、轴身等部分组成。图 5-98 所示为齿轮减速器中转轴的结构图，轴与传动零件（齿轮、带轮等）配合的部分①和④称为轴头，轴与轴承配合的部分

表 5-35　凸缘式轴承盖的结构尺寸

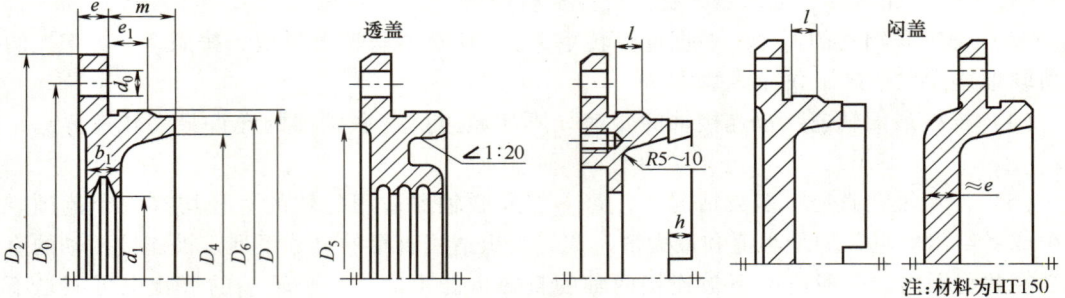

透盖　　　　　　　　　　　　　　　　　　　　闷盖

∠1:20

R5～10

h

≈e

注：材料为 HT150

$d_0 = d_3 + 1\text{mm}$ $D_0 = D + 2.5d_3$ $D_2 = D_0 + 2.5d_3$ $e = 1.2d_3$ $e_1 \geqslant e$ $l \geqslant (0.1 \sim 0.15)D$ m 由结构确定	$D_4 = D - (10 \sim 15)\text{mm}$ $D_5 = D_0 - 3d_3$ $D_6 = D - (2 \sim 4)\text{mm}$ b_1、d_1 由密封件尺寸确定 $b = 5 \sim 10\text{mm}$ $h = (0.8 \sim 1)b$	轴承外径 D/mm	螺钉直径 d_3/mm	螺钉数
		45～65	6	4
		70～100	8	4
		110～140	10	6
		150～230	12～16	6

③和⑦称为轴颈，轴头、轴颈的直径应取标准值，轴头与轴颈之间的部分称为轴身，轴身的直径应取整数。轴环用于零件的轴向定位，如轴段⑤。轴段间轴径变化处称为轴肩，分定位轴肩和非定位轴肩，如图 5-98 中的①和②间、④和⑤间、⑥和⑦间的轴肩为定位轴肩。

轴的结构设计应使轴的各部分具有合理的形状和尺寸，主要要求如下：

1）轴应便于加工，具有良好的工艺性，轴上零件易于拆装和调整。

2）轴上零件位置合理，轴的受力合理，有利于提高轴的强度和刚度。

3）轴上零件轴向定位、周向定位准确，固定可靠。

4）尽量减少应力集中。

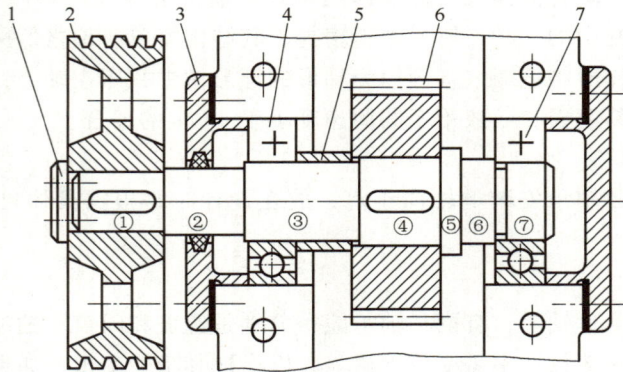

图 5-98　齿轮减速器中轴的结构图

1—压板　2—带轮　3—轴承盖　4、7—滚动轴承　5—套筒　6—齿轮　①～⑦—轴段

1. 轴上零件的装配方案

轴上零件的装配方案是进行轴的结构设计的前提，它决定了轴的基本结构形式。为了便于轴上零件的装拆及轴向定位，转轴一般制成中间大、两头小的阶梯轴。如图 5-98 所示，轴上齿轮 6、套筒 5、左端滚动轴承 4、轴承盖 3 和带轮 2 从轴的左端装拆，压板 1 用作轴端

固定；滚动轴承 7 从右端装拆。

2. 轴上零件的定位和固定

（1）周向定位和固定　轴上零件周向定位和固定的目的是避免轴上零件产生相对于轴的转动，从而保证运动和动力的传递。周向定位通常以轮毂与轴连接的形式出现，常用的周向固定方法有键连接、花键连接、销连接及过盈配合等。

（2）轴向定位和固定　为防止轴上零件的轴向移动，必须对它们进行轴向定位和固定，使其在轴上有准确的轴向位置。如图 5-98 所示，带轮的轴向定位和固定靠轴段①②间的轴肩与压板，左端轴承靠套筒与左边轴承盖，右端轴承靠轴段⑥⑦间的轴肩与右边轴承盖，齿轮靠轴段⑤与套筒，整个轴的轴向定位和固定靠轴承盖来实现。常用的轴向定位和固定方式有轴肩和轴环、套筒、圆螺母和止动垫圈、轴端挡圈、弹性挡圈和紧定螺钉等，见表 5-36。

表 5-36　常用的轴向定位和固定方式

轴向定位和固定方式		特点及应用
轴肩和轴环	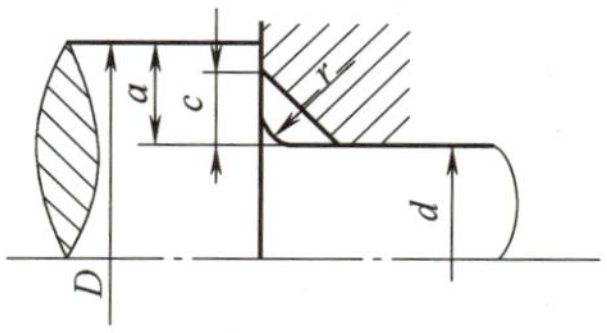 轴肩 $a>c>r$ 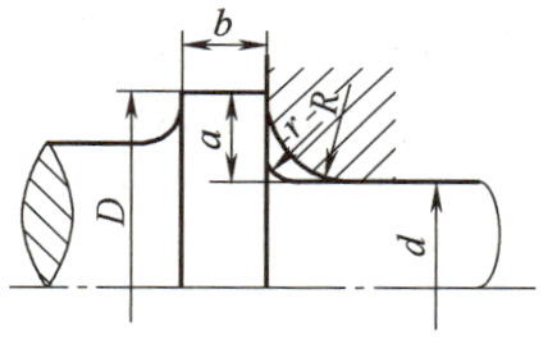　　　轴环 $a>R>r$	由定位面和过渡圆角组成，结构简单，定位可靠，能承受较大的轴向力，但会使轴径增大，阶梯处有应力集中。相关尺寸见表 5-37 轴肩高 $a=(0.07\sim0.1)d$ 轴环宽度 $b\geqslant1.4a$ 与滚动轴承配合处的 a 与 r 值应根据滚动轴承的类型与尺寸确定
套筒	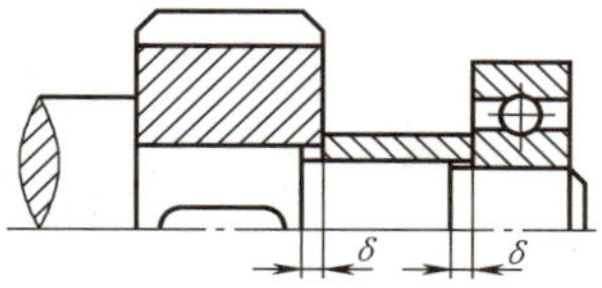	结构简单，定位可靠，可承受较大的轴向力，一般用于两零件间距不大的场合。由于套筒与轴的配合较松，故不宜用于高速场合
圆螺母和止动垫圈	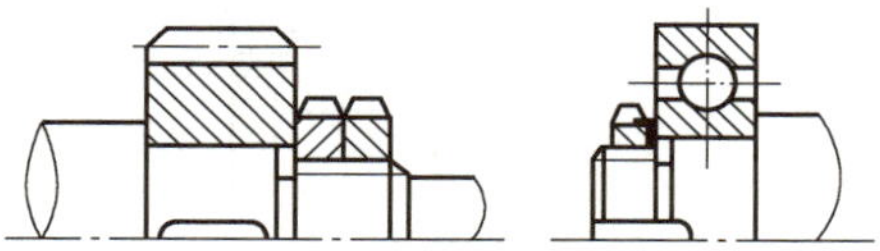	圆螺母起固定作用，止动垫圈用于防松。圆螺母可承受较大的轴向力，但切制螺纹处有较大的应力集中，会降低轴的疲劳强度。主要用于固定轴端零件
弹性挡圈	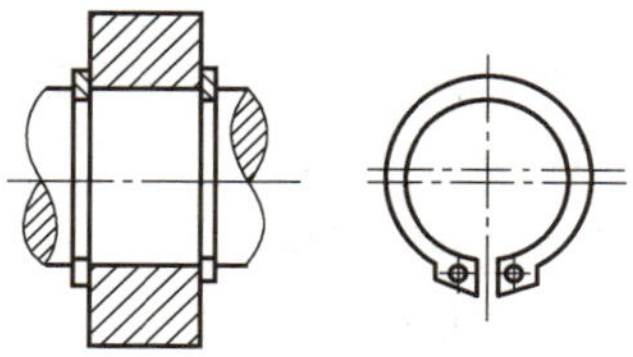	结构简单紧凑，但承受的轴向力较小，常用于滚动轴承的轴向固定。切槽尺寸需要一定的精度，否则可能出现间隙或弹性挡圈不能装入切槽的现象
轴端挡圈	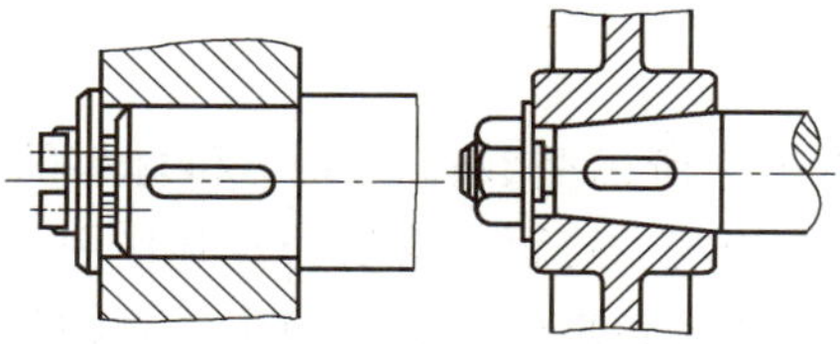	定位可靠，有消除间隙的作用，能承受冲击载荷，对中精度要求较高，主要用于有振动和冲击的轴端零件的轴向固定。轴的端部可以是锥面或柱面

（续）

轴向定位和固定方式		特点及应用
紧定螺钉	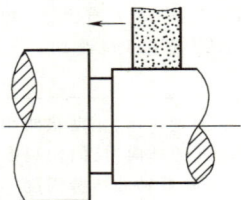	结构简单，只用于承受轴向力小或不承受轴向力的场合，在光轴上应用较多

表 5-37　轴肩与轴环尺寸　　　　　　　　　　（单位：mm）

轴径 d	10~18	18~30	30~50	50~80	80~100
r	0.8	1.0	1.6	2.0	2.5
R 或 c	1.6	2.0	3.0	4.0	5.0
a_{min}	2.0	2.5	3.5	4.5	5.5
b	轴环宽度 $b \geq 1.4a$				

3. 轴的结构工艺性

轴的结构工艺性是指轴应具有良好的加工和装配工艺性，有利于提高生产率和降低成本。轴的结构、工艺和轴上零件的布置，对轴的疲劳强度也有很大影响，改进其方案，有利于提高轴的承载能力。设计轴时，在满足使用要求的前提下，轴的结构形式应尽量简单。设计时应注意以下几方面问题。

1）轴段数尽可能少，以减少应力集中。

2）轴上需磨削的轴段，应设计出砂轮越程槽，如图 5-99 所示；需切制螺纹的轴段，应留有螺纹退刀槽，如图 5-100 所示。

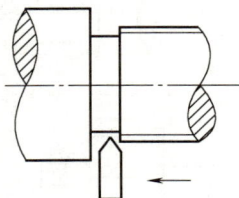

图 5-99　砂轮越程槽　　　　　　　　　　图 5-100　螺纹退刀槽

3）轴上有两个以上键槽时，应使各键槽位于轴的同一素线上，以便于加工和装配；如果开键槽处轴段直径相近，键槽宽度应尽可能采用相同的尺寸。

4）为便于零件的装配，轴端和各阶梯端面应制出 45°倒角。

5）为减少加工时换刀时间及装夹工件时间，同一根轴上的倒角尺寸、退刀槽宽度等应尽可能统一。

4. 轴的尺寸设计

（1）估算轴的最小直径　轴的直径取决于它所承受载荷的大小和材料的力学性能。转轴受弯扭复合作用，在初定轴径时，由于轴的长度、跨距、支反力及其作用点等都未知，因此无法确定弯矩的大小和分布情况。这时可仅考虑转矩的大小，初步估算轴的最小直径。

由材料力学可知，圆轴扭转时的强度条件为

$$\tau = \frac{T}{W_p} = \frac{9.55 \times 10^6 P}{0.2 d^3 n} \leqslant [\tau]$$

式中 τ——轴的扭转切应力（MPa）；

T——轴的转矩（N·mm）；

W_p——抗扭截面系数（mm³）；

P——轴传递的功率（kW）；

d——轴的直径（mm）；

n——轴的转速（r/min）；

$[\tau]$——轴材料的许用扭转切应力（MPa），见表5-38。

将许用应力代入上式，可得轴的最小直径估算公式为

$$d \geqslant \sqrt[3]{\frac{9.55 \times 10^6 P}{0.2[\tau]n}} = C\sqrt[3]{\frac{P}{n}}$$

式中 C——由轴的材料和承载情况确定的常数，见表5-38。

表 5-38　常用材料的 [τ] 值和 C 值

轴的材料	Q235、20 钢	35 钢	45 钢	40Cr、35SiMn
[τ]/MPa	12~20	20~30	30~40	40~52
C	160~135	135~118	118~107	107~98

应当注意，当轴的计算截面上开有键槽时，为了补偿键槽对轴强度的削弱，应把算得的直径增大，见表5-39，然后再圆整到标准直径，见表5-40。

表 5-39　轴径修正

轴的直径 d/mm	<30	30~100	>100
有一个键槽时的增加值(%)	7	5	3
有两个键槽时的增加值(%)	15	10	7

表 5-40　轴的标准直径　　　　　　　　　（单位：mm）

10	12	14	16	18	20	22	24	25	26	28	30	32	34	36
38	40	42	45	48	50	53	56	60	63	67	71	75	80	85

（2）确定各轴段的直径　在估算出来的最小轴径的基础上，结合轴上零件的装配方案，根据每个轴段的作用确定轴径大小。一般零件的定位轴肩的高度按表5-36、表5-37确定，滚动轴承的定位轴肩高度必须低于轴承内圈端面的高度，以便于轴承拆卸，可查机械设计手册中轴承的安装尺寸；非定位轴肩的高度一般取 1~2mm。

与轴上传动零件配合的轴头直径，应尽可能圆整成标准直径尺寸；安装标准件（如滚动轴承、联轴器、密封圈等）的轴径，应取为相应的标准值及所选配合的公差。非配合的轴身直径，可不取标准值，但一般应取成整数。

（3）确定各轴段的长度　轴段长度主要是根据轴上零件与轴配合部分的轴向尺寸及相邻零件间必要的空隙来确定的，应尽可能让结构紧凑，同时有足够的装配或调整空间。为了

保证轴向固定的可靠性，应使轴头长度较所装零件轮毂的宽度小 2~3mm。

（4）确定轴系零件的尺寸 当轴的尺寸确定后，轴系中其他零件的主要尺寸也可以相应确定。对联轴器、轴承、键、密封圈等标准件的具体尺寸，可查阅相应的标准；对齿轮、轴承盖、套筒等非标准件的具体尺寸，可参照机械设计手册中相关的经验公式确定。

七、轴的强度校核

轴的结构设计完成后，对于同时承受弯矩 M 和转矩 T 的一般钢制轴来说，还需按照弯扭组合校核轴的强度，若轴的危险截面强度不满足要求时，应重新进行轴的结构设计。

根据材料力学中第三强度理论求出轴的危险截面的当量应力 σ_e，其强度条件为

$$\sigma_e = \frac{\sqrt{M^2 + (\alpha T)^2}}{W} \leqslant [\sigma_{-1}]$$

式中　W——轴的抗弯截面系数（mm^3）；

　　　　α——考虑转矩和弯矩应力循环特性不同时的校正系数。当扭转切应力为对称循环变应力时，取 $\alpha = 1$；当扭转切应力为脉动循环变应力时，取 $\alpha \approx 0.6$；当扭转切应力为静应力时，取 $\alpha \approx 0.3$。转轴一般取 $\alpha \approx 0.6$；

　　$[\sigma_{-1}]$——轴的许用对称循环弯曲应力（MPa），可查表5-31。

【任务实施】

从本项目前几个任务得到的计算数据可知，高速轴（轴Ⅰ）的输出功率为 3.65kW，转速 $n_1 = 457r/min$，小齿轮齿宽为 $b_1 = 70mm$；低速轴（轴Ⅱ）的输出功率为 3.5kW，转速 $n_2 = 91.4r/min$，大齿轮齿宽为 $b_2 = 65mm$，轮毂宽度 $l_h = 84mm$。在此基础上，带式输送机传动装置高速轴的结构设计见表5-41，低速轴的结构设计见表5-42。

表 5-41　带式输送机传动装置高速轴的结构设计

序号	任务名称	分析过程
1	选择轴的材料	选择高速轴的材料为45钢，调质处理，查表5-31得 $\sigma_b = 640MPa$，$\sigma_s = 355MPa$，许用弯曲应力 $[\sigma_{-1}] = 60MPa$
2	拟定高速轴上零件的布置方案	由于小齿轮齿顶圆直径 $d_{a1} = 67.5mm$，因此，将齿轮和轴做成一体，即齿轮轴。高速轴上零件的布置方案如下图，其中轴段①上安装的是大带轮 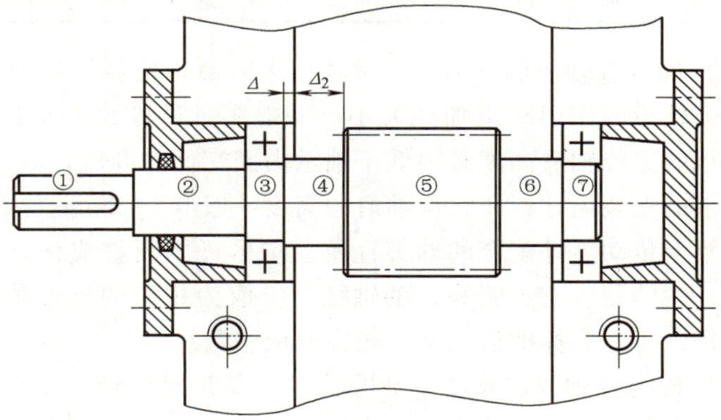

（续）

序号	任务名称	分析过程
3	计算最小轴径	查表 5-38，选系数 $C = 110$，得 $$d_{\min} = C\sqrt[3]{\dfrac{P}{n}} = 110 \times \sqrt[3]{\dfrac{3.65}{457}}\,\mathrm{mm} \approx 22\,\mathrm{mm}$$ 因为轴段①上安装大带轮需开键槽，会削弱轴的强度。故将轴径增加 7%，查表 5-40，取轴的最小直径为 $d_1 = 24\,\mathrm{mm}$
4	确定各轴段的直径及轴上标准件型号	轴段①：$d_1 = 24\,\mathrm{mm}$ 轴段②：考虑到大带轮的轴向定位、端盖内毡圈密封的尺寸等因素，查表 5-37 及附录 I，$d_2 = 30\,\mathrm{mm}$，选用毡圈 30 轴段③⑦：安装轴承，轴承类型选择深沟球轴承，查附录 G，选用 6207 型滚动轴承，则 d_3 和 d_7 的基本尺寸等于该轴承的内径尺寸，即 $d_3 = d_7 = 35\,\mathrm{mm}$ 轴段④⑥：考虑轴承定位，查附录 G，$d_4 = d_6 = 42\,\mathrm{mm}$ 轴段⑤：该轴段即为小齿轮，相关尺寸参考齿轮传动设计任务，查得小齿轮齿顶圆直径 $d_{a1} = 67.5\,\mathrm{mm}$，分度圆直径 $d_1 = 62.5\,\mathrm{mm}$
5	确定各轴段的长度	轴段①：由于带轮的宽度为 65mm，取 $l_1 = 63\,\mathrm{mm}$ 轴段⑤：齿轮轮毂宽度为 70mm，$l_5 = 70\,\mathrm{mm}$ 轴段④⑥：根据箱体结构尺寸，小齿轮端面与箱体内壁的间距 Δ_2 应大于箱体壁厚，这里取 $\Delta_2 = 25\,\mathrm{mm}$；考虑轴承润滑，轴承端面距箱体内壁的距离 Δ 为 2～5mm，这里取 $\Delta = 5\,\mathrm{mm}$；所以，$l_4 = l_6 = (25+5)\,\mathrm{mm} = 30\,\mathrm{mm}$ 轴段③⑦：查附录 G，6207 型滚动轴承的宽度为 17mm，所以取 $l_3 = l_7 = 17\,\mathrm{mm}$ 轴段②：由任务五的箱体结构来确定，$l_2 = 50\,\mathrm{mm}$
6	轴的结构工艺	轴段①的键和键槽：因 $d_1 = 24\,\mathrm{mm}$，$l_1 = 63\,\mathrm{mm}$，键的长度比相应的轮毂宽度小 5～10mm，查附录 F，选择 8×7×56 的 C 型平键 倒角：轴端倒角取 $C2$，各轴肩的圆角半径查表 5-37 高速轴零件图见图 5-101，其中小齿轮的几何尺寸由任务三确定

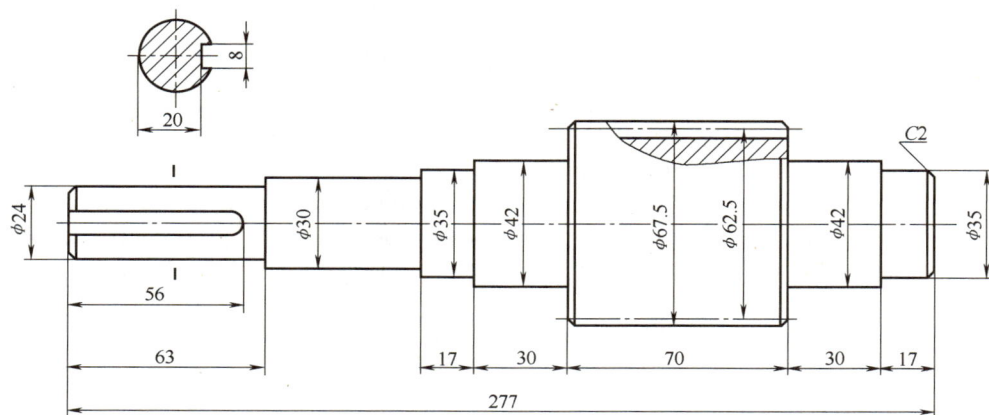

图 5-101　高速轴零件图

表 5-42　带式输送机传动装置低速轴的结构设计

序号	任务名称	分析过程
1	选择轴的材料	选择轴的材料为 45 钢,调质处理,查表 5-31 得 $\sigma_b = 640\text{MPa}$, $\sigma_s = 355\text{MPa}$,许用弯曲应力 $[\sigma_{-1b}] = 60\text{MPa}$
2	拟定低速轴上零件的布置方案	低速轴上零件的布置方案如下图,其中轴段④上安装的是大齿轮,采用普通平键连接进行周向固定,轴段①上安装的是联轴器 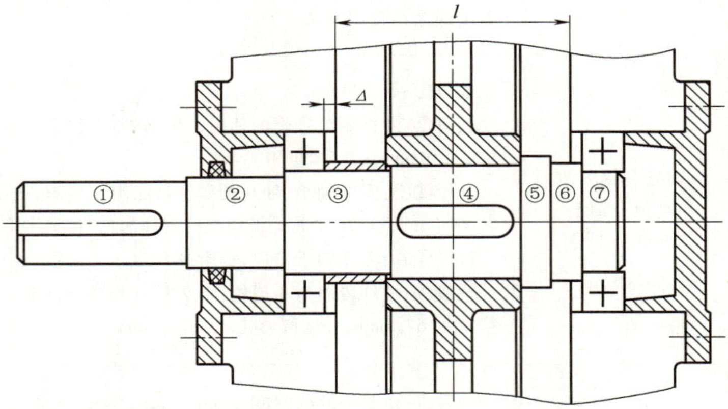
3	计算最小轴径	查表 5-38,选系数 $C = 110$,得 $$d_{\min} = C\sqrt[3]{\frac{P}{n}} = 110 \times \sqrt[3]{\frac{3.5}{91.4}}\text{mm} = 37.1\text{mm}$$ 因为轴段①上安装联轴器需开键槽,会削弱轴的强度,故将轴径增加 5%,查表 5-40,取轴的最小直径 $d_1 = 40\text{mm}$
4	确定各轴段的直径及轴上标准件型号	轴段①:$d_1 = 40\text{mm}$。该轴段上安装联轴器,这里选用弹性柱销联轴器,查附录 H,选择型号为 LX3,J 型轴孔,孔径为 40mm,轴孔长度 L 为 84mm 轴段②:考虑联轴器定位、端盖内毡圈密封的尺寸等因素,查表 5-37 及附录 I,$d_2 = 50\text{mm}$,选用毡圈 50 轴段③:安装轴承及套筒,轴承类型选择深沟球轴承,查附录 G,选用 6211 型深沟球轴承,则 $d_3 = 55\text{mm}$,套筒的内径也为 55mm 轴段④:考虑轴承的轴向固定,查附录 G,该轴段上套筒的外径为 65mm,再考虑大齿轮的轴向定位等因素,查表 5-37 和表 5-40,取 $d_4 = 56\text{mm}$ 轴段⑤:考虑大齿轮的轴向定位等因素,$d_5 = 70\text{mm}$ 轴段⑥:考虑轴承轴向定位,$d_6 = 65\text{mm}$ 轴段⑦:安装轴承,型号与轴段③上的相同,则 $d_7 = 55\text{mm}$
5	确定各轴段的长度	轴段①:因 LX3 型弹性柱销联轴器 J 型轴孔的长度为 84mm,所以该轴段的长度取 $l_1 = (84-2)\text{mm} = 82\text{mm}$ 轴段④:因大齿轮轮毂宽度为 84mm,则取 $l_4 = (84-2)\text{mm} = 82\text{mm}$ 轴段③:由高速轴的结构设计过程可知,箱体内壁之间的距离为 $l = b_1 + 2\Delta_2 = (70+2\times25)\text{mm} = 120\text{mm}$。考虑轴承润滑,取 $\Delta = 5\text{mm}$,查附录 G,该轴段上的轴承 6211 宽度 B 为 21mm,所以 $$l_3 = \frac{l-l_4}{2} + B + \Delta = \left(\frac{120-82}{2} + 21 + 5\right)\text{mm} = 45\text{mm}$$ 因此,套筒的长度为 22mm 轴段⑤⑥:由图中结构可知,$l_5 + l_6 = \frac{l-l_4}{2} + \Delta = \left(\frac{120-82}{2} + 5\right)\text{mm} = 24\text{mm}$,则 $l_5 = 12\text{mm}$, $l_6 = 12\text{mm}$ 轴段⑦:根据轴承的宽度来确定,$l_7 = 21\text{mm}$ 轴段②:由任务五的箱体结构来确定,$l_2 = 46\text{mm}$

（续）

序号	任务名称	分析过程
6	轴结构的工艺性	键和键槽： 轴段①：$d_1 = 40mm$，$l_1 = 82mm$，查附录 F，选 12×8×70 的 C 型平键 轴段④：$d_4 = 56mm$，$l_4 = 82mm$，查附录 F，选 16×10×70 的 A 型平键 倒角：轴端倒角为 C3，各轴肩的圆角半径查表 5-37，键槽位于同一轴线上 低速轴零件图见图 5-102

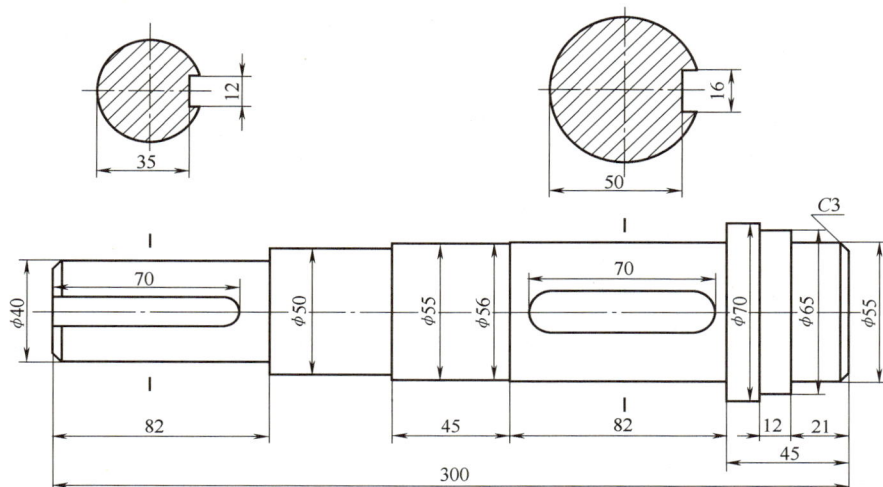

图 5-102 低速轴零件图

【实践训练】

完成表 5-43 所列实践训练。

表 5-43 带式输送机传动装置轴的结构设计实践训练

实践任务	每位同学根据自己的计算数据及结果，完成轴的结构设计及轴上标准件的选型，并利用 CAD 软件画出轴的零件图。查找前面的计算数据，记录如下：高速轴（轴 I）的输出功率为_____ kW，转速 $n_1 =$ _____ r/min，小齿轮宽度 $b_1 =$ _____ mm；低速轴（轴 II）的输出功率为_____ kW，转速 $n_2 =$ _____ r/min，大齿轮齿宽 $b_2 =$ _____ mm，轮毂宽度 $l_h =$ _____ mm		
实践准备	计算器、机械设计手册、SolidWorks 或其他 CAD 软件		
序号	任务名称		计算分析过程

（续）

序号	任务名称	计算分析过程

【习题与思考】

一、选择题

1. 工作时只承受弯矩，不传递转矩的轴，称为（　　）。

A. 心轴　　　　B. 转轴　　　　C. 传动轴　　　　D. 曲轴

2. 根据轴的承载情况，（　　）的轴称为转轴。

A. 既承受弯矩又承受转矩　　　　B. 只承受弯矩不承受转矩

C. 不承受弯矩只承受转矩　　　　D. 承受较大轴向载荷

3. 采用（　　）的措施不能有效地改善轴的刚度。

A. 改用高强度合金钢　　　　B. 改变轴的直径

C. 改变轴的支承位置　　　　D. 改变轴的结构

4. 键连接、销连接和螺纹连接都属于（　　）。

A. 可拆连接　　B. 不可拆连接　　C. 焊接　　　　D. 以上均不是

5. 平键工作以（　　）为工作面。

A. 顶面　　　　B. 侧面　　　　C. 底面　　　　D. 都不是

6. 为了不过于严重削弱轴和轮毂的强度，两个切向键最好布置成（　　）。

A. 在轴的同一素线上　　　　B. 180°

C. 120°~ 130°　　　　D. 90°

7. 根据平键的（　　）不同，分为 A、B、C 型。

A. 截面形状　　B. 尺寸大小　　C. 端部形状　　D. 以上均不是

8. 设计键连接时，键的截面尺寸 $b \times h$ 通常根据（　　）由标准中选择。

A. 传递转矩的大小　　　　B. 传递功率的大小

C. 轴的直径　　　　D. 轴的长度

9. 不管轴上的外力有多少个及其方向如何，轴承受到的作用力包括（　　）。

A. 径向力　　　　B. 轴向力

C. 径向力和轴向力　　　　D. 径向力，或轴向力，或径向力和轴向力三种情况

10. 滚动轴承的核心元件是（　　）。

A. 内圈　　　　B. 外圈　　　　C. 滚动体　　　　D. 保持架

11. 联轴器最基本的作用是连接两轴，（　　）。

A. 使其一同旋转并传递转矩　　　　B. 补偿两轴的综合位移

C. 缓和冲击和振动　　　　D. 在机器发生过载时起安全保护作用

12. 对于频繁起动、经常正反转、受变载荷、高速运转，且不容易对中的两轴常采用（　　）。

A. 十字滑块联轴器　　　　B. 弹性套柱销联轴器

C. 凸缘联轴器　　　　D. 万向联轴器

13. 与光轴相比，阶梯轴的主要优点是（　　）。

A. 结构简单　　　　B. 应力集中小

C. 加工方便　　　　D. 便于轴上零件装拆与固定

14. 轴上零件在轴上进行轴向固定，其目的是限制轴上零件相对于轴的（　　）。

A. 转动   B. 移动   C. 转动或移动   D. 转动和移动

15. 轴上零件在轴上进行周向固定，其目的是限制轴上零件相对于轴的（   ）。

A. 转动   B. 移动   C. 转动或移动   D. 转动和移动

16. 滚动轴承内圈与轴颈的配合一般是（   ）配合。

A. 基孔制过盈   B. 基孔制间隙   C. 基孔制过渡   D. 基轴制过渡

二、分析题

1. 轴上零件常用的轴向固定方式有哪些？

2. 轴上零件常用的周向固定方式有哪些？

3. 试指出图 5-103 所示的轴系零部件结构中的错误，并说明错误原因。

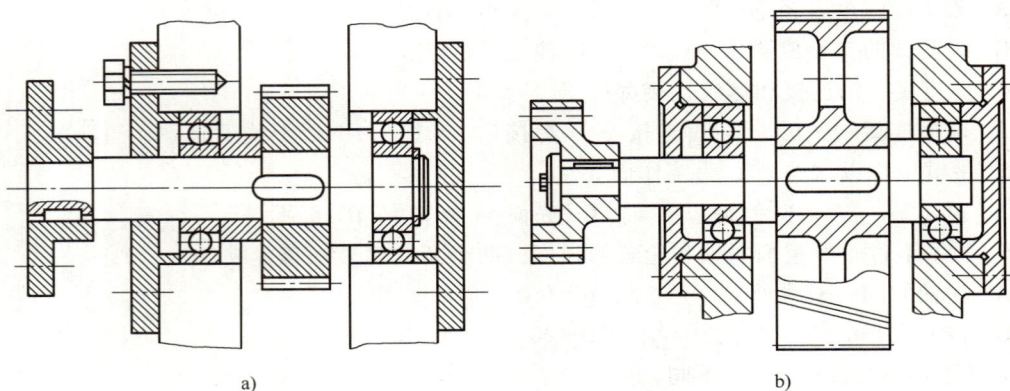

a)   b)

图 5-103　分析题 3

任务五　分析与设计箱体零件

【学习目标】

1）熟悉箱体的类型、功能及常用材料。

2）熟悉减速器常用的润滑及密封方法。

3）掌握通气孔、油标等减速器附件的选用方法。

4）掌握减速器箱体零件的结构设计方法。

5）能够进行减速器箱体的结构设计及零件图绘制。

6）树立技术改革意识、环保意识和可持续发展意识。

【任务描述】

在项目五的前述任务数据基础上，完成带式输送机传动装置减速器箱体零件的结构设计，确定通气孔、油标等减速器附件的结构尺寸，并画出减速器箱座和箱盖的零件图。

【相关知识】

箱体是支承和容纳机器内各种运动零件的重要零件，主要作用如下：

1）支承并包容各种传动零件，如齿轮、轴、轴承等，使它们能够保持正常的运动关系和运动精度。箱体还可以储存润滑剂，实现各种运动零件的润滑。

2）安全保护和密封作用，使箱体内的零件不受外界环境的影响，又保护机器操作者的人身安全并有一定的减振、隔热和隔声作用。

3）使机器各部分分别由独立的箱体组成，各成单元，便于加工、装配、调整和修理。

4）改善机器造型，协调机器各部分比例，使整机造型美观。

一、箱体的分类

按箱体的功能可分为：

1）传动箱体。如减速器、汽车变速器及机床主轴的箱体，主要功能是支承各传动件及其零件，这类箱体对密封性、强度和刚度有较高要求。

2）泵体和阀体。如齿轮泵的泵体、各种液压阀的阀体，主要功能是改变液体流动方向、流量大小或改变液体压力。这类箱体除对密封性、强度和刚度有较高要求外，还要求能承受箱体内液体的压力。

3）发动机缸体。如柴油机等的缸体，主要功能是保证内燃机的正常工作，除有前一类箱体的要求以外，还要求有一定的耐高温性能。

4）支架箱体。如机床的支座、立柱等箱体形零件，要求有一定的强度、刚度和精度，这类箱体设计时要特别注意刚度和处理造型。

按箱体的制造方法分类，主要有：

1）铸造箱体。常用材料是铸铁，有时也用铸钢、铸造铝合金和铸造铜合金等。铸铁箱体的特点是结构形状可以较复杂，有较好的吸振性和机加工性能，常用于成批生产的中小型箱体。

2）焊接箱体。由钢板、型钢或铸钢件焊接而成，结构要求较简单，生产周期较短。焊接箱体适用于单件小批量生产，尤其是大件箱体，采用焊接件可大大降低制造成本。

3）其他箱体。如冲压和注塑箱体，适用于大批量生产的小型、轻载和结构形状简单的箱体。

二、箱体的毛坯、材料及热处理

（1）箱体的毛坯　常用的箱体毛坯有铸造毛坯、焊接毛坯。铸造容易铸造出结构复杂的箱体毛坯，焊接箱体允许有薄壁和大平面，而铸造却较难实现薄壁和大平面。焊接箱体一般比铸造箱体轻，铸造箱体的热影响变形小，吸振能力较强，也容易获得较好的结构刚度。

（2）箱体的材料和热处理　箱体的常用材料有铸铁、铸造铝合金、铸钢、低碳钢板和型钢。铸铁流动性好，收缩较小，容易获得形状和结构复杂的箱体。铸铁的阻尼作用强，动态刚性和机加工性能好，价格低，加入合金元素还可以提高耐磨性。铸造铝合金用于要求质量小且载荷不太大的箱体，多数可通过热处理进行强化，有足够的强度和较好的塑性。铸钢有一定的强度、良好的塑性和韧性、较好的导热性和焊接性，机加工性能也较好，但铸造时容易氧化与热裂。箱体也可用低碳钢板和型钢焊接而成。

为了保证箱体加工后精度的稳定性，对箱体毛坯或粗加工后的箱体工件要用热处理方法消除残余应力以减少变形。常用的热处理措施有以下三类：

1）热时效。铸件在 500~600℃ 下退火，可以大幅度地降低或消除铸造箱体中的残余应力。

2）热冲击时效。将铸件快速加热，利用其产生的热应力与铸造残余应力叠加，使原有残余应力松弛。

3）自然时效。自然时效和振动时效可以提高铸件的松弛刚性，使铸件的尺寸精度稳定。

三、箱体的设计要求

设计箱体首先要考虑箱体内零件的布置及与箱体外部零件的关系。例如，车床主轴箱要按箱内传动轴与齿轮，以及所加工零件的最大设计尺寸来确定箱体的形状和尺寸。箱体的主要设计要求如下：

1）满足强度和刚度要求。对于受力很大的箱体，满足强度要求是一个基本条件，箱体强度应根据工作过程中的最大载荷验算其静强度，对承受变载荷的箱体还应验算其疲劳强度。但是，对于大多数的箱体，尤其是各类传动箱和变速器箱体，评定性能的主要指标还是箱体的刚度，如车床主轴箱箱体的刚度，不仅会影响箱体内齿轮、轴承等零件的正常工作，还会影响机床的加工精度。

2）有良好的减振性能和阻尼性能，即对箱体的动刚度要求。机床主轴箱箱体的动刚度同样会影响箱体内零件的正常工作和机床的加工精度。

3）散热性能和热变形问题。箱体内零件摩擦发热使润滑油黏度变化，影响其润滑性能；温度升高使箱体产生热变形，尤其是温度不均匀分布产生的热变形和热应力，对箱体的精度和强度都有很大影响。

4）稳定性好。对于面积较大而壁又很薄的箱体，应考虑其失稳问题。

5）结构设计应合理。如支点安排、肋的布置、开孔位置和连接结构的设计等，均要有利于提高箱体的强度和刚度。

6）工艺性好。包括毛坯制造、机械加工及热处理、装配调整、安装固定、吊装运输和维护修理等各个方面的工艺性。

7）造型好。符合实用、经济和美观三项基本原则。

8）质量小。箱体质量在整机中常占较大比例，所以减小箱体质量对减小机器质量有相当大的作用。

不同的箱体对以上要求可能有所侧重。

四、减速器箱体的结构

箱体是减速器的一个重要零件，它用于支承和固定减速器中的各种零件，并保证传动件的啮合精度，使箱内零件具有良好的润滑和密封。箱体的形状较为复杂，其重量约占整台减速器总重的一半，所以箱体的结构对减速器的工作性能、加工工艺、材料消耗、重量及成本等有很大影响，设计时必须全面考虑。

减速器箱体有剖分式箱体和整体式箱体两种，为便于箱体内零件装拆，多采用剖分式，其剖分面常与轴线平面重合，图 5-104 所示为一级圆柱齿轮减速器。

图 5-104　一级圆柱齿轮减速器

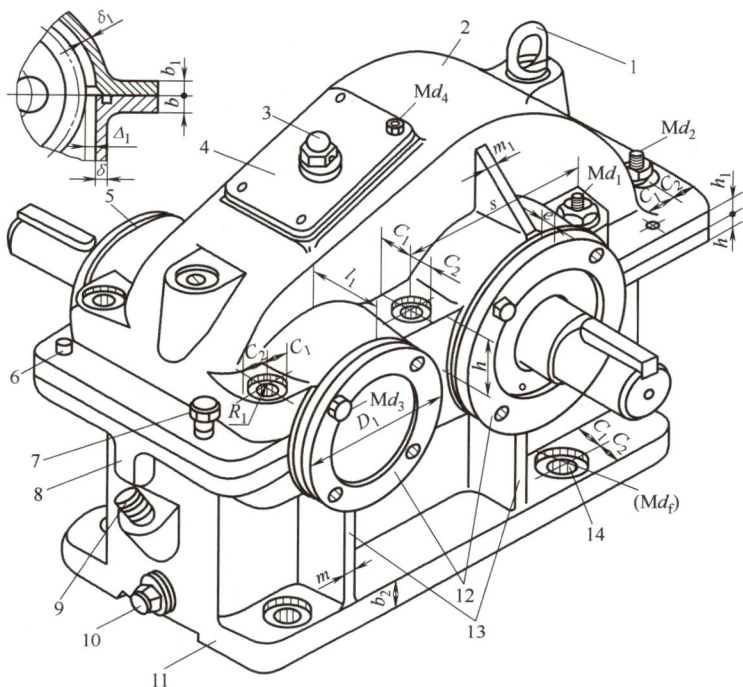

1—吊环螺钉　2—箱盖　3—通气螺塞　4—视孔盖　5—调整垫片　6—定位销　7—起盖螺钉
8—起重吊钩　9—油标　10—油塞　11—箱座　12—轴承盖　13—外肋板　14—地脚螺栓孔

齿轮减速器箱体结构尺寸如图 5-105 所示，表 5-44 为铸铁减速器箱体的主要结构尺寸，表 5-45 为凸台及凸缘的结构尺寸。

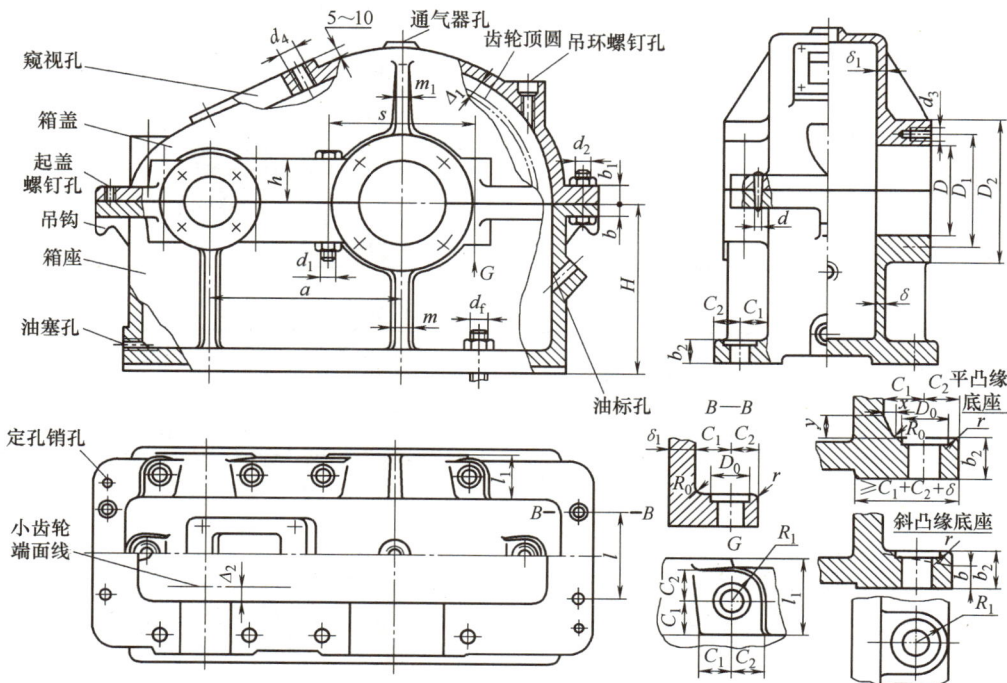

图 5-105　齿轮减速器箱体结构尺寸

表 5-44　铸铁减速器箱体的主要结构尺寸

名称	符号	尺寸关系		
箱座壁厚	δ	一级	$0.025a+1\text{mm} \geqslant 8\text{mm}$，$a$ 为两齿轮中心距	
		二级	$0.025a+3\text{mm} \geqslant 8\text{mm}$，$a$ 为低速级两齿轮中心距	
箱盖壁厚	δ_1	一级	$0.02a+1\text{mm} \geqslant 8\text{mm}$，$a$ 为两齿轮中心距	
		二级	$0.02a+3\text{mm} \geqslant 8\text{mm}$，$a$ 为低速级两齿轮中心距	
箱座凸缘厚度	b	1.5δ		
箱盖凸缘厚度	b_1	$1.5\delta_1$		
箱座底凸缘厚	b_2	2.5δ		
地脚螺钉直径	d_f	$0.036a+12\text{mm}$		
地脚螺钉数目	n	$a \leqslant 250\text{mm}$ 时，$n=4$ $250\text{mm}<a \leqslant 500\text{mm}$ 时，$n=6$ $a>500\text{mm}$ 时，$n=8$		
轴承旁连接螺栓直径	d_1	$0.75d_f$		
箱盖与箱座连接螺栓直径	d_2	$(0.5 \sim 0.6)d_f$		
连接螺栓 d_2 的间距	l	结合箱体宽度确定，一般为 $100 \sim 200\text{mm}$		
轴承端盖螺钉直径	d_3	$(0.4 \sim 0.5)d_f$		
检查孔盖螺钉直径	d_4	$(0.3 \sim 0.4)d_f$		
定位销直径	d	$(0.7 \sim 0.8)d_2$		
d_f、d_1、d_2 至外箱壁的距离	C_1	见表 5-45		
d_f、d_1、d_2 至凸缘边缘的距离	C_2	见表 5-45		
轴承旁凸台半径	R_1	C_2		
凸台高度	h	根据低速级轴承座外径确定，以便于扳手操作为准		
外箱壁至轴承座端面的距离	l_1	$C_1+C_2+(5 \sim 10)\text{mm}$		
大齿轮齿顶圆与内箱壁距离	Δ_1	$>1.2\delta$		
齿轮端面与内箱壁距离	Δ_2	$>\delta$		
箱盖、箱座肋厚	m_1、m	$m_1 \approx 0.85\delta_1$　　　$m \approx 0.85\delta$		
轴承端盖外径	D_2	$D+(5 \sim 5.5)d_3$，D 为轴承外径		
轴承旁连接螺栓距离	s	尽量靠近，以 Md_1 和 Md_3 互不干涉为准，一般取 $s \approx D_2$		

表 5-45　凸台及凸缘的结构尺寸　　　　　　　　　　　　（单位：mm）

螺栓直径	M6	M8	M10	M12	M14	M16	M18	M20	M22	M24	M27	M30
C_{1min}	12	14	16	18	20	22	24	26	30	34	38	40
C_{2min}	10	12	14	16	18	20	22	24	26	28	32	35

五、减速器箱体附件

为了保证减速器正常工作，除了对箱体、轴系部件的结构设计给予足够重视外，还应考虑减速器注油孔、放油孔、油标、定位销、吊环螺钉等减速器附件的合理选择和设计。

1. 窥视孔及视孔盖

为了检查传动零件的啮合情况，并向箱内注入润滑油，应在箱体的适当位置设置窥视孔。图 5-105 中的窥视孔在减速器箱盖顶部，能直接观察到齿轮啮合部位处，检查齿面接触斑点和齿侧间隙。窥视孔应足够大，以便于检查操作。窥视孔上设有视孔盖，用螺钉紧固，视孔盖可用钢板、铸铁或有机玻璃等材料制造，视孔盖下面垫有封油垫片，以防污物进入箱体内或润滑油渗漏出来。视孔盖如图 5-106 所示，其结构尺寸见表 5-46。

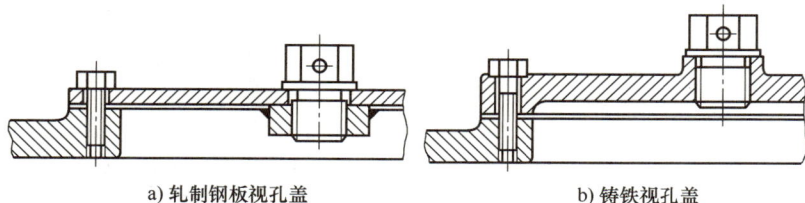

a) 轧制钢板视孔盖　　　　　　　　　b) 铸铁视孔盖

图 5-106　视孔盖

表 5-46　视孔盖的结构尺寸

减速器中心距 a	l_1	l_2	b_1	b_2	d 直径	d 孔数	δ	R
≤150	90	75	70	55	7	4	4	5
>150~250	120	105	90	75	7	4	4	5
>250~350	180	163	140	125	7	4	4	5
>350~450	200	180	180	160	11	8	4	10
>450~500	220	200	200	180	11	8	4	10
>500~700	270	240	220	190	11	8	6	15

2. 通气器

当减速器工作时，箱体内温度升高，气体膨胀，压力增大，会导致润滑油从缝隙向外渗漏。为使箱体内热胀空气能自由排出，以保持箱体内外压力平衡，通常在箱盖顶部或视孔盖上安装通气器。通气塞及手提式通气器的结构尺寸见表 5-47。

表 5-47　通气塞及手提式通气器的结构尺寸

手提式通气器	通气塞

S—螺母扳手宽度

d	D	D_1	S	L	l	a	d_1
M12×1.25	18	16.5	14	19	10	2	4
M16×1.5	22	19.5	17	23	12	2	5
M20×1.5	30	25.4	22	28	15	4	6
M22×1.5	32	25.4	22	29	15	4	7
M27×1.5	38	31.2	27	34	18	4	8
M30×2	42	36.9	32	36	18	4	8

3. 放油孔及螺塞

放油孔应设在箱座底面的最低处，常将箱体的内底面设计成向放油方向倾斜 1°~2°，并在其附近做出一小凹坑，以便攻螺纹及油污的汇集和排放。螺塞直径可按箱座壁厚的 2~2.5 倍选取。平时放油孔用螺塞及封油垫圈密封，如图 5-107 所示。螺塞有细牙螺纹圆柱螺塞和圆锥螺塞两种，圆锥螺塞能形成密封连接，不需附加密封，而圆柱螺塞必须配置密封垫圈，垫圈材料为耐油橡胶、石棉及皮革等。外六角螺塞、纸封油圈和皮封油圈的规格尺寸见表 5-48。

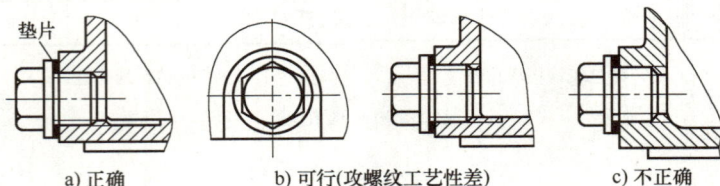

a) 正确　　　　　b) 可行(攻螺纹工艺性差)　　　　　c) 不正确

图 5-107　放油孔的位置及结构

表 5-48　外六角螺塞、纸封油圈和皮封油圈的规格尺寸

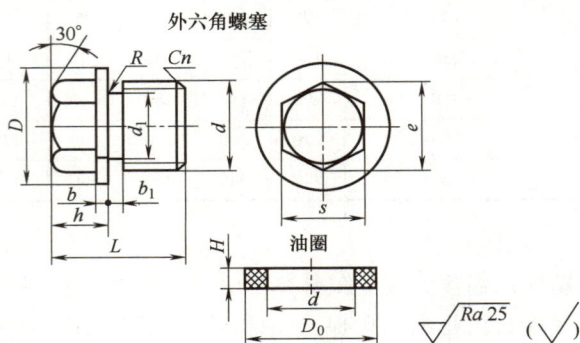

标记示例:螺塞 M20×1.5

油圈 30×20　ZB　71($D_0 = 30$mm,$d = 20$mm 的纸封油圈)

油圈 30×20　ZB　70($D_0 = 30$mm,$d = 20$mm 的皮封油圈)

材料:纸封油圈——石棉橡胶纸;皮封油圈——工业用革;螺塞——Q235

d	d_1	D	e	s	L	h	b	b_1	R	C	D_0	H 纸圈	H 皮圈
M10×1	8.5	18	12.7	11	20	10	2		0.5	0.7	18	2	2
M12×1.25	10.2	22	15	13	24	12	3				22		
M14×1.5	11.8	23	20.8	18	25	12	3			1.0	23		
M18×1.5	15.8	28	24.2	21	27			3			25		
M20×1.5	17.8	30	24.2	21	30	15		3			30		
M22×1.5	19.8	32	27.7	24	30	15			1		32		
M24×2	21	34	31.2	27	32	16	4			1.5	35	3	2.5
M27×2	24	38	34.6	30	35	17	4	4			40		
M30×2	27	42	39.3	34	38	18					45		

4. 油标

油标是用来检查减速器内油面高度的油面指示器，以保证减速器内有正常的油量，应在便于观察和油面比较稳定的部位设置，对于多级减速器，需安装在低速级传动件附近。油标上有两条刻线，分别表示最高油面和最低油面。最低油面为传动零件正常运转时的油面，其高度根据传动零件的浸油润滑要求确定；最高油面为油面静止时的高度。两油面高度差值与传动零件的结构、速度等因素有关，可通过实验确定，对中小型减速器通常取 $5\sim10\text{mm}$。

常用的油标有圆形油标、长方形油标、管状油标和杆式油标等。当采用杆式油标时，应使箱座油标座孔的倾斜位置便于加工和使用，孔的轴线一般与水平成45°或大于45°。油标安装的位置不能太低，以防油进入油标座孔而溢出。油标上的油面刻度线应按齿轮传动件的浸油深度确定。为避免因油的搅动而影响检查效果，可在标尺外装隔套。杆式油标的结构尺寸见表5-49。

表 5-49　杆式油标的结构尺寸

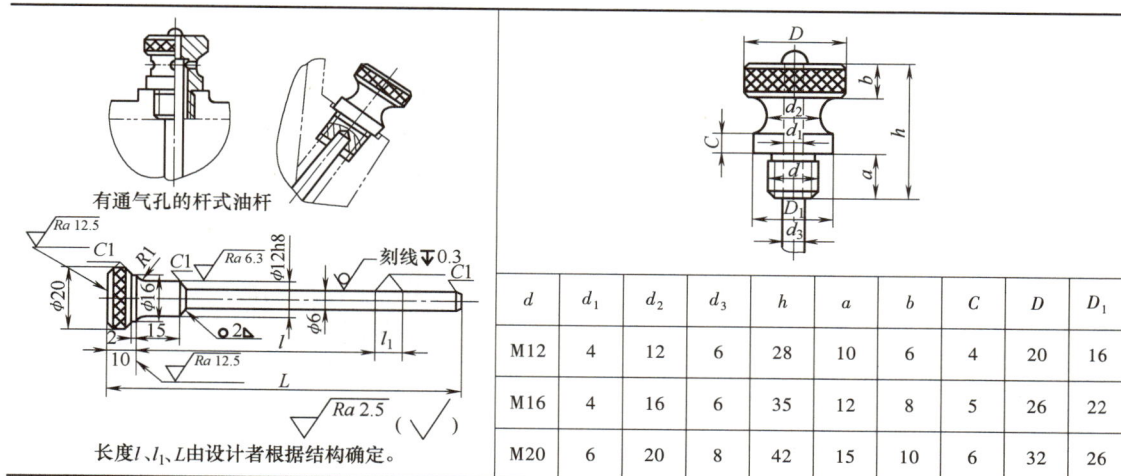

长度 l、l_1、L 由设计者根据结构确定。

d	d_1	d_2	d_3	h	a	b	C	D	D_1
M12	4	12	6	28	10	6	4	20	16
M16	4	16	6	35	12	8	5	26	22
M20	6	20	8	42	15	10	6	32	26

5. 起吊装置

为了便于搬运减速器，在箱体上设置起吊装置，常用的起吊装置有以下几种：

1）吊环螺钉。吊环螺钉为标准件，通常用于吊运箱盖，也可用于吊运轻型减速器。通常每台减速器应设置两个吊环螺钉，将其旋入箱盖凸台上的螺纹孔中，吊环螺钉的凸肩应紧抵支承面。为保证足够的承载能力，吊环螺钉旋入螺孔中的螺纹部分不宜太短。

2）吊耳、吊环。吊耳或吊环可直接在箱盖上铸出。

3）吊钩。吊钩铸在箱座两端的凸缘下面，用于吊运整台减速器。

起重吊耳和吊钩的结构尺寸见表5-50。

6. 起盖螺钉

为了加强密封效果，防止润滑油从箱体剖分面处渗漏，通常在箱盖与箱座结合面上涂有水玻璃或密封胶，因而在拆装时往往因粘接较紧而不宜分开。为了便于取盖，在箱盖凸缘上常装有1~2个起盖螺钉，起盖时，可先拧动螺钉顶起箱盖，如图5-108所示。起盖螺钉的位置与箱盖凸缘连接螺栓应布置在同一中心线上，以便于钻孔。起盖螺钉的直径与箱盖凸缘连接直径相同，其长度应大于箱盖凸缘的厚度，其端部应为圆柱形或半圆形，以免在拧动时将其端部螺栓破坏。此外，在轴承盖上也可以安装起盖螺钉，便于拆卸端盖。

表 5-50　起重吊耳和吊钩的结构尺寸

名称	结构	尺寸
吊耳 （起吊箱盖用）		$C_3 = (4 \sim 5)\delta_1$ $C_4 = (1.3 \sim 1.5)C_3$ $b = (1.8 \sim 2.5)\delta_1$ $R = C_4$ $r_1 \approx 0.2C_3$ $r \approx 0.25C_3$
吊耳 （起吊箱盖用）		$d = b$ $b = (1.8 \sim 2.5)\delta_1$ $R \approx (1 \sim 1.2)d$ $e \approx (0.8 \sim 1)d$ δ_1——箱盖壁厚
吊钩 （起吊整机用）		$K = C_1 + C_2$ $H \approx 0.8K$ $h \approx 0.5H$ $r \approx 0.25K$ $b \approx (1.8 \sim 2.5)\delta$ C_1、C_2——扳手空间尺寸 δ——箱座壁厚

7. 定位销

为保证每次拆装箱盖时保持轴承座孔制造加工时的精度，应在精加工轴承孔前，在箱盖与箱座的连接凸缘上配装定位销，定位销分圆柱销、圆锥销等。如图 5-109 所示，定位销的直径 $d = (0.7 \sim 0.8)d_2$，d_2 是箱盖与箱座连接螺栓直径，销的长度 L 应大于箱盖、箱座凸缘厚度之和（$b_1 + b$），且两端均要有足够的外伸长度。

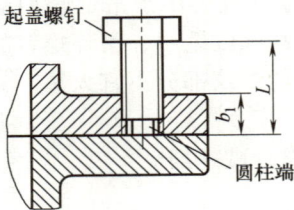

图 5-108　起盖螺钉

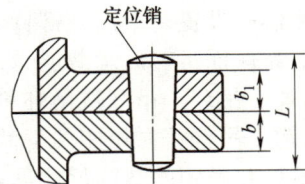

图 5-109　定位销

【任务实施】

从项目五任务三齿轮传动设计中得到的参数可知，齿轮的中心距 $a = 187.5\text{mm}$。结合任务一～任务四的计算数据以及图 5-104、图 5-105、表 5-44～表 5-50，带式输送机传动装置的箱体结构设计见表 5-51。

表 5-51 带式输送机传动装置的箱体结构设计

序号	任务名称	符号	分析过程
1	箱座壁厚	δ	因为本次传动方案为一级齿轮减速器,则 $\delta = 0.025a + 1\text{mm} = (0.025 \times 187.5 + 1)\text{mm} \approx 5.7\text{mm} < 8\text{mm}$ 因此,箱座壁厚 $\delta = 8\text{mm}$
2	箱盖壁厚	δ_1	$\delta_1 = 0.02a + 1\text{mm} = (0.02 \times 187.5 + 1)\text{mm} \approx 4.75\text{mm} < 8\text{mm}$ 因此,箱盖壁厚 $\delta_1 = 8\text{mm}$
3	箱座凸缘厚度	b	$b = 1.5\delta = 1.5 \times 8\text{mm} = 12\text{mm}$
4	箱盖凸缘厚度	b_1	$b_1 = 1.5\delta_1 = 1.5 \times 8\text{mm} = 12\text{mm}$
5	箱座底凸缘厚	b_2	$b_2 = 2.5\delta = 2.5 \times 8\text{mm} = 20\text{mm}$
6	地脚螺钉直径	d_f	因为 $0.036a + 12\text{mm} = (0.036 \times 187.5 + 12)\text{mm} \approx 18.75\text{mm}$ 查附录 A,地脚螺钉的公称直径取 M20 所以 $d_f = 20\text{mm}$
7	地脚螺钉数目	n	因为齿轮的中心距为 $a = 187.5\text{mm} < 250\text{mm}$ 所以 $n = 4$
8	轴承旁连接螺栓直径	d_1	因为 $0.75d_f = 0.75 \times 20\text{mm} = 15\text{mm}$ 查附录 A,螺栓公称直径取 M16 所以 $d_1 = 16\text{mm}$
9	箱盖与箱座连接螺栓直径	d_2	因为 $(0.5 \sim 0.6)d_f = (0.5 \sim 0.6) \times 20\text{mm} = 10 \sim 12\text{mm}$ 查附录 A,螺栓公称直径取 M12 所以 $d_2 = 12\text{mm}$
10	连接螺栓 d_2 的间距	l	箱座零件画图过程中确定,这里取 $l = 125\text{mm}$
11	轴承端盖螺钉直径	d_3	因为 $(0.4 \sim 0.5)d_f = (0.4 \sim 0.5) \times 20\text{mm} = 8 \sim 10\text{mm}$ 查附录 A,螺栓公称直径取 M10 所以 $d_3 = 10\text{mm}$
12	检查孔盖螺钉直径	d_4	因为 $(0.3 \sim 0.4)d_f = (0.3 \sim 0.4) \times 20\text{mm} = 6 \sim 8\text{mm}$ 查附录 A,螺栓公称直径取 M8 所以 $d_4 = 8\text{mm}$
13	定位销直径	d	因 $0.8d_2 = 0.8 \times 12\text{mm} = 9.6\text{mm}$,查机械设计手册 选用定位销公称直径 $d = 10\text{mm}$
14	d_f 至外箱壁的距离	C_{1f}	由 $d_f = 20\text{mm}$,查表 5-45,得 $C_{1f\min} = 26\text{mm}$
	d_1 至外箱壁的距离	C_{11}	由 $d_1 = 16\text{mm}$,查表 5-45,得 $C_{11\min} = 22\text{mm}$
	d_2 至外箱壁的距离	C_{12}	由 $d_2 = 12\text{mm}$,查表 5-45,得 $C_{12\min} = 18\text{mm}$
15	d_f 至凸缘边缘的距离	C_{2f}	由 $d_f = 20\text{mm}$,查表 5-45,得 $C_{2f\min} = 24\text{mm}$
	d_1 至凸缘边缘的距离	C_{21}	由 $d_1 = 16\text{mm}$,查表 5-45,得 $C_{21\min} = 20\text{mm}$
	d_2 至凸缘边缘的距离	C_{22}	由 $d_2 = 12\text{mm}$,查表 5-45,得 $C_{22\min} = 16\text{mm}$
16	轴承旁凸台半径	R_1	$R_1 = C_{21} = 20\text{mm}$
17	凸台高度	h	根据低速级轴承外径确定,取 $h = 50\text{mm}$
18	外箱壁至轴承座端面的距离	l_1	$l_1 = C_{11} + C_{21} + 5\text{mm} = (22 + 20 + 5)\text{mm} = 47\text{mm}$

（续）

序号	任务名称	符号	分析过程
19	大齿轮齿顶圆与内箱壁距离	Δ_1	$\Delta_1 > 1.2\delta = 1.2 \times 8\,mm = 9.6\,mm$，具体尺寸在绘图过程中调整
20	齿轮端面与内箱壁距离	Δ_2	$\Delta_2 > \delta = 8\,mm$，取 $\Delta_2 = 25\,mm$
21	箱盖肋厚	m_1	$m_1 \approx 0.85\delta_1 = 0.85 \times 8\,mm = 6.8\,mm$，取 $m_1 = 8\,mm$
21	箱座肋厚	m	$m \approx 0.85\delta = 0.85 \times 8\,mm = 6.8\,mm$，取 $m = 8\,mm$
22	高速轴轴承盖外径	$D_{2高}$	高速轴轴承型号为 6207 型深沟球轴承，查附录 G，$D = 72\,mm$，则 $D_{2高} = D + 5d_3 = (72 + 5 \times 10)\,mm = 122\,mm$
22	低速轴轴承盖外径	$D_{2低}$	高速轴轴承型号为 6211 型深沟球轴承，查附录 G，$D = 100\,mm$，则 $D_{2低} = D + 5d_3 = (100 + 5 \times 10)\,mm = 150\,mm$
23	轴承旁连接螺栓距离	s	左边 $s_1 = 150\,mm$，右边 $s_2 = 200\,mm$
24	箱座高度	H	大齿轮齿顶距离箱座油池底面不小于 50mm，查前面任务中的数据可知，大齿轮齿顶圆直径为 317.5mm，因此这里取 $H = 230\,mm$
25	箱盖零件图	—	箱盖与轴承盖配合处尺寸查表 5-35 确定，箱盖的视孔尺寸查表 5-46 确定，箱盖起重吊耳尺寸查表 5-50 确定，箱盖零件图见图 5-110
26	箱座零件图	—	箱座与轴承盖配合处尺寸参考箱盖零件图，放油孔尺寸查表 5-48 确定，这里选 M18×1.5，油标座的结构尺寸查表 5-49 确定，箱座起重吊钩尺寸查表 5-50 确定，箱座零件图见图 5-111

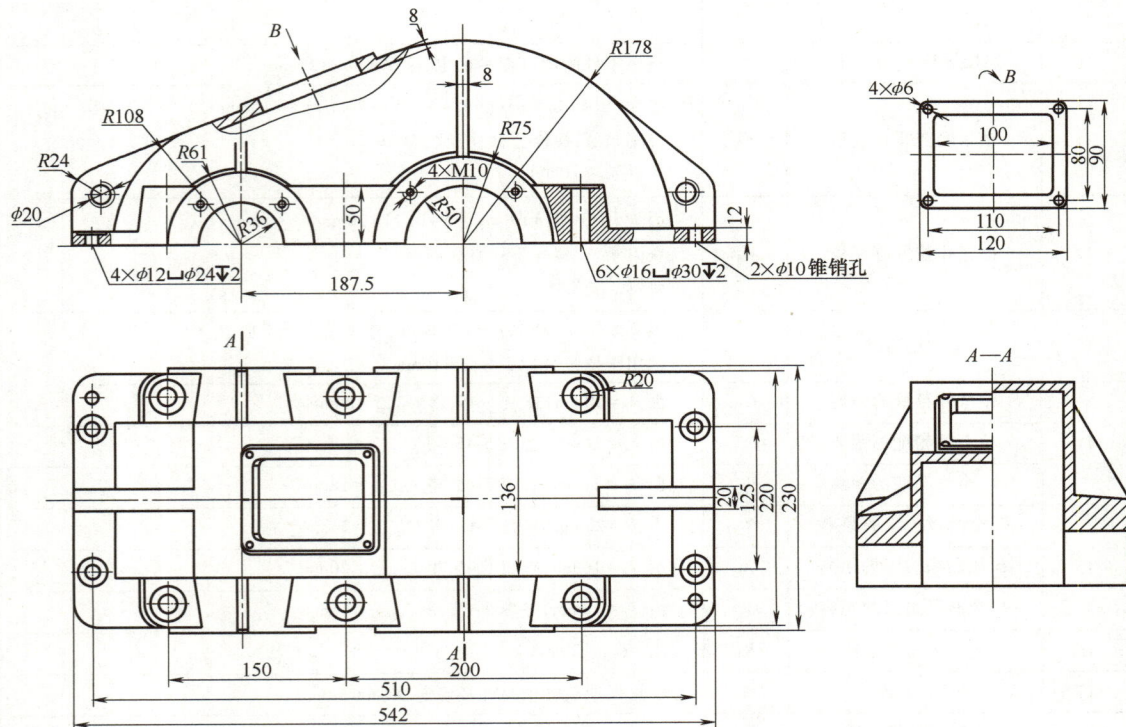

图 5-110 箱盖零件图

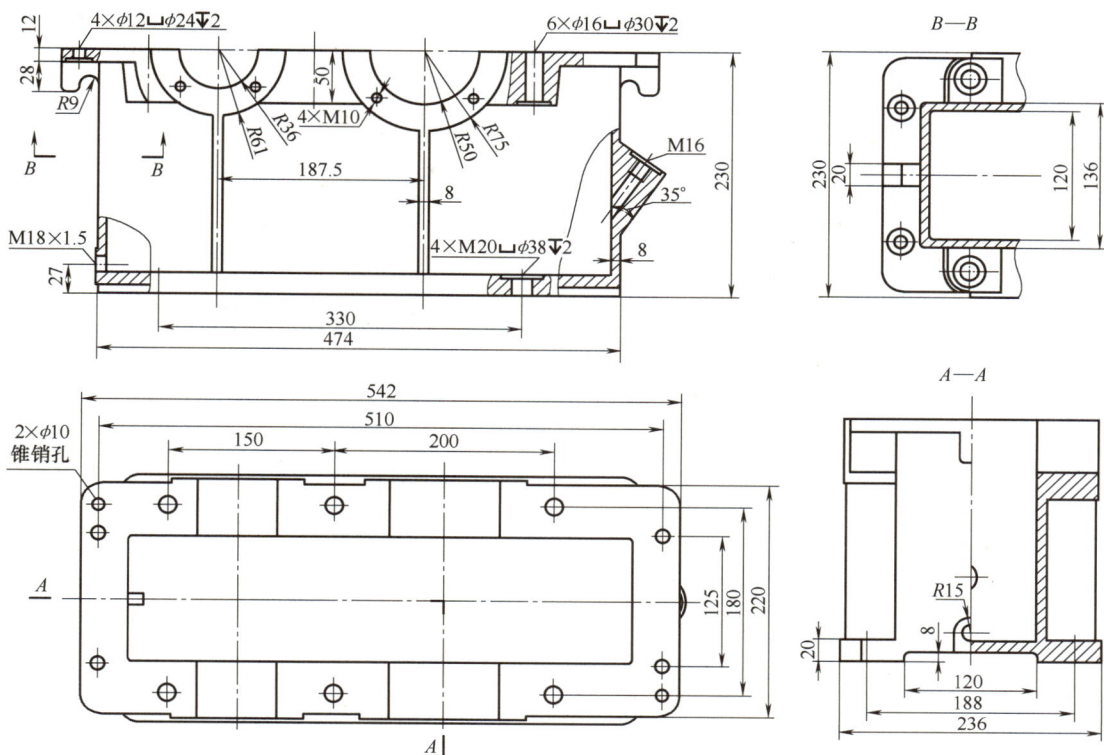

图 5-111 箱座零件图

【实践训练】

完成表 5-52 所列实践训练。

表 5-52 带式输送机传动装置的箱体结构设计实践训练

实践任务	每位同学根据自己的计算数据及结果,完成箱体、箱盖零件的结构设计,确定通气孔、油标等减速器附件的结构尺寸,并利用 CAD 软件画出减速器箱座和箱盖的零件图。查找前面的计算数据,记录如下:齿轮的中心距为 $a=$ _____ mm			
实践准备	计算器、机械设计手册、SolidWorks 或其他 CAD 软件			
序号	任务名称	符号	分析过程	

（续）

序号	任务名称	符号	分析过程

【习题与思考】

一、填空题

1. 箱体按功能可分为_____、_____、_____和支架箱体。

2. 减速器的箱座壁厚一般不小于_____。

3. 减速器中大齿轮齿顶圆与内箱壁的距离应不小于_____。

4. 窥视孔一般设置在减速器箱盖，主要用于_____和_____。

5. 放油孔应设在_____，箱体的内底面应设计成_____。

二、分析题

1. 箱体的主要功能是什么？

2. 箱体按功能分有哪些类型？

3. 减速器箱体的主要结构尺寸应如何设计？

4. 通气孔的主要用途是什么？

5. 设计放油孔及螺塞时要注意什么？

附　录

附录A　普通螺纹公称尺寸　　　（单位：mm）

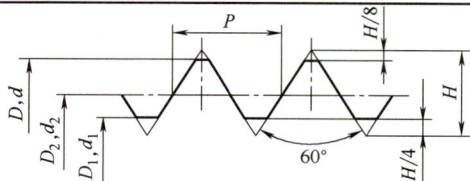

公称直径 D、d 第一系列	公称直径 D、d 第二系列	螺距 P	中径 D_2 或 d_2	小径 D_1 或 d_1	公称直径 D、d 第一系列	公称直径 D、d 第二系列	螺距 P	中径 D_2 或 d_2	小径 D_1 或 d_1
3		0.5	2.675	2.459		14	2	12.071	11.835
		0.35	2.773	2.621			1.5	13.026	12.376
	3.5	(0.6)	3.110	2.850			(1.25)	13.188	12.647
		0.35	3.273	3.121			1	13.350	12.917
4		0.7	3.545	3.242	16		2	14.701	13.835
		0.5	3.675	3.459			1.5	15.026	14.376
	4.5	(0.75)	4.013	3.688			1	15.350	14.917
		0.5	4.175	3.959		18	2.5	16.376	15.294
5		0.8	4.480	4.134			2	16.701	15.835
		0.5	4.675	4.459			1.5	17.026	16.376
6		1	5.350	4.917			1	17.350	16.917
		0.75	5.513	5.188	20		2.5	18.376	17.294
	7	1	6.350	5.917			2	18.701	17.835
		0.75	6.513	6.188			1.5	19.026	18.376
8		1.25	7.188	6.647			1	19.350	18.917
		1	7.350	6.917		22	2.5	20.376	19.294
		0.75	7.513	7.188			2	20.701	19.835
10		1.5	9.026	8.376			1.5	21.026	20.376
		1.25	9.188	8.647			1	21.350	20.917
		1	9.350	8.917	24		3	22.051	20.752
		0.75	9.513	9.188			2	22.701	21.835
12		1.75	10.863	10.106			1.5	23.026	22.376
		1.5	11.026	10.376			1	23.350	22.917
		1.25	11.188	10.647		27	3	25.051	23.752
		1	11.350	10.917			2	25.701	24.835

（续）

公称直径 D、d		螺距 P	中径 D_2 或 d_2	小径 D_1 或 d_1	公称直径 D、d		螺距 P	中径 D_2 或 d_2	小径 D_1 或 d_1
第一系列	第二系列				第一系列	第二系列			
	27	1.5	26.026	25.376	42		2	40.701	39.835
		1	26.350	25.917			1.5	41.026	40.376
30		3.5	27.727	26.211		45	4.5	42.077	40.129
		(3)	28.051	26.752			(4)	42.402	40.670
		2	28.701	27.835			3	43.051	41.752
		1.5	29.026	28.376			2	43.701	42.835
		1	29.350	28.917			1.5	44.026	43.376
	33	3.5	30.527	29.211	48		5	44.752	42.587
		(3)	31.051	29.752			(4)	45.402	43.670
		2	31.701	30.835			3	46.051	44.752
		1.5	32.026	31.376			2	46.701	45.835
36		4	33.402	31.670			1.5	47.026	46.376
		3	34.051	32.670		52	5	46.752	46.587
		2	34.701	33.835			(4)	49.402	47.670
		1.5	35.026	34.376			3	50.051	48.752
	39	4	36.042	34.670			2	51.701	49.835
		3	37.051	35.752			1.5	51.026	50.376
		2	37.701	36.835	56		5.5	52.482	50.046
		1.5	38.026	37.376			4	53.402	51.670
42		4.5	39.077	37.129			3	54.051	52.752
		(4)	39.042	37.670			2	54.701	53.835
		3	40.051	38.752			1.5	55.026	54.376

注：1. 优先选用第一系列，其次第二系列，第三系列（表中未列出）尽可能不用。

2. 括号内尺寸尽可能不用。

附录 B 六角头螺栓（摘自 GB/T 5780—2016、GB/T 5781—2016）（单位：mm）

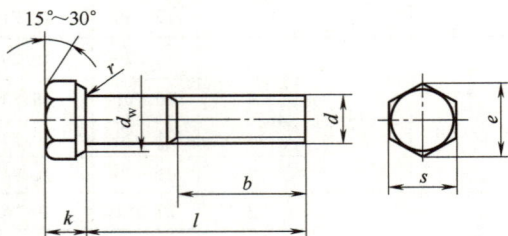

六角头螺栓C级(GB/T 5780—2016)   六角头螺栓全螺纹C级(GB/T 5781—2016)

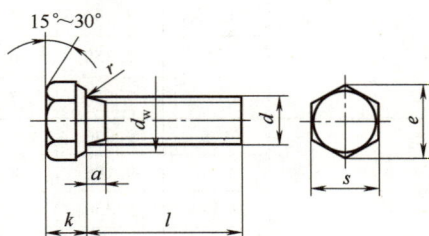

标记示例：

螺纹规格 d=M12、公称长度 l=80mm、性能等级为 4.8 级、不经表面处理、C 级的六角头螺栓标记为：螺栓 GB/T 5780 M12×80

（续）

螺纹规格 d		M5	M6	M8	M10	M12	（M14）	M16	（M18）	M20	（M22）	M24	（M27）	M30	M36
s（公称）		8	10	13	16	18	21	24	27	30	34	36	41	46	55
k（公称）		3.5	4	5.3	6.4	7.5	8.8	10	11.5	12.5	14	15	17	18.7	22.5
r_{min}		0.2	0.25	0.4			0.6			0.8			1		
e_{min}		8.6	10.9	4.2	17.6	19.9	22.8	26.2	29.6	33	37.3	39.6	45.2	50.9	60.8
a_{max}		2.4	3	4	4.5	5.3	6			7.5			9	10.5	12
d_w		6.7	8.7	11.5	14.5	16.5	19.2	22	24.9	27.7	31.4	33.3	38	42.8	51.1
b （参考）	l≤125	16	18	22	26	30	34	38	42	46	50	54	60	66	78
	125<l≤200	—	—	28	32	36	40	44	48	52	56	60	66	72	84
	l>200	—	—	—	—	—	53	57	61	65	69	73	79	85	97
l（公称） GB/T 5780—2016		25~ 50	30~ 60	40~ 80	45~ 100	55~ 120	60~ 140	65~ 160	80~ 180	80~ 200	90~ 220	100~ 240	110~ 260	120~ 300	140~ 360
全螺纹长度 l GB/T 5781—2016		10~ 50	12~ 60	16~ 80	20~ 100	25~ 120	30~ 140	35~ 160	35~ 180	40~ 200	45~ 220	50~ 240	55~ 280	60~ 300	70~ 360
100mm 长的质量/kg		0.013	0.020	0.037	0.063	0.090	0.127	0.172	0.223	0.282	0.359	0.424	0.566	0.721	1.100

l 系列（公称）	10,12,16,20,25,30,35,40,45,50,55,60,65,70,80,90,100,110,120,130,140,150,160,180, 200,220,240,260,280,300,320,340,360,380,400,420,440,480,500

技术条件	GB/T 5780 螺纹公差 8g	材料：钢	性能等级： d≤39mm：选 3.6、4.6、4.8 d>39mm：按协议	表面处理：不经处理，电镀、非电解锌粉覆盖	产品等级：C
	GB/T 5781 螺纹公差 8g				

注：1. M5~M36 为商品规格，为销售储备的产品最通用的规格。
2. M42~M64 为通用规格，较商品规格低一档。
3. 带括号的为非优选的螺纹规格。
4. 螺纹末端按 GB/T2 的规定。
5. 表面处理：电镀技术要求按 GB/T 5267；非电解锌粉覆盖技术要求按 ISO10683；如需其他表面镀层或表面处理，应由双方协议。
6. GB/T5780 增加了短规格，推荐采用 GB/T5781 全螺纹螺栓。

附录 C　机械传动和摩擦副的效率概略值

种类		效率 η	种类		效率 η
圆柱齿轮传动	很好跑合的 6 级精度和 7 级精度齿轮传动（油润滑）	0.98~0.99	带传动	平带无张紧轮的传动	0.98
	8 级精度的一般齿轮传动（油润滑）	0.97		平带有张紧轮的传动	0.97
	9 级精度的一般齿轮传动（油润滑）	0.96		V 带传动	0.96
	加工齿的开式齿轮传动（脂润滑）	0.94~0.96	链传动	滚子链	0.96
锥齿轮传动	很好跑合的 6 级精度和 7 级精度的齿轮传动（油润滑）	0.97~0.98		齿形链	0.97
	8 级精度的一般齿轮传动（油润滑）	0.94~0.97	摩擦传动	平摩擦传动	0.85~0.92
	加工齿的开式齿轮传动（脂润滑）	0.92~0.95		槽摩擦传动	0.88~0.99
蜗杆传动	自锁蜗杆（油润滑）	0.40~0.45	复滑轮传动	滑动轴承（i=2~6）	0.90~0.98
	单头蜗杆（油润滑）	0.70~0.75		滚动轴承（i=2~6）	0.95~0.99
	双头蜗杆（油润滑）	0.75~0.82	滑动轴承	润滑不良	0.94（一对）
	三头和四头蜗杆（油润滑）	0.80~0.92		润滑正常	0.97（一对）
滚动轴承	球轴承	0.99（一对）		润滑良好（压力润滑）	0.98（一对）
	滚子轴承	0.98（一对）		液体摩擦	0.98（一对）
联轴器	滑块联轴器	0.97~0.99	减速器	单级圆柱齿轮减速器	0.97~0.98
	齿式联轴器	0.99		两级圆柱齿轮减速器	0.95~0.96
	弹性联轴器	0.99~0.995		行星圆柱齿轮减速器	0.95~0.98
	万向联轴器（a≤3mm）	0.97~0.98		单级锥齿轮减速器	0.95~0.96
	万向联轴器（a>3mm）	0.95~0.97		锥齿轮-圆柱齿轮减速器	0.94~0.95
				无级变速器	0.92~0.95
				摆线针轮减速器	0.90~0.97
			传动滚筒		0.96
			螺旋传动（滑动）		0.30~0.60

附录 D YE3 系列三相异步电动机的技术参数（摘自 GB/T 28575—2020）

电动机型号	额定功率/kW	满载转速/(r/min)	堵转转矩额定转矩	最大转矩额定转矩	电动机型号	额定功率/kW	满载转速/(r/min)	堵转转矩额定转矩	最大转矩额定转矩
同步转速 3000r/min，2 极					同步转速 1500r/min，4 极				
YE3-80M1-2	0.75	2860	2.3	2.3	YE3-80M1-4	0.55	1400	2.4	2.3
YE3-80M2-2	1.1	2880	2.2	2.3	YE3-80M2-4	0.75	1400	2.3	2.3
YE3-90S-2	1.5	2880	2.2	2.3	YE3-90S-4	1.1	1400	2.3	2.3
YE3-90L-2	2.2	2890	2.2	2.3	YE3-90L-4	1.5	1400	2.3	2.3
YE3-100L-2	3	2900	2.2	2.3	YE3-100L1-4	2.2	1420	2.3	2.3
YE3-112M-2	4	2900	2.2	2.3	YE3-100L2-4	3	1420	2.3	2.3
YE3-132S1-2	5.5	2920	2.0	2.3	YE3-112M-4	4	1440	2.2	2.3
YE3-132S2-2	7.5	2920	2.0	2.3	YE3-132S-4	5.5	1440	2.0	2.3
YE3-160M1-2	11	2930	2.0	2.3	YE3-132M-4	7.5	1460	2.0	2.3
YE3-160M2-2	15	2930	2.0	2.3	YE3-160M-4	11	1460	2.2	2.3
YE3-160L-2	18.5	2930	2.0	2.3	YE3-160L-4	15	1460	2.2	2.3
YE3-180M-2	22	2940	2.0	2.3	YE3-180M-4	18.5	1470	2.0	2.3
YE3-200L1-2	30	2960	2.0	2.3	YE3-180L-4	22	1470	2.0	2.3
YE3-200L2-2	37	2960	2.0	2.3	YE3-200L-4	30	1470	2.0	2.3
YE3-225M-2	45	2960	2.0	2.3	YE3-225S-4	37	1480	2.0	2.3
YE3-250M-2	55	2970	2.0	2.3	YE3-225M-4	45	1480	2.0	2.3
同步转速 1000r/min，6 极					YE3-250M-4	55	1480	2.2	2.3
YE3-90S-6	0.75	930	2.0	2.1	同步转速 750r/min，8 极				
YE3-90L-6	1.1	930	2.0	2.1	YE3-100L1-8	0.75	680	1.8	2.0
YE3-100L-6	1.5	950	2.0	2.1	YE3-100L2-8	1.1	680	1.8	2.0
YE3-112M-6	2.2	940	2.0	2.1	YE3-112M-8	1.5	680	1.8	2.0
YE3-132S-6	3	960	2.0	2.1	YE3-132S-8	2.2	710	1.8	2.0
YE3-132M1-6	4	960	2.0	2.1	YE3-132M-8	3	710	1.8	2.0
YE3-132M2-6	5.5	960	2.0	2.1	YE3-160M1-8	4	720	1.9	2.0
YE3-160M-6	7.5	970	2.0	2.1	YE3-160M2-8	5.5	720	1.9	2.0
YE3-160L-6	11	970	2.0	2.1	YE3-160L-8	7.5	720	1.9	2.0
YE3-180L-6	15	970	2.0	2.1	YE3-180L-8	11	730	2.0	2.0
YE3-200L1-6	18.5	970	2.0	2.1	YE3-200L-8	15	730	2.0	2.0
YE3-200L2-6	22	970	2.0	2.1	YE3-225S-8	18.5	730	1.9	2.0
YE3-225M-6	30	980	2.0	2.1	YE3-225M-8	22	730	1.9	2.0
YE3-250M-6	37	980	2.0	2.1	YE3-250M-8	30	730	1.9	2.0
YE3-280S-6	45	980	2.0	2.0	YE3-280S-8	37	740	1.9	2.0
YE3-280M-6	55	980	2.0	2.0	YE3-280M-8	45	740	1.9	2.0

附录 E　机座带底脚、端盖无凸缘的电动机安装及外形尺寸　　（单位：mm）

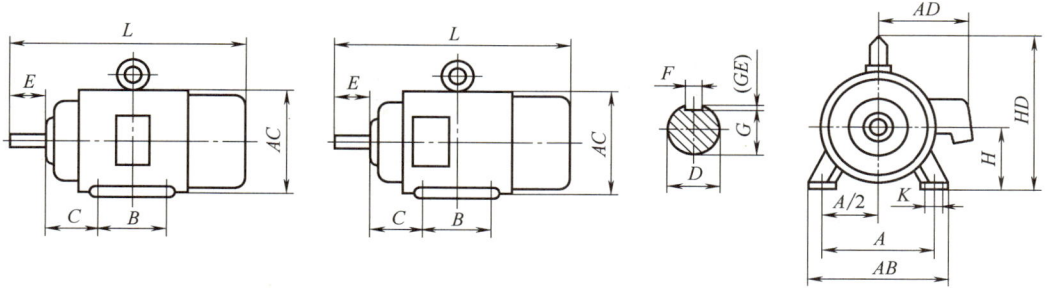

机座号	极数	安装尺寸									外形尺寸				
		A	B	C	D	E	F	G	H	K	AB	AC	AD	HD	L
80M	2,4,6,8	125	100	50	19	40	6	15.5	80	10	165	175	145	220	305
90S		140		56	24	50	8	20	90		180	205	170	265	360
90L			125		+0.009 / −0.004										390
100L		160	140	63	28	60		24	100	12	205	215	180	270	435
112M		190		70					112		230	255	200	310	440
132S		216		89	38	80	10	33	132		270	310	230	365	510
132M			178												550
160M		254	210	108	42	110	12	37	160	14.5	320	340	260	425	730
160L			254		+0.018 / +0.002										760
180M		279	241	121	48		14	42.5	180		355	390	285	460	770
180L			279												800
200L		318	305	133	55		16	49	200		395	445	320	520	860
225S	4,8	356	286	149	60	140	18	53	225	18.5	435	495	350	575	830
225M	2		311		55	110	16	49							
	4,6,8				60		18	53							860
250M	2	406	349	168	60	140	18	53	250		490	550	390	635	990
	4,6,8				65　+0.030 / +0.011		18	58							
280S	2	457	368	190	65		18	58	280	24	550	630	435	705	990
	4,6,8				75		20	67.5							
280M	2		419		65		18	58							1040
	4,6,8				75		20	67.5							

附录 F　普通平键　　　　　　　　　　（单位：mm）

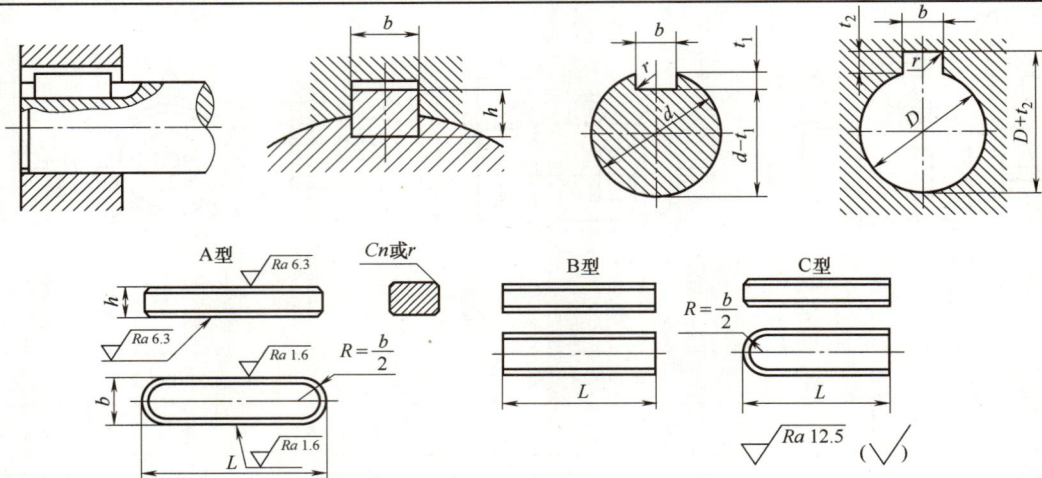

标记示例

平头普通平键（B 型）、$b=18$mm、$h=11$mm、$L=100$mm 标记为 GB/T 1096 键 B18×11×100

单圆头普通平键（C 型）、$b=18$mm、$h=11$mm、$L=100$mm 标记为 GB/T 1096 键 C18×11×100

轴 轴颈 d	键 键尺寸 $b×h$	键槽 b	极限偏差 松连接 轴 H9	松连接 毂 D10	正常连接 轴 N9	正常连接 毂 JS9	紧密连接 轴和毂 P9	深度 轴 t_1 公称尺寸	轴 t_1 极限偏差	毂 t_2 公称尺寸	毂 t_2 极限偏差	圆角半径 r min	max
6~8	2×2	2	+0.025 / 0	+0.060 / +0.020	-0.004 / -0.029	±0.0125		1.2	+0.10	1	+0.10	0.08	0.16
>8~10	3×3	3	+0.025 / 0	+0.060 / +0.020	-0.004 / -0.029	±0.0125		1.8	+0.10	1.4	+0.10	0.08	0.16
>10~12	4×4	4	+0.030 / 0	+0.078 / +0.030	0 / -0.030	±0.015		2.5	+0.10	1.8	+0.10	0.16	0.25
>12~17	5×5	5	+0.030 / 0	+0.078 / +0.030	0 / -0.030	±0.015		3.0	+0.10	2.3	+0.10	0.16	0.25
>17~22	6×6	6	+0.030 / 0	+0.078 / +0.030	0 / -0.030	±0.015		3.5	+0.10	2.8	+0.10	0.16	0.25
>22~30	8×7	8	+0.036 / 0	+0.098 / +0.040	0 / -0.036	±0.018		4.0	+0.10	3.3	+0.10	0.25	0.40
>30~38	10×8	10	+0.036 / 0	+0.098 / +0.040	0 / -0.036	±0.018		5.0	+0.10	3.3	+0.10	0.25	0.40
>38~44	12×8	12	+0.043 / 0	+0.120 / +0.050	0 / -0.043	±0.0215		5.0	+0.10	3.3	+0.10	0.25	0.40
>44~50	14×9	14	+0.043 / 0	+0.120 / +0.050	0 / -0.043	±0.0215		5.5	+0.10	3.8	+0.10	0.25	0.40
>50~58	16×10	16	+0.043 / 0	+0.120 / +0.050	0 / -0.043	±0.0215		6.0	+0.20	4.3	+0.20	0.25	0.40
>58~65	18×11	18	+0.043 / 0	+0.120 / +0.050	0 / -0.043	±0.0215		7.0	+0.20	4.4	+0.20	0.25	0.40
>65~75	20×12	20	+0.052 / 0	+0.149 / +0.065	0 / -0.052	±0.026		7.5	+0.20	4.9	+0.20	0.40	0.60
>75~85	22×14	22	+0.052 / 0	+0.149 / +0.065	0 / -0.052	±0.026		9.0	+0.20	5.4	+0.20	0.40	0.60
>85~95	25×14	25	+0.052 / 0	+0.149 / +0.065	0 / -0.052	±0.026		9.0	+0.20	5.4	+0.20	0.40	0.60
>95~110	28×16	28	+0.052 / 0	+0.149 / +0.065	0 / -0.052	±0.026		10.0	+0.20	5.4	+0.20	0.40	0.60

注：1. $d-t_1$ 和 $D+t_2$ 两组组合尺寸的偏差按相应的 t_1 和 t_2 的偏差选取，但 $d-t_1$ 偏差值应取"-"；工作图中，轴槽深用 t_1 或 $d-t_1$ 标注，毂槽深用 $D+t_2$ 标注。

2. 对于键，b 的极限偏差按 h8；h 的极限偏差矩形按 h11，方形按 h8；L 的极限偏差按 h14。

3. 键长 L 系列为 6，8，10，12，14，16，18，20，22，25，28，32，36，40，45，50，56，63，70，80，90，100，…，500。

附录 G 深沟球轴承

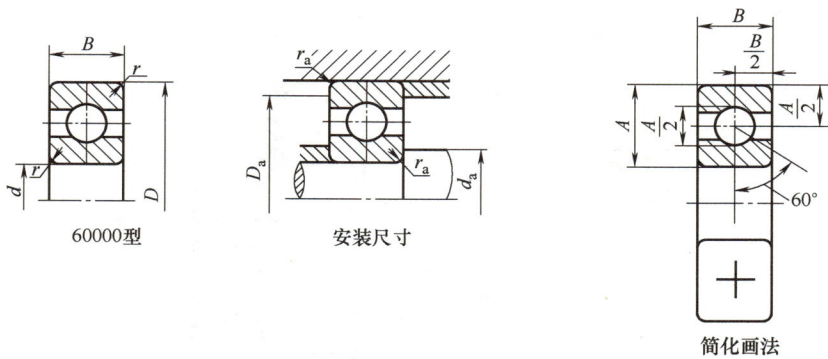

60000型　　　　　安装尺寸

简化画法

标记示例:滚动轴承 6210 GB/T 276—2013

轴承代号	基本尺寸/mm				安装尺寸/mm			基本额定动载荷 C_r/kN	基本额定静载荷 C_{or}/kN	极限转速/(r/min)	
	d	D	B	r_{min}	d_{amin}	D_{amax}	r_{amax}			脂润滑	油润滑
6200	10	30	9	0.6	15	25	0.6	5.10	2.38	19000	26000
6201	12	32	10	0.6	17	27	0.6	6.82	3.05	18000	24000
6202	15	35	11	0.6	20	30	0.6	7.65	3.72	17000	22000
6203	17	40	12	0.6	22	35	0.6	9.58	4.78	16000	20000
6204	20	47	14	1	26	41	1	12.8	6.65	14000	18000
6205	25	52	15	1	31	46	1	14.0	7.88	12000	16000
6206	30	62	16	1	36	56	1	19.5	11.5	9500	13000
6207	35	72	17	1.1	42	65	1	25.5	15.2	8500	11000
6208	40	80	18	1.1	47	73	1	29.5	18.0	8000	10000
6209	45	85	19	1.1	52	78	1	31.5	20.5	7000	9000
6210	50	90	20	1.1	57	83	1	35.0	23.2	6700	8500
6211	55	100	21	1.5	64	91	1.5	43.2	29.2	6000	7500
6212	60	110	22	1.5	69	101	1.5	47.8	32.8	5600	7000
6213	65	120	23	1.5	74	111	1.5	57.2	40.0	5000	6300
6214	70	125	24	1.5	79	116	1.5	60.8	45.0	4800	6000
6215	75	130	25	1.5	84	121	1.5	66.0	49.5	4500	5600
6216	80	140	26	2	90	130	2	71.5	54.2	4300	5300
6217	85	150	28	2	95	140	2	83.2	63.8	4000	5000
6218	90	160	30	2	100	150	2	95.8	71.5	3800	4800
6219	95	170	32	2.1	107	158	2.1	110	82.8	3600	4500
6220	100	180	34	2.1	112	168	2.1	122	92.8	3400	4300

附录 H 弹性柱销联轴器

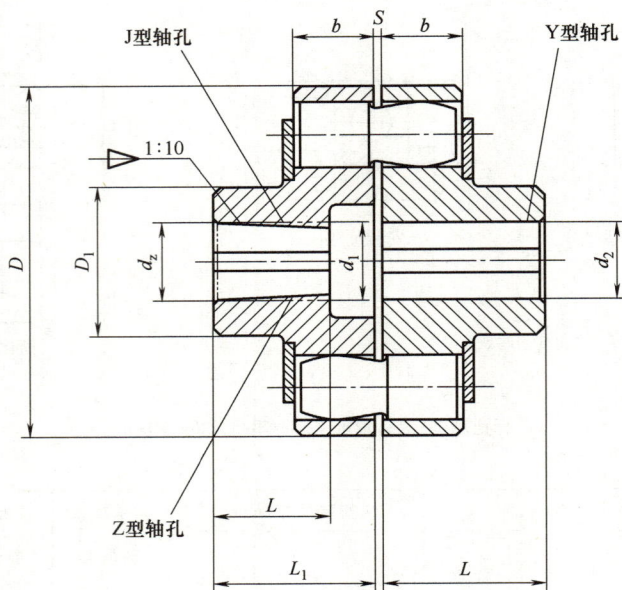

型号	公称转矩 T_n	许用转速 $[n]$	轴孔直径 d_1、d_2、d_z	轴孔长度			D	D_1	b	S	转动惯量	质量
				Y 型	J、Z 型							
	$N \cdot m$	r/min		L	L	L_1					$kg \cdot m^2$	kg
			mm									
LX1	250	8500	12	32	27	—	90	40	20	2.5	0.002	2
			14									
			16	42	30	42						
			18									
			19									
			20	52	38	52						
			22									
			24									
LX2	560	6300	20	52	38	52	120	55	28	2.5	0.009	5
			22									
			24									
			25	62	44	62						
			28									
			30	82	60	82						
			32									
			35									

（续）

型号	公称转矩 T_n N·m	许用转速 $[n]$ r/min	轴孔直径 d_1、d_2、d_z	轴孔长度			D	D_1	b	S	转动惯量 kg·m²	质量 kg
				Y 型	J、Z 型							
				L	L	L_1						
				mm								
LX3	1250	4750	30	82	60	82	160	75	36	2.5	0.026	8
			32									
			35									
			38									
			40	112	84	112						
			42									
			45									
			48									
LX4	2500	3850	40	112	84	112	195	100	45	3	0.109	22
			42									
			45									
			48									
			50									
			55									
			56									
			60	142	107	142						
			63									
LX5	3150	3450	50	112	84	112	220	120	45	3	0.191	30
			55									
			56									
			60	142	107	142						
			63									
			65									
			70									
			71									
			75									
LX6	6300	2720	60	142	107	142	280	140	56	4	0.543	53
			63									
			65									
			70									
			71									
			75									
			80	172	132	172						
			85									

（续）

型号	公称转矩 T_n N·m	许用转速 [n] r/min	轴孔直径 d_1、d_2、d_z	轴孔长度 Y型 L	轴孔长度 J、Z型 L	轴孔长度 J、Z型 L_1	D	D_1	b	S	转动惯量 kg·m²	质量 kg
					mm							
LX7	11200	2360	70				320	170	56	4	1.314	98
			71	142	107	142						
			75									
			80									
			85	172	132	172						
			90									
			95									
			100	212	167	212						
			110									
LX8	16000	2120	80				360	200	56	5	2.023	119
			85	172	132	172						
			90									
			95									
			100									
			110	212	167	212						
			120									
			125									
LX9	22400	1850	100				410	230	63	5	4.386	197
			110	212	167	212						
			120									
			125									
			130	252	202	252						
			140									
LX10	35500	1600	110				480	280	75	6	9.760	322
			120	212	167	212						
			125									
			130									
			140	252	202	252						
			150									
			160									
			170	302	242	302						
			180									

（续）

型号	公称转矩 T_n N·m	许用转速 $[n]$ r/min	轴孔直径 d_1、d_2、d_z	轴孔长度			D	D_1	b	S	转动惯量 kg·m²	质量 kg
				Y 型	J、Z 型							
				L	L	L_1						
			mm									
LX11	50000	1400	130				540	340	75	6	20.05	520
			140	252	202	252						
			150									
			160									
			170	302	242	302						
			180									
			190									
			200	352	282	352						
			220									

注：质量、转动惯量是按 J/Y 轴孔组合形式和最小轴孔直径计算的。

附录 I　毡圈油封和沟槽尺寸　　　　（单位：mm）

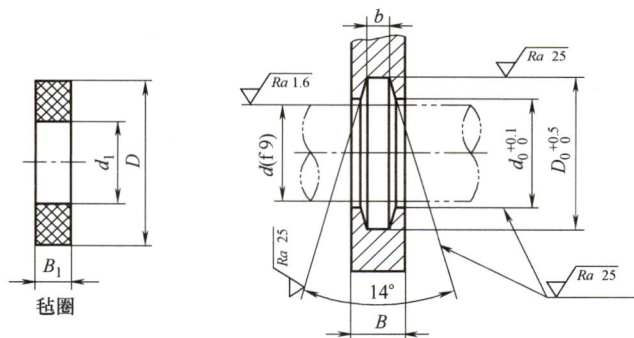

装毡圈的沟槽尺寸

标记示例　　轴径 $d=40$mm 的毡圈记为:毡圈 40 JB/ZQ 4606—1997

公称直径 d	毡圈					沟槽				
	D	d_1	B	质量 /kg		D_0	d_0	b	B_{min}	
									用于钢	用于铸铁
15	29	14	6	0.0010		28	16	5	10	12
20	33	19		0.0012		32	21			
25	39	24	7	0.0018		38	26	6	12	15
30	45	29		0.0023		44	31			
35	49	34		0.0023		48	36			
40	53	39		0.0026		52	41			
45	61	44	8	0.0040		60	46	7		
50	69	49		0.0054		68	51			

（续）

公称直径 d	毡圈				沟槽				
	D	d_1	B	质量/kg	D_0	d_0	b	B_{min}	
								用于钢	用于铸铁
55	74	53		0.0060	72	56			
60	80	58		0.0069	78	61			
65	84	63	8	0.0070	82	66	7	12	15
70	90	68		0.0079	88	71			
75	94	73		0.0080	92	77			
80	102	78		0.011	100	82			
85	107	83	9	0.012	105	87			
90	112	88		0.012	110	92			
95	117	93		0.014	115	97			
100	122	98		0.015	120	102			
105	127	103		0.016	125	107	8	15	18
110	132	108	10	0.017	130	112			
115	137	113		0.018	135	117			
120	142	118		0.018	140	122			
125	147	123		0.018	145	127			

注：粗毛毡适用于速度 $v \leqslant 3m/s$，优质细毛毡适用于速度 $v \leqslant 10m/s$。

参 考 文 献

［1］ 闻邦椿. 机械设计手册 ［M］. 6 版. 北京：机械工业出版社，2018.

［2］ 陈立德，罗卫平. 机械设计基础 ［M］. 5 版. 北京：高等教育出版社，2019.

［3］ 李敏. 机械设计基础 ［M］. 2 版. 北京：机械工业出版社，2025.

［4］ 柴鹏飞. 机械设计课程设计指导书 ［M］. 3 版. 北京：机械工业出版社，2020.

［5］ 张景学. 机械原理与机械零件 ［M］. 2 版. 北京：机械工业出版社，2025.